全国高效水土保持植物资源配置与开发利用

胡建忠　编著

中国水利水电出版社

www.waterpub.com.cn

·北京·

内 容 提 要

　　高效水土保持植物是对"生态经济型"植物的一次高强度升级，它已上升到满足国内外需求、顺应产业化体系发展的"大数据"层面，整合了"三农""城乡""生态文明"等要素，集成了政府、企业、农民等力量，突出种植高效、管护高效、生态高效、经济高效、社会高效"五个高效"，落脚点着落在"生态文明"。高效水土保持植物资源的配置，以"适地适树适草适法"为原则，以追求"五个高效"为目标，从全国筛选出596种植物资源，摸清了高效水土保持植物的"家底"；通过是否具备模式种植开发条件，从中挑选181种植物资源，并提出未来30~50年内，全国水土流失8大一级类型区、41个二级类型区的高效水土保持植物资源配置"方案"；又从中精选44种植物资源，用于近中期（2016—2035年）水土流失治理任务最为紧迫的5个区域典型配置示范，提出了高效水土保持植物资源配置主攻"方向"。高效水土保持植物资源的开发，在不同区域、按不同植物种类、根据不同的开发利用方向，配套了不同的工艺技术流程，以便进行多层次、无废料、综合开发利用，培育地方龙头企业，挖掘深度经济效益。

　　本书既是全国第一线水土保持工作者开展生态环境治理的工具书，也是植物开发企业开展选点建厂的有益指南，更是有关管理层开展战略决策的良师益友。

　　本书可供水土保持、林业、环境保护等方面管理、生产、科研及有关大专院校学生参考使用。

图书在版编目（ＣＩＰ）数据

全国高效水土保持植物资源配置与开发利用 ／ 胡建忠编著. -- 北京：中国水利水电出版社，2016.12
　　ISBN 978-7-5170-5049-0

Ⅰ. ①全… Ⅱ. ①胡… Ⅲ. ①水土保持－植物资源－资源配置②水土保持－植物资源－资源开发③水土保持－植物资源－资源利用 Ⅳ. ①S157.4

中国版本图书馆CIP数据核字(2016)第314012号

审图号：GS（2016）2777号

书　　名	全国高效水土保持植物资源配置与开发利用 QUANGUO GAOXIAO SHUITU BAOCHI ZHIWU ZIYUAN PEIZHI YU KAIFA LIYONG
作　　者	胡建忠　编著
出版发行	中国水利水电出版社 （北京市海淀区玉渊潭南路1号D座　100038） 网址：www.waterpub.com.cn E-mail：sales@waterpub.com.cn 电话：（010）68367658（营销中心）
经　　售	北京科水图书销售中心（零售） 电话：（010）88383994、63202643、68545874 全国各地新华书店和相关出版物销售网点
排　　版	北京嘉泰利德科技发展有限公司
印　　刷	北京印匠彩色印刷有限公司
规　　格	210mm×285mm　16开本　15.5印张　436千字
版　　次	2016年12月第1版　2016年12月第1次印刷
定　　价	148.00元

凡购买我社图书，如有缺页、倒页、脱页的，本社营销中心负责调换

前　言

水土保持技术措施，实应包括两个方面：植物措施和工程措施。植物措施不单纯是栽种植物，还包括工程整地。这些工程属于配套工程，基本上多是小型工程。但从本质上来讲，小型配套工程与大型（水保）主体工程，其功能是完全一致的，不同的只是数量级而已。从这一事实来看，植物措施，实际上就是鱼鳞坑、水平阶、水平沟等工程措施支撑下所布设的植物措施。反观工程措施，多是直接或间接为植物措施服务，如打坝淤地种经济植物、坡改梯发展林果业等。生产建设项目水土保持，其措施体系基本上与前述情况相吻合。围绕生产建设项目，建设过程中首先布设临时工程，然后布设永久工程。临时工程和永久工程，都采用植物措施和工程措施两大技术体系来做技术支撑。

不得不说的是，传统上水土保持"三大措施"，实际上是那个特定年代政治运动的产物。因为那个时候，一套技术体系，必须包罗万象，面面俱到。既然水土保持服务于农业、林业，那这方面必须得整出些措施才成。因此，出现了所谓农业措施、林业措施与水利工程措施相提并论的一度十分盛行的观点。事实上，稍加分析就会发现，农业措施、林业措施，其本质是相同的，合二为一，那就是植物措施。区别一是两个行业：农业、林业；二是两个尺度：农业措施整地尺度稍小些、栽培植物低矮些，林业措施整地尺度稍大些、栽培植物高大些而已。

虽然植物措施是水土保持两大技术措施之一，但它在水土保持中的地位，并不是稳固的。这是因为，若干年前，植物措施选用之植物，多属"生态型"，水土保持作用虽好，但经济效益较低，这在"大锅饭"、集体化的"计划经济"年代，一切行动听指挥，其正确与否无人敢言，更不敢纠正。但在改革开放年代，农村土地包干到户，问题就自然产生了。面朝黄土背朝天的农民，完全靠土地吃饭。在解决温饱过程中，他们需要的是"经济型"植物，才会投身于水土保持。国家的生态要求，在他们饥寒交迫的实际困难面前，是那么不值得一提。因此，20世纪80年代，"生态经济型"植物应运而生——既为了国家的生态（当然也是老百姓的生态），也为了老百姓的经济（实际上更是国家的经济）。国家、百姓两者间取得了短暂的平衡，水土保持生态建设取得了长足的进步。

21世纪的前15年，中国GDP已成全球第二，综合国力大大靠前。国家、百姓对水土保持的要求，也发生了天翻地覆的变化。生态产业化、产业生态化已成为生态文明建设追求的核心内容。水土保持植物配置，已上升到满足国内外需求、顺应产业化体系发展的"大数据"层面，一切要追求高效。种植要高效，管护要高效，生态要高效，经济要高效，社会要高效，"五个高效"促成了"高效水土保持植物"这一新型提法的诞生。高效水土保持植物是"生态经济型"植物的升级版、加强版，它整合了"三农""城乡""工农"等要素，集成了政府、企业、农民等力量，突出"高效"，落脚在"生态文明"。当然，"五个高效"

也是有主次之分的：首先要有种植和管护的两个高效，形成植物资源及其生态经济系统，才能体现生态、经济、社会的三个高效。"生态、经济、社会"三大效益追求中，不能忽视经济高效，不能再有"守着青山要饭吃"的想法，使青山变金山才是最大的生态文明。

　　本书是作者围绕本职工作，对近年来在上述这些方面思考的一次匆匆小结。全书在分析传统水土保持植物措施配置经验、教训的基础上，高度概括，引申提出了高效水土保持植物资源及其配置、开发的一些想法。书中596种高效水土保持植物资源，遵循"适地适树适草适法"原则，以追求"五个高效"为目标，主要从水保、林业等系统常用水土保持植物资源中筛选，还重点参阅借鉴了《中国树木志》(1~4卷)、《全国中草药汇编》(上、下册)等文献资料；植物开发现状、工艺技术等重点参阅了《植物资源开发研究与应用》《林产食品加工工艺学》《野生植物资源开发与利用》等文献资料。所参考文献均附在相关章节之后。书中一些水土流失类型区图，借用了作者参加全国水土保持规划工作时，有关方面所提供的一些公用资料；一些图片也借用了网上发布的资料。向这些提及以及未曾提及的作者表示感谢。感谢水利部水土保持司、水利部综合事业局、水利部水土保持植物开发管理中心等单位领导、专家的教诲和启示。感谢国家财政项目"全国水土流失区高效水土保持植物资源配置示范"给予出版资助。

　　书中不仅有全国8大水土流失类型区所属41个二级类型区，在未来30~50年内的植物对位配置方案，安排了181种植物资源；而且还提出了在近中期（2016—2030年）全国适宜配置的5个区域重点示范：东北黑土区耐寒浆果类植物资源配置、新疆山地盆地接壤区灌溉型果木类植物资源配置、黄土高原区高级油用类植物资源配置、滇黔桂山地丘陵区药用类植物资源配置、干热河谷区生物柴油类植物资源配置，精选了44种植物资源。这些配置既提出水土保持重点实施区域、适宜配置的重点植物资源，也建议了一些重点植物资源的配置面积。需要指出的是，本书提供的高效水土保持植物资源名录，只是目前所掌握的在我国水土流失区适宜种植开发的一些植物资源。随着社会的发展进步，一些植物逐渐会被更有前途的新型植物所取代，这是客观规律。而且，高效水土保持植物多具有区域性特征，而真正广域性的植物资源少之又少。荒漠化区适宜的高效水土保持植物，一般在东南沿海地区不仅不能完成生长发育过程，而且生态经济价值更无从谈起，反之宜然。还有，鉴于多年来植物推广中时常出现"一哄而上"，所造成的"物贱伤农"局面，在参考使用本书时，希望能够加以甄别，区域性植物资源建设规模一定要适度。或许反其道而行之，往往更会有出人意料的效果。

　　高效水土保持植物资源配置及开发是一件新生事物，这方面还有许多工作要做、要完善。本书的出版，意在抛砖引玉，吸引更多的同仁关注高效水土保持植物资源的配置与开发，以便凝聚力量，同心同德，共同服务于水土保持生态文明建设事业。由于作者水平有限，加之时间仓促，书中谬误在所难免，敬请读者提出宝贵意见，以便作者及时更正并应用于工作实践。来信请发至：bfuswc@163.com。

胡建忠

2015 年 12 月 9 日

目 录

第一章　开展高效水土保持植物资源
配置与开发的必要性

水土保持植物资源既是用于水土保持治理的两大措施之一——水土保持植物措施的重要材料，同时也是进行综合开发利用的重要经济资源。在开展水土保持生态环境治理工作中，突出水土保持植物资源的经济开发功能，是新时代赋予水土保持工作的迫切任务。

第一节　传统水土保持植物资源生态建设开发现状

传统水土保持植物资源，泛指分布或栽培在全国水土流失区的所有植物，包括低等的菌、藻、地衣植物和高等的苔藓、蕨类、裸子植物和被子植物。国内多年来所开展的各项水土流失综合治理工程，其植物措施选用的几乎全为裸子植物和被子植物等种子植物，亦即"乔灌草"水土保持植物资源。

一、植物资源生态建设由点到面，层层推进，规模逐步扩大，地位不断提升

1949 年以来，全国水土保持植物资源生态建设工作，遵循"因地制宜、适地适树"的原则，在水土流失区先建立示范工程，典型引路，然后逐渐推开。从最先全面开展水土流失综合治理的黄河流域，到"长治""珠治"工程；从东北黑土地"农发"水土保持项目，到西南石漠化区"农发"水土保持项目；从京津风沙源治理，到坡耕地水土流失治理项目，水土保持植物措施都发挥了突出的作用。根据第一次全国水利普查水土保持情况公报，截至 2011 年，全国水土保持措施面积 99.16 万 km²，其中：工程措施 20.03 万 km²，植物措施 77.85 万 km²，其他措施 1.28 万 km²。从实施面积来看，植物措施占到总措施面积的 78.5%，在保持水土、涵养水源、防风固沙、改良土壤等生态效益方面，成效卓著，经济效益和社会效益逐步体现。

传统水土保持植物措施中，首先用到的多是"生态型"水土保持植物资源，比如，北方有"杨家将"（杨属植物）、油松、刺槐等，南方有"沙家浜"（杉木）、马尾松、桤木等，易栽易管，生态功能强大。后来结

毛白杨（北京）

樟子松（内蒙古红花尔基）

马尾松（江西赣县）

杉木（云南文山）

合水土保持重点治理工程建设，一些"经济型"水土保持植物资源，如苹果、梨、柑橘、杨梅等，经小流域典型试验后，逐步示范到毗邻或类似流域，并得以在适宜地区逐步推广。20世纪80年代以来，"生态经济型"水土保持植物资源概念提出后，核桃、银杏、油茶、余甘子、刺梨等逐步应用于水土保持治理工作中。

　　在水土保持、林业等有关部门引导下，在地方政府扶持下，植物资源建设由"大兵团会战式"（20世纪50—70年代），先向"散户式"经营（20世纪80—90年代），再向规模化、产业化（21世纪以来）有序推进；由政府倡导（20世纪90年代之前），向"订单式""企业＋基地""企业＋基地＋农户"等社会自主运营方式（20世纪90年代以来）逐步过渡。水土保持植物加工业，在调整与优化农村经济结构、提高农业质量和效益、支撑农业发展和竞争、保证农民和企业双方受益、增加就业、维护社会稳定等方面，发挥了积极作用，已成为农村经济和国民经济新的增长点。一些水土保持植物资源加工企业，尤其是已经实现了从技术到产品都与世界接轨的大中型企业，如银杏、蓝莓、沙棘、茶、金银花、苎麻等植物加工企业，已经成为带动产地农业发展的骨干力量。这些加工企业上接国内外市场，下联广大农户，形成了比较健全的生产、加工、营销网络体系，建立了适合我国国情的水土保持植物资源加工业发展的初步模式。

沙棘园（新疆塔城）

茶园（福建厦门）

金银花（山东平邑）

苎麻（四川大竹）

　　位于内蒙古、陕西接壤处的砒砂岩区，相继于 1998 年、2007 年、2012 年起，实施国家基建项目"晋陕蒙砒砂岩区沙棘生态工程""晋陕蒙砒砂岩区窟野河流域沙棘生态减沙工程""晋陕蒙砒砂岩区十大孔兑流域沙棘生态减沙工程"等以沙棘为单一种植材料的植物措施工程，在水利部及地方省区的共同努力下，新建沙棘资源面积已达 25 万 hm² 以上，项目区的五色裸岩正悄然消失，而代之以星罗棋布的绿色斑块、条带甚至片状的沙棘林，及其林下小灌木、亚灌木和草本、蕨类、苔藓、地衣植物。项目区沙棘覆盖率累计增加 10% 以上，年减沙能力达到 4000 多万 t，塑造了独具特色的"沙棘模式"[1]。项目区农民通过育苗、整地和种植，每年可获得直接经济收入 1000 多万元以上。从 2003 年以来，随着沙棘逐渐进入盛果期，农民每年采收果叶等资源收入，已稳步上升到 800 万元以上。项目区建成大型沙棘加工企业 10 余家，固定资产总额达 5 亿元以上，年处理沙棘带枝果 4 万 t 以上，沙棘叶 1 万 t 以上，企业年纯收入 4000 万元以上。在水利部沙棘开发管理中心负责实施的前述这些工程推动下，2011 年，内蒙古自治区鄂尔多斯市政府发布了《鄂尔多斯市人民政府关于扶持沙棘产业发展的若干规定》等一系列文件，并对建立沙棘工业原料林，作出了每亩地再补助 200 元的规定，促进了区内优良品质沙棘资源基地建设。区内神华集团神东分公司，在采煤沉陷区也坚持多年，开展了种植沙棘、打造绿色新能源基地的实践[2]。

砒砂岩区沙棘（内蒙古准旗）

　　2011 年以来，国家农业综合开发"东北黑土区水土流失重点治理工程"项目中，专列了"埂带高经济效益植物品种引进开发与示范""植物封沟"等科技支撑项目。国家农业综合开发"滇黔桂岩溶区水土流失综合治理工程"项目，布设了核桃、油茶、金银花、刺梨等水土保持植物资源。这些项目目标十分明确，就是在水土保持工程建设中，通过安排可持续发展的植物措施，更好地协调生态与经济的关系，为当地老百姓切实增加经济收入，解决老百姓的后顾之忧，也让企业有利可图，增加当地农村经济的活力。水土保持植物措施的地位，在水土保持工作中愈发重要。

　　综观水土保持植物措施数十年的发展历程，随着与工程措施的较量、论战、协调[3]，以及外围政治环境的诸多变化，几起几落，但还是曲折式发展，逐渐在以小流域为单元的水土流失综合治理中，占有了非常重要的地位。国家水土保持重点工程建设，更是逐步选用了一大批"生态经济型"植物资源。黄连木、油桐、花红、山杏、翅果油树、余甘子等水土保持植物资源的推广运用，为全国水土保持植物资源建设提供了新的样板。据估计，全国水土保持工程每年可减少土壤侵蚀量 15 亿 t，增加蓄水能力 250 多亿 m³，增产粮食 1800 万 t；近 10 年来已有 1.5 亿群众从水土保持工程中直接受益，2000 多万山丘区群众的生计问题得以解决，许多水土流失治理区群众走上了富裕发展的道路，区域生态环境明显改善，环境治理与资源建设相得益彰，同步发展。

二、植物资源生态建设不仅体现在良好的生态功能方面，而且还搭建了企业原料基地和生态文化旅游基地

全国水土保持植物资源建设工程成效显著，普遍受到当地群众的欢迎，其中很重要的一点，就是水土保持植物措施在防治水土流失、发挥生态功能的同时，能够提供丰富多样的植物资源用于企业开发，培育和扶持了一批当地的特色产业；农民通过采收原料获得经济收入，促进了农民发家致富进程。这样，就有效地解决了曾经"守着青山过穷日子"、生态建设与经济建设"两张皮"等方面的矛盾，初步使青山变成了金山[4]。

| 杏树（北京） | 杏树（内蒙古克什克腾） |

贵州绥阳的金银花、山西乡宁的翅果油树、甘肃陇南的油橄榄、陕西汉中的杜仲、浙江临安的山核桃等特色植物资源建设与开发，特别是全国范围兴起的特色植物采摘园等，有效地筹集了社会资金，推动了生态环境建设力度，增加了生物多样性和绿色植物资源，并通过当地龙头企业开发带动，为当地经济创收增添了活力，许多植物资源基地又成为"农家乐""文化游"、科普等生态旅游的重要观光内容。

黄土高原上的一颗翡翠——南小河沟（甘肃庆阳）

甘肃省庆阳市南小河沟小流域，从 20 世纪 50 年代初开始进行水土保持综合治理试验示范，在花果山建有"陇东第一园"的山地苹果园；在杨家沟建有刺槐封沟林；在主沟道横断面上，遵循仿拟自然林的理论技术，从阳向梁峁坡、阳向沟坡，到阴向沟坡、阴向梁峁坡，依次布设有侧柏、杜梨、油松、刺槐、白刺花、黄刺玫、柠条、胡颓子、沙棘（阳向沟坡、阴向沟坡）、漆树、油松、山杨、山杏

等，整个流域实现了"春观花、夏观绿、秋观果、冬观雪"的生态地文景观。加之流域内布设有"陇东第一坝"的十八亩台水库及花果山水库，已于2011年被评定为水利风景区，成为陇东旅游、观光的重要场所，发挥了很好的水土保持植物资源宣教、科普和示范作用。

山西省乡宁县于2009年7月建成全球首家翅果油树博物馆，这是全球首个专为单一珍稀植物品种设立的博物馆。该馆选址乡宁县云丘山，占地面积超过1000m²，分为"传说厅""科普厅""人文厅""体验厅"和"展望厅"，集展览、科普和体验功能于一体，融知识性、观赏性和趣味性于一身。乡宁县、翼城县等晋南适于种植翅果油树的地区，在当地多家龙头企业带动下，建成了多处万亩翅果油树种植园，推动了翅果油树产业开发，促进了当地农民增收和经济发展，使当地生态环境得到更好的治理和保护，体现了经济效益、社会效益和生态效益的良好统一。

三、植物资源生态建设及综合开发利用发展迅速，相关研究取得了一批创新科技成果

国家"六五"计划实施以来，水土保持植物资源生态建设工作，围绕国家科技支撑计划，在不同水土流失类型区开展了不同典型种植模式、配套技术等研究，获得了一大批系列化的适用技术。如"九五"期间，在"三北"地区取得的主要成果有："黄土区防护林体系高效空间配置与稳定林分结构设计技术""贺兰山麓洪积平原砂砾土、白僵土爆破整地造林技术""辽西低山缓丘区复合农林业综合配套技术""退化草场牧场防护林体系营建综合配套技术""三北地区防护林植物材料抗逆性选育及栽培技术""三北地区现有防护林持续经营与低产、低质、低效林早期诊断及更新改造技术"等；在长江、珠江流域取得的成果主要有："长江中上游防护林经营利用技术""长江中上游低质低效次生林改造技术""干热河谷人工造林模式及配套技术""喀斯特区植被恢复配套技术""三峡库区防护林体系营建技术""云贵高原西部山地防护林体系建设综合配套技术""四川盆地低山丘陵区稳定高效防护林体系建设综合配套技术""长江中下游不同类型滩地综合治理与开发配套技术"等；在东部沿海地区取得的成果主要有："沿海泥质海岸防护林体系综合配套技术""沿海沙质海岸防护林体系综合配套技术""沿海岩质海岸防护林体系综合配套技术""沿海红树林培育和经营技术""海岸带木麻黄防护林更新改造技术"等[5]，有效地促进了全国生态环境建设工作。

水土保持植物资源建设离不开加工业的支撑，特别是加工技术的不断进步，才能使产品品质不断提高，推陈出新，在市场上更具竞争力，进而能够做出承诺，保证对资源的采购，解决群众种植后的"卖"难问题。多年来，先进技术的研发和推广应用，逐步使加工企业提高了生产效率，降低了生产成本，走向了良性发展。沙棘、翅果油树、长柄扁桃、余甘子、刺梨等，是几种很有代表性的水土保持植物，而且开发产品系列长，国内市场的知名度高，有些产品甚至在国际市场上也有声望。沙棘、刺梨产品涵盖

沙棘产品专卖店（北京）

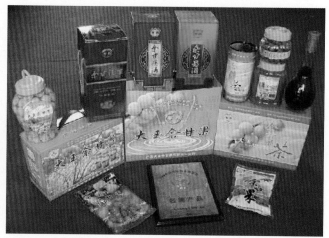

余甘子（广西平南）

了饮料、食品、药品、保健品和化妆品等市场，余甘子产品主要涉足饮料、食品等市场，翅果油树产品包括食品、保健品和化妆品等，长柄扁桃高档油的开发潜力也很大。上述植物以及未曾提及的许多植物，以其绿色、环保及独特的风味，逐步占领了国内外市场份额，为水土流失区的经济发展提供了冲力。

　　植物资源产品市场的日益国际化，要求其技术加工也必须与国际接轨。多年来，通过引进消化国外先进技术，吸收相关领域的科技成果，走自主创新的道路，我国已涌现出了一批以高新技术为依托的加工企业，在逐渐改变着长期以来粗犷式经营和生产的局面。如利用大容量超临界萃取装置，进行植物活性组分的提取精制；利用冷冻干燥技术，进行特色蔬菜的干燥；以及膜技术、生物技术、微电子技术等，都在水土保持植物加工中获得广泛性应用。特别是自"十五"以来，我国启动了一系列与植物资源加工相关的国家科技支撑计划，目前已诞生了一大批创新科技成果，如茶叶的微波保鲜、特色蔬菜的冷冻干燥、辛香料的组分分离与重组、麻类的生物脱胶等。此外，在种质资源的选育、示范生产线的建立、专用加工设备的研发等方面，也取得丰硕的成果，已经很好地应用于生产实践中。

沙棘果枝速冻—分离生产线（内蒙古鄂尔多斯）

　　中国沙棘果实较小，果柄短，附着力强，刺多，果皮薄，手工采摘十分困难，因此，在黄土高原地区，采果的主要方式为剪果穗法；而沙棘果汁的获取，传统上是以简单的枝果混榨方式进行，生产出的沙棘果汁，含有枝条中难以去除的涩味，品质没有保障。据此，鄂尔多斯市高原圣果沙棘制品有限公司，以解决沙棘枝果分离为目标，反复试验，自主研发，创新沙棘果实处理的新工艺—果枝分离，获得了国家发明专利（ZL 2007 2 0001281.8），进而在鄂尔多斯市建立了万吨级高标准生产线[6]。这条生产线是国内首条采用大型速冻脱果设备的沙棘原料加工生产线，利用已成熟带枝条的沙棘果实，在约 -40℃低温的网带式单体速冻机内，冷冻约 15min；然后进入一台振动式脱果机，实现果枝分离。经过速冻的带枝条沙棘果已经冻僵，果柄枝条连接十分脆弱，通过一定频率的振动，即可将沙棘果从枝条上脱离下来，并且破坏率很低，从而实现了枝果分离，获得沙棘纯果，有效提高了沙棘饮品口味，扩大了市场占有率，来自欧、美、日等地区和国家的原果订单数量，甚至出现供不应求的局面。科学技术真正发挥了第一生产力的作用。

四、技术体系和质量标准体系的逐步完善，提升了植物资源产品在国内外市场的竞争力

在狠抓植物资源产品质量标准过程中：一方面，我国严格按照国际性组织、欧盟等有关标准，制定、修订了有关植物产品质量的国家、部门和企业标准。标准充分体现出口产品的"特"和精深加工的"精"，产品的等级、重金属含量、农药残留、微生物指标，严格执行了国际性有关标准；另一方面，我国生产过程的标准化，如生产原料的标准化、质量控制和检验标准化等方面，也得到了足够的重视，特别是在药品和食品等行业中，已经逐步得到推行，实施效果不错。

由国家标准委发布的植物类标准，仅 GB 级的就有《食用植物油卫生标准》（GB 2716—2005）、《植物油脂　透明度、气味、滋味鉴定法》（GB/T 5525—2008）、《植物油料卫生标准》（GB/T 5525—85）、《植物油料：含油量测定》（GB/T 14488.1—2008）、《食用植物油厂卫生规范》（GB 8955—1988）、《植物蛋白饮料卫生标准》（GB 16322—2003）、《林业植物及其产品调运检疫规程》（GB/T 23473—2009）、《植物新品种特异性、一致性和稳定性测试指南：总则》（GB/T 19557.1—2004）、《植物新品种特异性、一致性和稳定性测试指南：苎麻》（GB/T 19557.6—2004）、《植物新品种特异性、一致性、稳定性测试指南：榛属》（GB/T 24886—2010）、《植物新品种特异性、一致性、稳定性测试指南：连翘属》（GB/T 24883—2010）、《植物新品种特异性、一致性、稳定性测试指南：核桃属》（GB/T 26909—2011）、《植物新品种特异性、一致性、稳定性测试指南：柳属》（GB/T 26910—2011）、《牧草种子检验规程：其他植物种子数测定》（GB/T 2930.3—2001）、《植物类食品中粗纤维的测定》（GB/T 5009.10—2003）、《进出境植物和植物产品有害生物风险分析技术要求》（GB/T 20879—2007）、《银杏种核质量等级》（GB/T 20397—2006）、《桑枝、金银花、枸杞子和荷叶中 488 种农药及相关化学品残留量的测定：气相色谱—质谱法》（GB/T 23200—2008）、《桑枝、金银花、枸杞子和荷叶中 413 种农药及相关化学品残留量的测定：液相色谱—串联质谱法》（GB/T 23201—2008）、《枸杞栽培技术规程》（GB/T 19116—2003）、《枸杞干葡萄干辐照杀虫工艺》（GB/T 18525.4—2001）、《枸杞（枸杞子）》（GB/T 18672—2002）、《地理标志产品　宁夏枸杞》（GB/T 19742—2008）、《杜仲产品质量等级》（GB/T 24305—2009）、《地理标志产品　灵宝杜仲》（GB/T 22742—2008）、《油茶苗木质量分级》（GB/T 26907—2011）、《油茶籽油》（GB 11765—2003）、《橄榄油、油橄榄果渣油》（GB 23347—2009）、《核桃坚果质量等级》（GB/T 20398—2006）、《山核桃产品质量等级》（GB/T 24307—2009）、《手工工具用槐木和山核桃木柄的分级》（BS 3823—1990）、《板栗质量等级》（GB/T 22346—2008）、《苎麻》（GB/T 7699—1999）、《苎麻精干麻》（GB/T 20793—2006）、苎麻纤维长度试验方法》（GB 5887—1986）等数百个标准，从共性、个性、测试、种植、加工等方面，对植物种植开发做了规范，起到了很好的作用。

由水利部沙棘开发管理中心负责编制的《沙棘种子》（SL 283—2003）、《沙棘苗木》（SL 284—2003）、《沙棘原果汁》（SL 353—2006）、《沙棘籽油》（SL 493—2010）、《沙棘果叶采摘技术规范》（SL 494—2010）、《黄土高原适生灌木栽培技术规程》（SL 287—2003）等行标，对于推动三北地区沙棘等灌木资源建设与开发工作，也起到了很好的推动作用。目前，我国沙棘原料占到国际市场份额的 90%以上，产品占 70% 以上。

第二节　传统水土保持植物资源生态建设
开发中存在的主要问题

传统意义上的水土保持植物资源生态建设，本质上是用政府的钱，借老百姓的力，在集体的土地上，搞水土保持生态建设。因此，出现种植难、管护难、保存率低及开发不力等情况，纠缠在责、权、利方面的问题，更是层出不穷，数不胜数。

一、纯"生态型"或纯"经济型"植物资源建设多，"生态经济型"植物资源建设任重道远

多年来，全国水土保持植物资源生态建设工程：一是纯"生态型"的，如油松、刺槐、马尾松、桤木、银荆、柠条、紫穗槐等，生态功能很好，但经济效益不突出，建成了青山，摸不着银子；二是纯"经济型"的，如北方的苹果、梨等，南方的柑橘等，多建设为果园，种植地如无水土保持整地措施，则易发生水土流失。这种情况十分普遍地存在于全国水土保持工作中，因为从立项直至实施的整个过程中，水土流失区的水土保持部门，对该种什么植物、怎么种植，特别是对怎么开发，普遍心中无数；选用的植物类型，多借用林业部门的防护林建设项目，或农业部门的果园建设项目。"生态经济型"植物资源建设，虽然提上了议事日程，但或执行不力，或重视不够，总体推开并不很多，生产实践中仍然多选用"生态型"和"经济型"植物资源。这是因为，"生态型"植物资源建设容易实施，千家万户造林已培养了大量施工力量，积累了丰富的技术经验；"经济型"多配置于新建的梯田或坝地中，经济效益的诱惑，激发了农民的种植和管护热情。因此，造成的局面是，要么穷山恶水被治理成了青山绿水，生态问题明显好转，但经济贫困依然如故；要么经济收入有了跨越式发展，但水土流失没有得到根治，甚至有所增加。而"生态经济型"由于门槛较高，对苗木、整地、种植、管护、资源采收、修剪、更新等要求严格，一定程度上限制了这一类型水土保持植物资源的推广应用。

针阔混交林（青海大通）　　　　　　　　常绿阔叶林（广东肇庆）

生态和经济的协调发展是社会发展的必然趋势。生态是经济发展的条件，经济发展是生态工程能否得以保存的基础。只重视生态效益的植物资源生态建设工程，在水土流失严重的贫困地区，由于没有与农民的脱贫致富结合起来，容易造成"边治理、边破坏"的恶性循环，多数工程建设注定以失败而告终。而只关注经济效益的植物资源生态建设工程，同样由于没有达到生态建设的目的，是不被国家接受的。

虽然"生态经济型"植物资源生态建设，30多年前就已经开始了，一些地区也取得了成效，但由于多方面原因，总体上却呈现出"雷声大、雨点小"的局面，真正落到实处的种植面积并不很大。有一种看法认为，"生态经济型"植物资源缺少，资源建设"等米下锅"或成"无米之炊"。但事实情况

并非如此。一些传统"经济型"植物，比如在果园中栽培的经济果木类，实际上在进行水土保持工程整地后，在坡面上生长也很好，生态、经济效益都不错。一些传统"生态型"植物，比如油松、马尾松等，由于对其经济价值研究较少、开发工艺不到位，被当做"生态型"植物对待，而没有采取后续开发措施，浪费了植物资源，影响了经济收入。还有一种看法，担心植物资源建设多了，植物原料、产品没有销路。确实，产销问题是一大难题，伴随着新材料研发推广，"物以稀为贵""一哄而上"扎堆，所造成的"物贱伤农"等棘手问题影响深远。但这些问题，也与政府科研、推广部门的布局不足，服务意识跟不上大有关系。只要真正解决植物产品营销与基地建设、龙头企业布局、物流等问题，植物原料、产品的销路问题，自会迎刃而解。这就涉及政府部门，如何更好地为人民服务了。

山地枣园（陕西佳县）

山地银杏园（福建长汀）

山地苹果园（山东蒙阴）

山地杧果园（广西田林）

据调查统计，国家重点水土保持项目治理区，有近50%的县属于国家级贫困县，水土流失导致生产力降低，农民收入不高；由于贫困制约，人们的生产生活方式落后，生产效率极其低下，不合理的土地利用，又加剧了水土流失的强度。贫困和水土流失之间，一对难兄难弟，有着很强的相互依存关系。如果不注重加强"生态经济型"水土保持植物资源生态建设，水土保持工程的建设、保存、维系，将得不到农民的支持，更谈不上维护、管护和爱护，缺少地气，很难发展。

二、植物资源成活率、保存率和生长率低，老百姓长期看不到经济效益，影响了其种植和管护的积极性

在一个人多地少、生态环境十分恶劣的国家，多年来水土保持植物措施的建设，虽然十分曲折，但成效也较为显著，有目共睹。但是，问题仍然是不少的，比如造林"三低"（成活率低、保存率低、生长率低）问题，就十分棘手。在一些水土保持工程的植物措施配置中，缺乏全面、系统的良种选育、

苗木繁育、栽培管理等方面的技术，植物栽植后成活率低，保存率更低；如果立地条件选择不当，没做到适地适树，生长率也会很低，最后成为低产、低质、低效的"小老树"，降低了水土保持工程的进度和成效。

据调查，全国森林资源中低产林约占 1/3，"三北"地区低产林比重更高，主要类型包括疏林、多代萌生林、小老头林等[7]。分析"三北"地区疏林分布规律，发现一种情况是没有做到"适地适树"，另一种情况是人为破坏严重所致，还有第三种情况是植物对气候干旱、土壤瘠薄的一种适应，或者说"自然选择"。无性更新的多代萌生林，如黄土高原区多见的萌生刺槐林，在萌芽三代以后，林分生产力便会逐年降低。而随处可见的小老头林，起因于立地贫瘠或不适地适树，使林木成活不成长、难成材，如晋北栽培的一些杨树防护林，陕、甘、宁在梁峁顶种植的山杏等。

侧柏低效林（甘肃庆阳）　　　　　　云南松低效林（云南宣威）

以黄土高原重点水土流失区为例，1981 年全区林业普查结果表明，人工林保存率仅为 15% 左右，且保存下来的树种多为杨树、刺槐，10~20 年生人工林蓄积仅为 7.5~13.5m^3/hm^2，这一数值不及发达国家同类树种一年的生长量。经分析，该区成活率低、保存率低、生长率低的所谓"三低"，其形成原因：一是造林立地条件差；二是缺乏科学的规划设计；三是苗木不符合要求；四是种植责任心差；五是管护不力[8]。

在全国水土流失区，水土保持植物种植，大多采取的是"自上而下"的推进模式，即上级安排任务，下级组织实施；政府花钱购买树苗，群众负责栽植。这种模式的弊端，在于树木产权不清晰，农民处于被动状态，种树积极性没有充分被调动起来，因而出现了为了栽树而栽树、有人栽无人管的局面。如有的地方，树苗分配到乡村后，被裸露堆放在大院里长达十几二十天，等到栽植的时候，多数苗木已经死了，而为了完成栽植任务，死树也被栽进了地里，甚至将一捆苗木栽于一穴；有的地方，树木栽完后就无人问津，遇上旱情便发生成片死亡的现象；还有个别农民为了耕种方便，偷偷把栽在自家地边的树木刨出撒掉。

在水土保持工程实施过程中，一些地方水保部门还是掌握了较为全面的苗木繁育、栽培管理等方面的技术，工作也较为努力，开展了不同层次的培训，但由于选择的植物，特别是乔木进入盛产期的时间长，加之植物资源规模上不去，当地百姓长期看不到经济效益，因此也普遍缺乏种植与管护的积极性。群众意见很大，干群关系几近水火不相容。

三、植物资源良种率不高，种植零打碎敲，达不到开发规模，影响了企业参与的积极性

我国水土流失区植物资源的良种率不高、资源产量不高，是长期影响企业参与开发的重要因素。中国占有世界 95% 以上的沙棘资源面积，但是优良品种却基本上全部掌握在俄罗斯、蒙古、德国等国手

中，不得不花费外汇从这些国家引进。我国茶园良种普及率仅为 17%，远低于日本（78%）、斯里兰卡（40%）；我国茶叶单产仅为 705kg/hm²，只有日本的 1/2；我国育成的"红碎茶"品种，其品质赶不上印度的"阿萨姆"。日本在马来西亚育成"潘卜尔"苎麻品种，纤维支数在 2500 支以上；而我国即使选育的优良品种，能达到 2000 支的比例也仅为 44.8%，一般很难达到 2000 支，纤维支数平均仅为 1875 支左右[9]；菲律宾优质苎麻品种覆盖率在 40% 以上，而我国在 30% 以下[10]。在植物资源良种选育方面，中国落后于一些亚洲国家，更不要说与欧美发达国家的巨大差距，良种选育还有许多工作要做。

同时，在我国不同水土流失类型区，一些水土保持植物资源已进行了经济开发，初步形成了地方产业，但由于没有在适宜地区全面推广，植物资源种植零星分散，面积不大，产业自然也形成不了规模，更无法形成产业链，规模效益无从谈起，企业没有参与开发的积极性。因此，形成了一个恶性循环，即"企业不参与—农民不种或毁掉植物资源—水土流失加剧—经济贫困—企业不参与"，制约了水土保持植物资源的可持续发展。

我国各地栽植的水土保持植物品种多而全，但按品种来算的资源面积却并不大，种植较为分散，形成不了规模，制约了其开发力度，植物资源的经济效益一直提不上去。如东北地区的树莓、茶藨子等浆果类植物，黄土高原地区的翅果油树、长柄扁桃等，西南岩溶地区的刺梨、清风藤等，开发前景很好，但资源面积却形成不了规模，急需扩大面积，以此吸引大型开发企业落户当地，给种植户吃颗"定心丸"，稳定民心，盘活植物资源种植开发机制，进而推动水土流失区生态、经济和社会体系的全面建设。

四、植物资源直接以原料形式或初加工产品出售，附加值不高，严重制约着区域经济社会的可持续发展

长期以来，由于在水土保持植物措施上，我国水土流失区，只重视种植，忽视经济价值开发，或因生产工艺技术水平低等瓶颈制约，多层次深加工利用举步维艰，严重影响着产业开发和经济发展，需要进一步对具有经济开发潜力的水土保持植物，开展加工工艺技术研发，以促进当地经济良性发展。

我国约有 2000 多种植物具有较高的经济价值，但大多数并没有得到深度开发，其产业化水平并不高，开发利用技术体系尚不完善。水土保持植物资源的生物活性物质各种各样，提取、分离技术要求不尽相同，需要特定的加工工艺、技术、设备的支撑。然而，水土流失区产地加工企业规模普遍较小，机械设备陈旧落后，技术性能低，多数只能做到原料收集或粗加工；由于产品质量上不去而停产的项目也不少，再加上开发利用时，往往做不到统一部署，资源浪费和破坏现象十分严重。一些初级加工产品，往往质量差，档次低，市场竞争力低，只能占领部分低档次市场。目前，许多地区正不遗余力地扩大植物资源种植规模，但产后深加工相对落后，大部分植物资源根本没有或没法加工，甚至连必备的保鲜冷储设施都不具备，因此，多以初级原料或半成品进入市场，所获利润十分微薄。

简易的金银花茶生产线（贵州兴义）

简陋的金银花茶加工厂房（贵州德江）

以食品工业为例。食品工业总产值与农业总产值之比，是衡量一个国家食品工业发展程度的重要标志。我国这一比值在（0.3~0.4）：1 之间，其中西部省区仅为 0.18：1，远低于发达国家（2~3）：1 的水平。我国粮食、豆类、油料、水果等产量均居世界第一位，但加工程度很低，仅为 25% 左右，而发达国家农产品产后加工能力在 70% 以上。当然，食品工业既包括水土保持植物资源，还包括农作物等资源。不过从这一对比分析，既可以看出差距，更可以发现开发水土保持植物资源的巨大潜力。按发达国家的加工能力匡算，我国食品加工业产值，目前尚有 5~10 倍现有产值的市场空间，植物资源深加工业的潜力很大，雄起已成当务之急。

第三节　高效水土保持植物资源的提出及需求分析

在我国以往水土流失治理中，植物措施首选"生态型"水土保持植物，"生态经济型"水土保持植物应用并不多。21 世纪的前 50 年，生态文明建设、经济腾飞等多方面的需求，注定水土保持植物资源生态建设再也不能平铺直叙，需要有革命性的举动。

一、高效水土保持植物资源概念的提出

作为水土保持植物措施的基本材料，水土保持植物从最初的"生态型"植物，逐步过渡到"生态型""经济型"齐头并进，再到两者整合升级而成的"生态经济型"植物。"生态经济型"植物的提出，始于 20 世纪 80 年代。而最新提法——高效水土保持植物，则是近三四年对"生态经济型"植物的一次高强度升级版，它已上升到满足国内外需求、顺应产业化体系发展的"大数据"层面，整合了"三农""城乡""生态文明"等要素，集成了政府、企业、农民等力量，突出"高效"，落脚点在"生态文明"。

高效水土保持植物资源，是指抗逆性很强、水土保持效益很好、经济效益较好、投入较少，且只能利用地上部分的多年生蕨、草和林木等植物资源。这类植物，选自水土保持生产实践中所用传统植物资源，以及在林业、农业等生产实践中使用的"林果型""饲用类"中，精挑细选出的生态经济兼用类型，可提供各种各样的工业原料，或直接利用，或进一步深加工开发利用，可再生发展，可持续利用，并在国民经济建设和生态环境建设两个主战场上，都占有十分重要的地位。

高效水土保持植物资源的"高效"两字，具体体现在 5 个方面：①种植高效；②管护高效；③生态高效；④经济高效；⑤社会高效。

所谓种植高效是指在适地适树适草的前提下，植物的适应性、抗逆性强，种植后易成活、成林、高产，而且投入较低，种植推广容易。

所谓管护高效是指采用常规技术措施，就可利用植物的萌蘖能力、发枝能力以及自组织恢复能力等内在特性，对遭遇自然灾害或人为中轻度破坏，实现自我迅速恢复或重建。

所谓生态高效是指植物资源科学配置后，能又好又快地发挥涵养水源、保持水土、防风固沙、改良土壤等生态功能。

所谓经济高效是指有序、适度采集植物地上部分器官，直接或经加工后投入市场，农民能从中较快得到出售原料的收入，企业能源源不断获得加工增值的效益。

所谓社会高效是指通过生态、经济功能的充分发挥，对农村经济结构调整、劳动力转移、强化治安等社会整体的促进作用，最后体现在全社会的可持续发展。

特别指出，高效水土保持植物资源，应绝对禁止对其地下部分的利用。原因显而易见：挖掘部分根系，不仅要使植物元气大伤，而且会发生由于土壤扰动所造成的水蚀、风蚀等水土流失；而整株根系的挖掘，

其造成的水土流失危害会更大。因此，高效水土保持植物开发的前提，就是杜绝对植物地下部分的掘取。

当然，细加琢磨还会发现，五个高效也根本不可能同步实现。它在实施时间上错开的，在要求程度上是有主次之分的。首先，要有种植和管护的两个高效，"三分造，七分管"，形成植物资源及其生态经济系统，这是基础。然后，才能逐步实现生态、经济、社会的三个高效，这是目的。生态、经济、社会"三大效益"追求中，程度亦不相同（参见下面示意图），生态高效固然十分重要，但也要重视经济高效。不能再有"守着青山要饭"的想法，使"青山变金山"，才是最大的生态文明。

我国幅员辽阔，生态条件相差甚大，不同区域所选高效水土保持植物，区别很大。在环准噶尔盆地的荒漠化区，新疆阿魏这种多年生草本植物，几呈均匀分布，虽然密度不高，但也能有效覆盖地表；在河滩阶地区，蒙古沙棘呈带状分布，郁郁葱葱；这两种植物都能够防风固沙，就是高效水土保持植物，可以发挥很好的生态、经济和社会功能。而在海南岛，高大的一些热带林果植物，如澳洲坚果、紫檀等，才是当家高效水土保持植物；而另一些相对低矮的姜科植物，如豆蔻、益智、砂仁等，可作为林下伴生植物，高效利用高大乔木不能利用的空

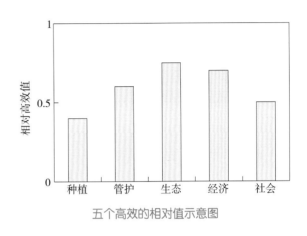

五个高效的相对值示意图

间，符合热带雨林层层密布植物的特性，三大效益同样体现地完美无缺，同样也是高效水土保持植物。可见，高效水土保持植物，因地而异，每一地区都有各自适宜的植物资源，没有一种植物资源可以"包打天下"。

二、高效水土保持植物资源配置与开发的需求分析

在现阶段，高效水土保持植物资源在全国水土流失类型区的科学配置，有国家生态文明建设、不同区域部门以及国内外市场等多个层面的不同需求。

（一）国家生态文明建设对高效水土保持植物资源配置的客观需要

植物措施作为水土保持两大措施之一，在许多地区甚至为根本措施，具有十分重要的地位。长期以来，由于在水土保持植物措施配置上只重视种植，特别是纯"生态型"水土保持植物所占比重过高，有经济开发价值的水土保持植物比例较少，植物经济资源种植难以形成规模；同时，对经济价值开发重视不够，产业得不到足够的原料，限制了其规模和发展速度，更不能形成产业链。这样一来，农民没有种植的积极性，企业没有开发的积极性，制约了水土保持植物的可持续利用，对水土保持生态文明建设造成了极大冲击。

在全国水土流失区配置高效水土保持植物，分析其经济利用价值和开发方向，配套最佳工艺技术，构建生态建设与国民经济相互促进、共同发展的新局面，已是人心所向，大势所趋。我国有着十分丰富的高效水土保持植物资源，但在长期生产实践中，植物资源的开发利用没有得到足够重视，因此推广的植物一般生态效益明显，但经济收益缺乏，得不到当地群众支持，前面治理，后面破坏；同时，对许多具有一定经济价值的植物定位不准，认识不深，系统开发不够，种植也形成不了规模，影响其推广应用，以及社会其他行业投资参与高效水土保持植物资源开发的积极性。总体来看，目前对高效水土保持植物资源现状，掌握既不系统，也不深入，严重影响了有关部门决策。在全国水土流失不同类型区，开展高效水土保持植物资源科学配置，是当前水土保持工作对植物措施所提出的基本要求，

更是国家生态文明建设对水土保持工作的迫切期望。

沙棘种植开发，就是一个以起初水土保持生态效益为主，逐渐兼顾经济效益，继之取得成功的典型范例。全国沙棘资源自 1985 年系统种植开发以来，在各级水土保持部门及一些林业部门的组织下，经过多部门、跨行业的协作努力和基层组织的艰苦实践，已经取得了沙棘生态建设的显著成绩。"三北"地区累计人工种植沙棘 200 多万 hm^2，培育了一批生长较快、产量较高、棘刺较少的优良品种，我国的沙棘资源面积占到全世界沙棘资源面积的 95% 以上。虽然我国沙棘产业几起几落，仍处于起步阶段，与其他类似行业（如银杏）相比差距较大，但已形成了一个成功的种植、开发与推广模式，假以时日，相信会创造出一片辉煌。

在全国水土流失区，适地适树适草适法，配置高效水土保持植物，同步高效开展水土保持植物资源综合开发，让企业、社会团体参与进来，吸引社会资金开拓市场，从而真正为农民种植高效水土保持植物资源，解除后顾之忧，全面推动水土保持生态建设步伐，有效保障国家生态文明建设。

（二）不同区域对高效水土保持植物资源合理布局的迫切需求

长期以来，全国水土保持工作中，形成了"重生态、轻经济"的习惯，各地水土保持部门，对高效水土保持植物资源知之甚少，对其布局、种植、开发，更是缺少系统的思路和总体布局的想法。不同区域、流域，对高效水土保持植物资源布局的需求，十分迫切。

东北黑土区气候较为湿润，土壤肥沃，是我国小浆果类植物天然分布和种植的主要地区。适宜种植的植物种类，主要有笃斯（蓝莓）、山莓（树莓）、黑果茶藨（黑加仑）、蒙古沙棘（大果沙棘）等。小浆果的特点是风味独特、营养价值很高，多年来都是国内外市场上的抢手货；同时，由于每年鲜果上市量大，时间集中，极容易因一时滞销而造成积压腐烂，为此，需要解决好仓储和果实深加工工作。作为地埂植物带配置的黄花菜，其发展规模、产业布局等，也需要通盘布局。基地建设、仓储建设和产品加工的同步发展，是缓解区内植物资源产业产销矛盾、提高产品附加值的重要手段，需要有一个科学的配置方案来统筹。

北方风沙区是我国戈壁、沙漠、沙地和草原的主要集中分布区，也是我国沙尘暴发生的重要策源地。该区光能资源十分充足，日温差大，特别适合梭梭、沙拐枣、红砂等沙生植物生长，但一些非沙生植物，如扁桃（蒙古扁桃、长柄扁桃）、枸杞（新疆枸杞、宁夏枸杞、黑果枸杞）等，亦可在新疆、甘肃、宁夏、陕西、内蒙古等地开展"灌溉型"或"集雨型"种植。这类植物初级产品，已经在市场上打开了销路，但高附加值的深加工产品还较少，原因不仅在于生产线的建设，还有资源规模的扩大，宣传销售渠道的拓宽等许多工作要做。所有这些，需要有一个科学的配置方案来统一部署。

北方土石山区山大沟深，多年来一直是板栗、核桃、山楂、花椒等植物的主要栽培区域。"燕山栗"是国际市场的抢手货，多年来主要出口日本等国。油松花粉——松黄，是保健食品加工的重要原料，市场前景很好。光照条件较充足，水热同期，使本区的植物资源产品质量很好，但问题是，需要进行资源的整合、产品的深加工，才能形成更大规模的植物资源基地，充实京津冀协作加工网，这也同样需要有一个科学的配置方案来统一安排。

西北黄土高原区是我国水土流失最为严重的地区，但光热资源丰富，雨热同期，特别是土层深厚是其主要优势所在，因此，植物资源产品以质量上乘为主要特征。核桃、枣树、山杏、山桃、樱桃等，一直是这一区域的当家经济植物。中国沙棘是区内人工种植面积最大的灌木树种，发挥了很好的水土保持作用，但作为资源能够进行开发的面积严重不足，已建企业因资源限制，而不得不季节性生产，企业生产线长时间闲置。区内以鄂尔多斯市为代表，已开展了种植沙棘工业原料林的实践，力争解决企业缺少资源的窘境。总体来看，这一区域可用于开发的植物资源规模较小，开发零打碎敲，产业规模化还形成不了体系。所有这些，是限制这一区域植物资源产业发展的主要症结。这些方面的通盘考虑，需要有一个科学的配置方案来加以指导。

南方红壤区、西南紫色土区、西南岩溶区是我国水热条件最好的区域，不足之处：①土层很薄，如岩溶区已到几乎无土可用的地步；②一些地区如贵州等地光能不足。南方三大区域是我国高效水土保持植物资源分布最为集中的区域，适宜生长的植物种类很多，开发产品丰富多样。杜仲、香榧、核桃、油茶、油桐、油橄榄、猕猴桃、金银花、余甘子、苎麻等在国内外市场上已占有一席之地。但问题仍然是产品深加工不够，需要资源的规模化布局、产业的关联考虑，也就是需要一个科学的配置方案来指导，才能盘活这大片河山的高效水土保持植物产业，进一步促进水土保持植物资源建设，充分发挥其水土保持生态功能。

青藏高原区开展高效水土保持植物资源建设的工作正在起步，白刺、黑果枸杞主要分布、种植在柴达木盆地，核桃、苹果、西藏桃、藏杏等可在高原河谷种植。区内还有江河源地区、高山峡谷区等，由于位于我国大江大河的源头，同时又具有特殊的冻融侵蚀方式，如何配置高效水土保持植物，也需要有一个切实可行的配置方案，来确定植物种植、示范的面积，以及相关物流、仓储以及初级加工企业的合理布局等。

从长江、黄河等流域治理角度来看，也对高效水土保持植物资源配置，有一个总体要求。总之，每一区域、流域，到底需要发展多大面积植物资源，需要建设多大的仓储容量，企业发展多大，开发什么产品，上什么生产线，上中下游企业如何布局，才能在所在区域站稳脚跟，同时着眼全国，放眼世界，是各省（自治区、直辖市）、各流域机构水保、林业部门普遍关心的问题。他们迫切需要这方面的配置方案，来科学指导高效水土保持植物资源的种植和开发，从而更好地为当地生态环境建设、资源基地建设和"三农"工作服务。

（三）国内外市场对高效水土保持植物资源产品的时代要求

我国南北跨纬度49°，其中东部地区由南向北，依次分布有热带雨林和季雨林、亚热带常绿阔叶林、暖温带落叶阔叶林、温带针阔混交林和针叶林、寒温带针叶林等植被类型；东西跨经度63°，其中"三北"地区从东至西，依次分布有森林、森林草原、草原、荒漠草原、荒漠等植被类型。同时，西南高山峡谷地区的高山和台湾山地，其水平位置属于亚热带，典型的地带性森林是以常绿阔叶林为特征的亚热带森林，但由于纬度低、山体高，因而海拔从低至高，又依次分布着常绿阔叶林、落叶阔叶林、针阔混交林、针叶林、灌木带、草甸、苔原等植被类型。辽阔的国土，得天独厚的自然多样性，孕育着多种多样的高效水土保持植物资源，为开发利用提供了便利的条件。

以林副、农副产品为龙头的我国高效水土保持植物资源，在一波波国际金融危机中得到发展壮大，其开发产业已在我国国民经济中占有重要地位。下面以官方统计的特产经济植物数据[11]为例，来加以说明（高效水土保持植物在其中占有十分重要的地位）。我国茶叶、林副产品、特色蔬菜、特产经济植物，成为我国资源拥有量大、带动面广、产品国际市场竞争力较强的优势产业。2002年我国茶园面积90.8万 hm²，年产量76万 t，全年社会销售量为45.34万 t，销售额为73.5亿元，我国茶叶生产量与出口量分列世界的第二、第三位，年出口量20多万 t。我国是辛香料资源大国，各类产品年出口量高达200万 t以上。我国香精油约占世界总量的1/2以上；特种油脂如蓖麻油、芝麻油、葵花子油等，约占世界产量的1/3。林副产品中的核桃年产量26.5万 t，年出口量2万 t；板栗产量居世界首位，占世界总量的70%，年出口量为4万 t；核桃、板栗年出口创汇总额，约1亿美元。全国主要特产经济植物的种植面积约为1500万 hm²，初级产品及其加工产品年产值在2000亿元以上，占国民生产总值比例达15%，利税总额年平均增长20%。但是应该看到，这些特色植物资源，多是以

阿月浑子（开心果）

扁桃（大杏仁）

板栗

榛子

原料出口创汇的，在国内的深加工技术发展明显滞后于资源发展，精加工产品因满足不了欧盟等国际市场的需要而被拒；单纯出口原料，不仅利润薄，国际市场稍有风吹草动，便会造成资源大量积压，影响了农民种植的积极性。

在一个追求绿色环保的现代社会里，国内外市场对植物资源及其产品的需求量，已经并且在未来还会继续快速扩大。我国水土流失区主要位于山丘区，也是乡土珍稀植物分布最为集中的地区[12]。只要采取合适措施，因势利导，逐步扩大高效水土保持植物资源规模，集中开展开发工艺技术的联合攻关研究，植物资源才有可能会逐步同时满足国内、国外两个市场的需求。下面从10个方面[13-14]，来对市场需求进行比较分析。

1. 淀粉及蛋白质方面

我国约有野生淀粉植物300余种，分布于全国各地。在粮食基本连年丰收的今天，虽然不会以野生淀粉植物来补充粮食之不足，但其中许多植物含有特殊用途的淀粉，如榆树皮、板栗、橡子等，在食品行业有着特殊的保健功能和加工性能，可满足一些人群的特殊需要。

干果类是国际市场贸易量较大的农产品品种，近年来在我国农产品总贸易额中占4%左右，各类干果类出口总额每年约3.5亿美元，进口总额约2.4亿美元。我国加入WTO后，果类植物的发展，面临着资源品种调整以及参与国际市场竞争的双重任务，需要在稳定大宗质优果类生产的同时，以市场为导向，发展具有中国特色的小果类植物。

国际市场上的4大干果（核桃、腰果、榛子、扁桃），在我国也具有资源优势。中国特产经济植物干果类（山核桃、香榧、银杏等），味道佳美，营养丰富，近年来逐步受到国际消费者的认可，有望进一步扩大国际市场销路。

核桃

山核桃

腰果

银杏（白果）

2. 饮料及野果方面

茶、咖啡、可可是世界上 3 大著名的传统饮料，具有强烈的兴奋、提神作用。近 30 年来，在保有这些传统饮料的同时，全球范围内也掀起了饮用无兴奋作用的天然保健饮料的热潮，已经形成了一个很大的产业门类。

绞股蓝茶富含活性成分七叶胆皂甙、黄酮、多糖等健康因子，能激活机体细胞活性，提供机体细胞所需的营养物质，清除血液中的多余脂肪，恢复人体正常脂肪代谢功能。柿叶茶不仅含有较高的维生素 C，而且还有防治心脑血管疾病的黄酮苷，长期饮用可防治心脑血管病。此外，银杏茶、苦丁茶、沙棘茶等天然保健饮料，也具有各自不同的医疗保健作用。

咖啡

可可

绞股蓝茶

柿叶茶

苦丁茶

我国蔷薇属植物种类很多,可以在全国各地建立不同的生产基地。目前已开发的蔷薇果类果汁,有刺梨汁、山刺玫汁、新疆野苹果果汁等。蔷薇类果汁饮料含有多种维生素,特别是维生素C含量很高。鼠李科的枣、酸枣果汁,也是很好的保健饮料。此外,还有余甘子果汁、酸豆果肉汁、拐枣果柄汁、樱桃李果汁、蓝莓汁、树莓汁等,已被开发了出来,而逐步形成一个庞大的饮料新型产业。

有特殊营养成分和保健效果的小浆果类,主要包括越橘科(蓝莓、蔓越莓等)、胡颓子科(沙棘、沙枣等)、桑科(馒头果、无花果、薜荔等)等植物,极有开发价值,其深加工产品,不仅包含饮料类,还可延伸到食品、医药、化工等领域,越来越受到人们的关注。

刺梨汁

蓝莓汁

3. 野菜方面

我国是蔬菜大国,发展名优特、高附加值、高科技含量的蔬菜加工,是蔬菜加工业的发展方向。脱水蔬菜、蔬菜汁、蔬菜脆片、粉末蔬菜,是国际流行的加工类型。这些在我国目前已基本形成了一定的规模,但加工力度还不够大。

据调查，我国可食用的野菜植物资源达 1000 多种，随着人们生活水平由"温饱型"向"营养保健型"转变，饮食结构日趋多样化。野菜以营养价值高，具有医疗保健作用，风味独特，无污染，而被誉为"绿色食品""健康食品"，正日益受到人们的喜爱，成为现代人"回归自然"的切实体验，和追求时尚的强烈要求。

楤木芽

香椿芽

我国野菜资源很多，极具开发潜力和前景。长期深受国人喜爱、口味独特、营养丰富的山野菜品种，如香椿、栾树、楤木、刺槐、国槐、花椒、刺五加、杨树、柳树、核桃、木槿等，其嫩芽、花卉等，长期以来是老百姓十分抢手的木本蔬菜，应纳入菜篮子工程建设范畴，重点通过高效水土保持植物资源的配置实施，来持续获取。

刺五加芽

花椒芽

4. 辛香料方面

辛香料是我国的特色资源，产销量均居世界前列。我国辛香料年出口量高达 230 万 t，贸易额近 100 亿元。辛香料植物品种近 200 个，主要品种有桂皮、八角茴香、辣椒干、花椒、胡椒等。辛香料与人们日常生活息息相关，国内外市场潜力十分巨大。

长期以来，我国辛香料的生产和出口，多以原料和粗加工产品为主，高附加值的后续加工产品，利润多被国外赚取，所以，我国占世界辛香料市场的份额很低，只有 5% 左右，与我国辛香料的第一产量国地位极不相称，也间接说明了，多层次深度开发辛香料类植物资源，有着巨大潜力和广阔前景。

桂皮　　　　　　　　　　　　　　　　　　八角茴香

花椒　　　　　　　　　　　　　　　　　　胡椒

5. 中草药方面

我国中草药种类多，藏量丰富，使用历史悠久，驰名中外，每年国内外需要量很大。许多药材是使用根类，采挖对其资源特别是地表破坏很大。因此，对于非挖不可的植物，坡地采挖时应结合水土保持工程整地，逐步将坡地修成台阶状，以利于保水保肥。高效水土保持植物资源不建议对根系采掘利用。

高效水土保持植物资源，只提倡对地上部分药用价值的开发。因此，应重视对非根利用植物资源的筛选，深度开发植物花、果、叶或枝条的药用功能，从而能在适度采收、最大程度开发利用的前提下，还可继续发挥采收后植物资源的水土保持功效。这方面植物有金银花、玉兰、玫瑰、莞花等花蕾用植物，余甘子、白刺、罗汉果、诃子等果用植物，圆柏、接骨木、清风藤、乌饭树等枝叶用植物。山丘区应逐渐加大这类群植物的栽培，重视产品系列化开发，扩大国内外市场。

辛夷

山楂

20

金银花

诃子

6. 油脂方面

我国特种油脂植物资源丰富，它们可为食品、医药、化工行业，提供特种脂肪酸等原料。除了大宗经济油脂植物的种植外，近年来，我国又从野生植物中筛选出具有重大经济价值的油脂植物。

油茶

琴叶风吹楠

蒜头果

蓖麻

茶油（油茶等）、橄榄油、葡萄子油等富含亚油酸、亚麻酸等不饱和脂肪酸，可作为高级保健食用油。蒜头果油含有二十四碳烯酸，是生产十五碳二烯酸，进而合成高档香料的原料。风吹楠油是提取月桂酸、肉豆蔻酸的原料。白背叶油、蓖麻油、乌桕油、油桐油，是油漆、涂料、润滑油的良好原料。牛油树油、流苏油等，可制高档油墨用油。大力发展这些特种油脂植物，对我国的大农业发展、出口创汇等均具有积极意义。

7. 香精油方面

中国是世界上香料植物资源最为丰富的国家之一，有分属 62 个科的 400 余种香料植物，工业化生产的约有 120 多种，其中品质较好、贸易量大的有山苍子（山鸡椒）油、花椒油、玫瑰油、中国肉桂油、八角茴香油、中国桉叶油、中国柏木油、黄樟油、松节油、芳樟油、茉莉浸膏、桂花浸膏、薄荷油、留兰香油、薰衣草油、香茅油、香叶油等。中国的香精油植物主产于长江以南诸省区，长江以北也有一些特殊的品种，如薰衣草油、玫瑰油和多种伞形科植物的精油。我国天然香料年产量 4 万多 t，产值近 100 亿元，年创汇近 4 亿美元。

玫瑰

茉莉花

薰衣草

百里香

8. 生物能源方面

目前全球石油价格不断波动，加之化石能源的不可再生性，随着其资源量的逐年减少，生物质能源愈来愈受到人们高度的关注。

生物柴油加油站

中国目前对进口石油的依存度已超过 50%，降低依存度的出路，就是开发生物质能源和替代石油产品。用生物质能源替代石油产品的比例，美国到 2020 年将达到 10%，欧盟为 15%，甚至印度也提出了具体目标。预计未来几年，中国的燃料乙醇生产能力，将达到 1000 万 t/ 年[15]。生物质能源关系国家的能源战略、科技战略、"三农"问题和生态环境问题，因此它直接左右中国的长治久安。

目前大多数能源植物尚处于野生或半野生状态，科学家正在研究应用遗传改良、人工栽培或先进的生物质能转换技术，以提高生物质能源的利用效率，生产出各种清洁燃料，从而替代煤炭、石油和天然气等化石燃料，减少对矿物能源的依赖，减轻能源消耗给环境造成的污染。麻风树油、桐油、黄连木油等都可以直接用做柴油的代用燃油，是良好的能源植物。普遍认为，生物质能源，必将成为未来可持续能源的重要部分，在全球市场上具有广阔的开发利用前景。

9. 色素及甜味剂方面

近年来，国内外食品工业中，已揭开了广泛应用天然食用色素的一页。我国色素植物种类很多，分布于南北各地，开发利用天然食用色素植物潜力很大。我国已得到开发利用的食用色素，有山楂红色素、槟榔红色素、沙棘黄色素、栀子黄色素、多穗石栎棕色素等。过去，各地生产植物色素的小厂较多，主要因原料和加工技术不规范，产品质量差，销路不畅而关闭。当前应加大投入，从建立商品原料基地起，以高新提取技术，获得高纯度的植物色素产品，形成天然色素产业，并着眼于出口创汇。

槟榔　　　　　　　　　　　　　　栀子

甜茶　　　　　　　　　　　　　　罗汉果

天然甜味品是食品加工和医疗保健业的重要原料。我国甜茶中的甜味物质—甜茶苷甜度是蔗糖 300 倍，热量为蔗糖 1%，有接近蔗糖的清爽甜味，食用安全，无毒副作用，具降血脂和血糖等功效，是理想的甜味替代品。罗汉果的果实中含罗汉果苷，甜度为蔗糖的 240 倍，热量为零，具有清热润肺镇咳、润肠通便功效，对肥胖、便秘、糖尿病等具有防治作用。这是一个潜力很大的新兴产业，应抓紧建立植物甜味品原料基地，开发新的产品，以满足国内外市场的需要。

10. 其他方面

　　蚕桑、蜜源植物、昆虫寄主植物、经济植物寄主植物等资源，十分珍贵，通过不同方式的获取、转换及开发，能够促进产业链的延伸，对传统产业变革产生深远的影响。植物资源开发，受到世界范围内的广泛重视，不断有许多特殊功用的物质被发现，每一种资源的开发，都将形成新的经济增长点。

　　我国山丘区分布或种植的野生植物资源，品种极其丰富，如杜仲、紫杉、山鸡椒、皂荚等，通过合理的科学的开发利用，能够形成新型的特色水土保持植物资源开发业，获得高额的经济效益，这既符合国内外植物资源产业的发展方向，也符合国家对生态环境治理方面的经济效益要求，更符合水土流失区千千万万老百姓实现"小康"目标的殷切期望，理应大力扶持，抓紧实施。

桑树　　　　　　　　　　　　　　　　蒙古栎

刺槐　　　　　　　　　　　　　　　　荆条

五倍子及其寄主——红麸杨　　　　　蜡花及白蜡虫寄主——白蜡

锁阳及其寄主——白刺

肉丛蓉及其寄主——梭梭

　　高效水土保持植物资源是指抗逆性很强、水土保持效益很好、经济效益较好、投入较少，且只能利用地上部分的多年生蕨、草和林木等植物资源。高效水土保持植物资源的"高效"两字，具体体现在5个方面：①种植高效；②管护高效；③生态高效；④经济高效；⑤社会高效。"五个高效"在实施时间上有所错开，在要求程度上也有主次之分。首先，要有种植和管护的两个高效，"三分造，七分管"，以形成植物资源及其生态经济系统，这是基础。然后，才能逐步实现生态、经济、社会的三个高效，这是目的。

本 章 参 考 文 献

[1]　胡建忠 . 砒砂岩区生态建设的一种创举——沙棘模式 [J]. 中国水利，2007，（6）：25-27.

[2]　胡建忠，夏静芳，殷丽强 . 晋陕蒙甘能源开发区沙棘资源建设开发的生态经济作用 [J]. 农业环境与发展，2009，26（5）：23-25.

[3]　胡建忠 . 说说关老——谈关君蔚教授的水土保持思想体系 [J]. 北京林业大学学报，1997，19（增刊 1）：59-60.

[4]　胡建忠 . 我国生态文明建设的辩证思考——以高效水土保持植物资源配置与开发为例 [J]. 中国水土保持，2015（5）：23-27.

[5]　国家林业局科学技术司 . "九五"国家重点科技攻关林业项目重大成果汇编·生态林业工程 [M]. 北京：中国林业出版社，2001.

[6]　胡建忠，邰源临，李永海 . 砒砂岩区沙棘生态控制系统工程及产业化开发体系 [M]. 北京：中国水利水电出版社，2015.

[7]　于汝元 . 谈三北地区植树造林、低产林和森林经营问题 [J]. 林业建设，2001（3）:9-11.

[8]　胡建忠 . 黄土高原重点水土流失区生态经济型乔木树种的区位环境适宜性 [M]. 郑州：黄河水利出版社，2000.

[9]　熊和平 . 麻类作物育种学 [M]. 北京：中国农业科学技术出版社，2008.

[10]　张卫明，史劲松，孙晓明，等 . 我国特产资源产业状况与发展战略 [J]. 中国野生植物资源，2002，21（1）：1-4.

[11]　张卫明，等 . 植物资源开发研究与应用 [M]. 南京：东南大学出版社，2005.

[12]　张卫明 . 关于特种经济植物产业的思考 [J]. 中国野生植物资源，2001，20（1）：1-4.

[13]　张卫明，史劲松 . 我国特产资源可持续发展支持体系的构建 [J]. 中国野生植物资源，2001，20（5）：1-3.

[14]　孟金贵，杨春梅 . 云南特产蔬菜资源及其开发利用 [J]. 特产研究报 .1996，（2）：43-46.

[15]　胡建忠 . 我国生物质能源开发的主要途径及适用植物探讨 [J]. 西部林业科学，2008，37（4）：96-101.

第二章　主要高效水土保持植物资源及分布

欲开展高效水土保持植物资源配置与开发利用，首先必须寻找、筛选、摸清适宜在全国水土流失区种植的高效水土保持植物资源家底，掌握其生物学、生态学特性，才能为进一步开展植物与立地之间的"对位配置"，奠定必备基础。

第一节　主要高效水土保持植物资源

我国的植物资源，多数分布于山地、丘陵等水土流失区。这些区域各具不同的地质地貌、气候、土壤、水文等特征，孕育了多种多样的可用于种植不同植物的基本生态条件。

经搜集资料、调研及综合分析[1-19]，按照"五个高效"的原则，筛选出我国高效水土保持植物资源，主要为128科的596种植物，其中：蕨类植物4科5种，裸子植物9科25种，被子植物115科566种（包括：双子叶植物109科546种，单子叶植物6科20种）。

以下植物资源名录，蕨类植物按秦仁昌（1954）分类系统[20-22]排列；裸子植物按郑万钧（1978）修订的系统[23]；被子植物按哈钦松（1959）分类系统[24-25]排列。

一、蕨类植物

蕨类植物共计4科5种。

卷柏科：2种

卷柏（*Selaginella tamariscina*）

江南卷柏（*Selaginella moellendorfii*）

水龙骨科：1种

石韦（*Pyrrosia lingua*）

果白科：1种

芒萁（*Gleichenia linearis*）

凤尾蕨科：1种

蕨菜（*Pteridium aquilinum* var. *latiusculum*）

二、裸子植物

裸子植物共计9科25种。

苏铁科：1种

苏铁（*Cycas revoluta*）

银杏科：1种

银杏（*Ginkgo biloba*）

松科：5 种

红松（*Pinus koraiensis*）

华山松（*Pinus armandii*）

油松（*Pinus tabulaeformis*）

马尾松（*Pinus massoniana*）

铁杉（*Tsuga chinensis*）

柏科：5 种

侧柏（*Platycladus orientalis*）

柏木（*Cupressus funebris*）

叉子圆柏（*Sabina vulgaris*）

圆柏（*Sabina chinensis*）

杜松（*Juniperus rigida*）

罗汉松科：1 种

罗汉松（*Podocarpus macrophyllus*）

三尖杉科：3 种

三尖杉（*Cephalotaxus fortunei*）

中国粗榧（*Cephalotaxus sinensis*）

海南粗榧（*Cephalotaxus hainanensis*）

红豆杉科：4 种

红豆杉（*Taxus chinensis*）

东北红豆杉（*Taxus cuspidata*）

香榧（*Torreya grandis*）

云南榧树（*Torreya yunnanensis*）

麻黄科：4 种

中麻黄（*Ephedra intermedia*）

草麻黄（*Ephedra sinica*）

木贼麻黄（*Ephedra equisetina*）

单子麻黄（*Ephedra monosperma*）

买麻藤科：1 种

买麻藤（*Gnetum montanum*）

三、被子植物

被子植物共计 115 科 566 种，其中：双子叶植物 109 科 546 种，单子叶植物 6 科 20 种。

（一）双子叶植物

双子叶植物共计 109 科 546 种。

木兰科：9 种

厚朴（*Magnolia officinalis*）

荷花玉兰（*Magnolia grandiflora*）

玉兰（*Magnolia denudata*）

紫玉兰（*Magnolia liliflora*）

望春玉兰（*Magnolia biondii*）

山玉兰（*Magnolia delavayi*）

白兰（*Michelia alba*）

云南含笑（*Michelia yunnanensis*）

含笑（*Michelia figo*）

八角科：1 种

八角（*Illicium verum*）

五味子科：2 种

华中五味子（*Schisandra sphenanthera*）

五味子（*Schisandra chinensis*）

番荔枝科：2 种

夷兰（*Cananga odorata*）

番荔枝（*Annona squamosa*）

樟科：26 种

长圆叶新木姜（*Neolitsea oblongifolia*）

多果新木姜（*Neolitsea polycarpa*）

团花新木姜（*Neolitsea homilantha*）

杨叶木姜子（*Litsea populifolia*）

山鸡椒（*Litsea cubeta*）

秦岭木姜子（*Litsea tsinlingensis*）

木姜子（*Litsea pungens*）

江浙山胡椒（*Lindera chienii*）

广东山胡椒（*Lindera kwangtungensis*）

山胡椒（*Lindera glauca*）

香叶树（*Lindera communis*）

红脉钓樟（*Lindera rubronervia*）

黄脉钓樟（*Lindera flavinervia*）

香叶子（*Lindera fragrans*）

猴樟（*Cinnamomum ilicioides*）

樟树（*Cinnamomum camphora*）

云南樟（*Cinnamomum glanduliferum*）

黄樟（*Cinnamomum porrectum*）

卵叶桂（*Cinnamomum rigidissimum*）

华南桂（*Cinnamomum austro-sinense*）

肉桂（*Cinnamomum cassia*）

香桂（*Cinnamomum subavenium*）

阴香（*Cinnamomum burmannii*）

新樟（*Neocinnamomum delavayi*）

滇润楠（*Machilus yunnanensis*）

红润楠（*Machilus thunbergii*）

肉豆蔻科：5种

红光树（*Knema furfuracea*）

肉豆蔻（*Myristica fragrans*）

琴叶风吹楠（*Horsfieldia pandurifolia*）

滇南风吹楠（*Horsfieldia tetratepala*）

风吹楠（*Horsfieldia glabra*）

五桠果科：3种

五桠果（*Dillenia indica*）

小花五桠果（*Dillenia pentagyna*）

锡叶藤（*Tetracera asiatica*）

牛栓藤科：1种

红叶藤（*Rourea microphylla*）

马桑科：1种

马桑（*Coriaria sinica*）

蔷薇科：51种

三裂绣线菊（*Spiraea trilobata*）

珍珠梅（*Sorbaria sorbifolia*）

灰栒子（*Cotoneaster acutifolius*）

西北栒子（*Cotoneaster zabelii*）

火棘（*Pyracantha fortuneana*）

山楂（*Crataegus pinnatifida*）

野山楂（*Crataegus cuneata*）

石楠（*Photinia serrulata*）

光叶石楠（*Photinia glabra*）

枇杷（*Eriobotrya japonica*）

花楸树（*Sorbus pohuashanensis*）

榅桲（*Cydonia oblonga*）

木瓜（*Chaenomeles sinensis*）

西藏木瓜（*Chaenomeles tibetica*）

秋子梨（*Pyrus ussuriensis*）

白梨（*Pyrus bretschneideri*）

山荆子（*Malus baccata*）

湖北海棠（*Malus hupenensis*）

苹果（*Malus pumila*）

新疆野苹果（*Malus sieversii*）

花红（*Malus asiatica*）

楸子（*Malus prunifolia*）

玫瑰（*Rosa rugosa*）

多花蔷薇（*Rosa multiflora*）

金樱子（*Rosa laevigata*）

黄蔷薇（*Rosa hugonis*）

黄刺玫（*Rosa xanthina*）

刺梨（*Rosa roxburghii*）

山刺玫（*Rosa davurica*）

山莓（*Rubus corchorifolius*）

覆盆子（*Rubus idaeus*）

黑树莓（*Rubus occidentalis*）

茅莓（*Rubus parvifolius*）

稠李（*Prunus padus*）

樱桃（*Prunus pseudocerasus*）

欧李（*Prunus humilis*）

郁李（*Prunus japonica*）

毛樱桃（*Prunus tomentosa*）

李（*Prunus salicina*）

杏（*Prunus armeniaca*）

山杏（*Prunus armeniaca* var. *ansu*）

藏杏（*Prunus holosericea*）

扁桃（*Prunus dulcis*）

山桃（*Prunus davidiana*）

蒙古扁桃（*Prunus mongolica*）

长柄扁桃（*Prunus pedunculata*）

桃（*Prunus persica*）

西藏桃（*Prunus mira*）

梅（*Prunus mume*）

扁核木（*Prinsepia uniflora*）

青刺果（*Prinsepia utilis*）

腊梅科：2 种

山腊梅（*Chimonanthus nitens*）

腊梅（*Chimonanthus praecox*）

苏木科：10 种

云实（*Caesalpinia decapetala*）

肥皂荚（*Gymnocladus chinensis*）

皂荚（*Gleditsia sinensis*）

野皂荚（*Gleditsia microphylla*）

铁刀木（*Cassia siamea*）

翅荚决明（*Cassia alata*）

望江南（*Cassia occidentalis*）

白花油麻藤（*Mucuna birdwoodiana*）

油楠（*Sindora glabra*）

酸豆（*Tamarindus indica*）

含羞草科：4 种

金合欢（*Acacia farnesiana*）

黑荆树（*Acacia mearnsii*）

鸭腱藤（*Entada phaseoloides*）

围涎树（*Pithecellobium clypearia*）

蝶形花科：27 种

花榈木（*Ormosia henryi*）

刺槐（*Robinia pseudoacacia*）

槐树（*Sophora japonica*）

白刺花（*Sophora davidii*）

砂生槐（*Sophara moorcroftiana*）

苦参（*Sophora flavescens*）

海南鸡血藤（*Millettia pachyloba*）

鸡血藤（*Millettia reticulata*）

厚果崖豆藤（*Millettia pachycarpa*）

紫藤（*Wisteria sinensis*）

紫檀（*Pterocarpus indicus*）

降香黄檀（*Dalbergia odorfera*）

思茅黄檀（*Dalbergia szemaoensis*）

槐蓝（*Indigofera tinctoria*）

树锦鸡儿（*Caragana arborescens*）

紫穗槐（*Amorpha fruticosa*）

木豆（*Cajanus cajan*）

葛藤（*Pueraria lobata*）

骆驼刺（*Alhagi pseudoalhagi*）

铃铛刺（*Halimodendron halodendron*）

葫芦茶（*Tadehagi triquetrum*）

胡枝子（*Lespedeza bicolor*）

小槐花（*Desmodium caudatum*）

紫花苜蓿（*Medicago sativa*）

沙打旺（*Astragalus adsurgens*）

红豆草（*Onobrychis viciaefolia*）

格木（*Erythrophleum fordii*）

醋栗科：5 种

刺李（*Ribes burejense*）

黑果茶藨（*Ribes nigrum*）

红茶藨子（*Ribes rubrum*）

欧洲醋栗（*Ribes reclinatum*）

水葡萄茶藨子（*Ribes procumbens*）

野茉莉科：2 种

白花树（*Styrax tonkinensis*）

白叶安息香（*Styrax subniveus*）

山矾科：1 种

白檀（*Symplocos paniculata*）

伞形科：2 种

新疆阿魏（*Ferula sinkiangensis*）

阜康阿魏（*Ferula fukanensis*）

山茱萸科：7 种

灯台树（*Cornus controversa*）

红瑞木（*Cornus alba*）

光皮树（*Cornus wilsoniana*）

梾木（*Cornus macrophylla*）

毛梾（*Cornus walteri*）

头状四照花（*Cornus capitata*）

山茱萸（*Macrocarpium officinale*）

五加科：8 种

常春藤（*Hedera nepalensis*）

刺楸（*Kalopanax pictus*）

刺五加（*Acanthopanax senticosus*）

五加（*Acanthopanax gracilistylus*）

三加（*Acanthopanax trifoliatus*）

楤木（*Aralia sinensis*）

辽东楤木（*Aralia elata*）

长白楤木（*Aralia continentalis*）

忍冬科：18 种

早禾树（*Viburnum odoratissimum*）

水红木（*Viburnum cylindricum*）

珍珠荚蒾（*Viburnum foetidum*）

荚蒾（*Viburnum dilatatum*）

鸡树条荚蒾（*Viburnum sargentii*）

接骨木（*Sambucus williamsii*）

风吹箫（*Leycesteria formosa*）

蓝靛果（*Lonicera caerulea* var. *edulis*）

金银忍冬（*Lonicera maackii*）

忍冬（*Lonicera japonica*）

华南忍冬（*Lonicera confusa*）

菰腺忍冬（*Lonicera hypoglauca*）

灰毡毛忍冬（*Lonicera macranthoides*）

细毡毛忍冬（*Lonicera similis*）

黄褐毛忍冬（*Lonicera fulvotomentosa*）

盘叶忍冬（*Lonicera tragophylla*）

糯米条（*Abelia chinensis*）

六道木（*Abelia biflora*）

金缕梅科：2种

枫香树（*Liquidambar formosana*）

檵木（*Loropetalum chinense*）

黄杨科：3种

黄杨（*Buxus sinica*）

雀舌黄杨（*Buxus bodinieri*）

野扇花（*Sarcococca ruscifolia*）

西蒙德木科：1种

西蒙德木（*Simmondsia chinensis*）

交让木科：1种

牛耳枫（*Daphniphyllum calycinum*）

杨梅科：1种

矮杨梅（*Myrica nana*）

桦木科：4种

香桦（*Betula insignis*）

白桦（*Betula platyphylla*）

黑桦（*Betula davurica*）

桤木（*Alnus cremastogyne*）

榛科：1种

榛子（*Corylus heterophylla*）

壳斗科：11种

水青冈（*Fagus longipetiolata*）

板栗（*Castanea mollissima*）

锥栗（*Castanea henryi*）

茅栗（*Castanea seguinii*）

栲树（*Castanopsis fargesii*）

高山栲（*Castanopsis delavayi*）

石栎（*Lithocarpus glaber*）

多穗石栎（*Lithocarpus polystachyus*）

麻栎（*Quercus acutissima*）

蒙古栎（*Quercus mongolica*）

栓皮栎（*Quercus variabilis*）

胡桃科：8种

化香树（*Platycarya strobilacea*）

核桃（*Juglans regia*）

黑核桃（*Juglans nigra*）

漾濞核桃（*Juglans sigillata*）

核桃楸（*Juglans mandshurica*）

野核桃（*Juglans cathayensis*）

山核桃（*Carya cathayensis*）

薄壳山核桃（*Carya illinoensis*）

榆科：4 种

榆（*Ulmus pumila*）

青檀（*Pteroceltis tatarinowii*）

异色山黄麻（*Trema tomentosa*）

油朴（*Celtis wighetii*）

桑科：11 种

桑（*Morus alba*）

构树（*Broussonetia papyrifera*）

波罗蜜（*Artocarpus heterophyllus*）

白桂木（*Artocarpus hypargyreus*）

印度榕（*Ficus elastica*）

榕树（*Ficus microcarpa*）

无花果（*Ficus carica*）

地枇杷（*Ficus tikoua*）

馒头果（*Ficus auriculata*）

啤酒花（*Humulus lupulus*）

葎草（*Humulus scandens*）

荨麻科：4 种

苎麻（*Boehmeria nivea*）

水麻（*Debregeasia edulis*）

紫麻（*Oreocnide frutescens*）

水丝麻（*Maoutia puya*）

杜仲科：1 种

杜仲（*Eucommia ulmoides*）

胭脂树科：1 种

胭脂树（*Bixa orellana*）

半日花科：1 种

岩蔷薇（*Cistus ladaniferus*）

大风子科：3 种

海南大风子（*Hydnocarpus hainanensis*）

柞木（*Xylosma japonicum*）

山桐子（*Idesia polycarpa*）

沉香科：1 种

土沉香（*Aquilaria sinensis*）

瑞香科：9种

了哥王（*Wikstroemia indica*）

荛花（*Wikstroemia canescens*）

河朔荛花（*Wikstroemia chamaedaphne*）

北江荛花（*Wikstroemia monnula*）

白瑞香（*Daphne papyracea*）

瑞香（*Daphne odora*）

黄瑞香（*Daphne giraldii*）

荛花（*Daphne genkwa*）

结香（*Edgeworthia chrysantha*）

山龙眼科：2种

广东山龙眼（*Helicia kwangtungensis*）

澳洲坚果（*Macadamia ternifolia*）

海桐科：1种

柄果海桐 （*Pittosporum podocarpum*）

白花菜科：4种

树头菜（*Crateva unilocularis*）

野香橼花（*Capparis bodinieri*）

马槟榔（*Capparis masaikai*）

刺山柑（*Caparis spinosa*）

柽柳科：5种

柽柳（*Tamarix chinensis*）

多枝柽柳（*Tamarix ramosissima*）

沙生柽柳（*Tamarix taklamakaensis*）

水柏枝（*Myricaria germanica*）

红砂（*Reaumuria songarica*）

西番莲科：1种

鸡蛋果（*Passiflora edulia*）

葫芦科：2种

绞股蓝（*Gynostemma pentaphyllum*）

罗汉果（*Siraitia grosvenori*）

椴树科：2种

破布叶（*Microcos paniculata*）

扁担杆（*Grewia biloba*）

杜英科：1种

杜英（*Elaeocarpus decipiens*）

梧桐科：6种

绒毛苹婆 （*Sterculia villos*）

苹婆（*Sterculia nobils*）

胖大海（*Sterculia lychnophora*）

梧桐（*Firmiana platanifolia*）

蛇婆子（*Waltheria americana*）

可可（*Theobroma cacao*）

木棉科：4 种

猴面包树（*Adansonia digitata*）

瓜栗（*Pachira macrocarpa*）

木棉（*Bombax malabaricum*）

榴莲（*Durio zibethinus*）

锦葵科：6 种

朱槿（*Hibiscus rosa-sinensis*）

木芙蓉（*Hibiscus mutabilis*）

木槿（*Hibiscus syriacus*）

海滨木槿（*Hibiscus hamabo*）

海滨锦葵（*Kosteletzkya virginica*）

白脚桐棉（*Thespesia lampas*）

金虎尾科：1 种

凹缘金虎尾（*Malpighia emarginata*）

蒺藜科：2 种

盐生白刺（*Nitraria sibirica*）

白刺（*Nitraria tangutorum*）

大戟科：24 种

余甘子（*Phyllanthus emblica*）

算盘子（*Glochidion puberum*）

黑面神（*Breynia fruiticosa*）

重阳木（*Bischofia polycarpa*）

石栗（*Aleurites moluccana*）

油桐（*Vernicia fordii*）

千年桐（*Vernicia montana*）

麻枫树（*Jatropha curcas*）

巴豆（*Croton tiglium*）

蓖麻（*Ricinus communis*）

蝴蝶果（*Cleidiocarpon cavaleriei*）

石岩枫（*Mallotus repandus*）

粗糠柴（*Mallotus philippihensis*）

毛桐（*Mallotus barbatus*）

白背叶（*Mallotus apelta*）

野桐（*Mallotus tenuifolius*）

野梧桐（*Mallotus japonicus*）

乌桕（*Sapium sebiferum*）

山麻杆（*Alchornea davidii*）

橡胶树（*Hevea brasililiensis*）

金刚纂（*Euphorbia antiquorum*）

绿玉树（*Euphorbia tirucalli*）

肥牛树（*Cephalomappa sinensis*）

草沉香（*Excoecaria acerifolia*）

山茶科：4种

油茶（*Camellia oleifera*）

山茶（*Camellia japonica*）

金花茶（*Camellia chrysantha*）

茶（*Camellia sinensis*）

猕猴桃科：2种

中华猕猴桃（*Actinidia chinensis*）

软枣猕猴桃（*Actinidia arguta*）

越橘科：4种

越橘（*Vaccinium vitis-idaea*）

笃斯（*Vaccinium uliginosum*）

乌饭树（*Vaccinium bracteatum*）

苍山越橘（*Vaccinium delavayi*）

金丝桃科：1种

金丝梅（*Hypericum patulum*）

山竹子科：2种

铁力木（*Mesua ferrea*）

岭南山竹子（*Garcinia oblongifolia*）

桃金娘科：13种

岗松（*Baechea frutescens*）

柠檬桉（*Eucalyptus citriodora*）

蓝桉（*Eucalyptus globulus*）

赤桉（*Eucalyptus camaldulensis*）

细叶桉（*Eucalyptus tereticornis*）

大叶桉（*Eucalyptus robusta*）

窿缘桉（*Eucalyptus exserta*）

桃金娘（*Rhodomyrtus tomentosa*）

番石榴（*Psidium guajava*）

水榕（*Cleistocalyx operulatus*）

海南蒲桃（*Syzygium cumini*）

蒲桃（*Syzygium jambos*）

莲雾（*Syzygium samarangense*）

红树科：2种

角果木（*Ceriops tagal*）

秋茄树（*Kandelia candel*）

石榴科：1 种

石榴（*Punica granatum*）

使君子科：3 种

诃子（*Terminalia chebula*）

费氏榄仁（*Terminalia ferdinandiana*）

使君子（*Quisqualis indica*）

野牡丹科：1 种

野牡丹（*Melastoma candidum*）

冬青科：3 种

铁冬青（*Ilex rotunda*）

苦丁茶（*Ilex kudingcha*）

枸骨（*Ilex cornuta*）

卫矛科：5 种

卫矛（*Euonymus alatus*）

扶芳藤（*Euonymus fortunei*）

灯油藤（*Celastrus paniculatus*）

南蛇藤（*Celastrus orbiculatus*）

雷公藤（*Tripterygium wilfordii*）

铁青树科：3 种

蒜头果（*Malania oleifera*）

华南青皮木（*Schoepfia chinensis*）

赤苍藤（*Erythropalum scandens*）

胡颓子科：10 种

胡颓子（*Elaeagnus pungens*）

沙枣（*Eleaagnus angustifolia*）

翅果油树（*Elaeagnus mollis*）

牛奶子（*Elaeagnus umbellata*）

肋果沙棘 （*Hippophae neurocarpa*）

西藏沙棘（*Hippophae thibetana*）

中国沙棘 （*Hippophae rhamnoides* ssp. *sinensis*）

蒙古沙棘 （*Hippophae rhamnoides* ssp. *mongolica*）

中亚沙棘 （*Hippophae rhamnoides* ssp. *turkestanica*）

江孜沙棘（*Hippophae gyantsensis*）

鼠李科：8 种

圆叶鼠李（*Rhamnus globosa*）

鼠李（*Rhamnus davurica*）

冻绿（*Rhamnus utilis*）

枳椇（*Hovenia acerba*）

马甲子（*Paliurus ramosissimus*）

枣树（*Ziziphus jujuba*）

酸枣（*Ziziphus jujube* var. *spinosa*）

滇刺枣（*Ziziphus mauritiana*）

葡萄科：6 种

山葡萄（*Vitis amurensis*）

葡萄（*Vitis vinifera*）

崖爬藤（*Tetrastigma obtectum*）

爬山虎（*Parthenocissus tricuspicata*）

白粉藤（*Cissus madecoides*）

四方藤（*Cissus pteroclada*）

紫金牛科：5 种

杜茎山（*Maesa joponica*）

罗伞树（*Ardisia quinquigona*）

朱砂根（*Ardisia crenata*）

酸藤子（*Embelia laeta*）

铁仔（*Myrsine africana*）

柿树科：1 种

柿（*Diospyros kaki*）

山榄科：6 种

紫荆木（*Madhuca pasquieri*）

海南紫荆木（*Madhuca hainanensis*）

锈毛梭子果（*Eberhardtia aurata*）

星苹果（*Chrysophyllum cainito*）

人心果（*Manikara zapota*）

牛油果（*Butyrospermum parkii*）

芸香科：16 种

代代花（*Citrus auranticum*）

柠檬（*Citrus medica*）

柚（*Citrus grandis*）

宜昌橙（*Citrus ichangensis*）

甜橙（*Citrus sinensis*）

温州蜜橘（*Citrus unshiu*）

枳（*Poncirus trifoliata*）

金橘（*Fortunella margarita*）

花椒（*Zanthoxylum bungeanum*）

青花椒（*Zanthoxylum schinifolium*）

野花椒（*Zanthoxylum simulans*）

吴茱萸（*Tetradium ruticarpum*）

黄皮（*Clausena lansium*）

酒饼簕（*Atalantia buxifolia*）

黄柏（*Phellodendron amurense*）

川黄柏（*Phellodendron chinense*）

苦木科：2种

臭椿（*Ailanthus altissina*）

鸦胆子（*Brucea javanica*）

橄榄科：2种

橄榄（*Canarium album*）

乌榄（*Canarium pimela*）

楝科：5种

米仔兰（*Aglaia odorata*）

兰撒（*Laium domesticum*）

苦楝（*Melia azedarach*）

川楝（*Melia toosenden*）

香椿（*Toona sinensis*）

无患子科：8种

无患子（*Sapindus mukorossi*）

栾树（*Koelreuteria paniculata*）

龙眼（*Dimocarpus longana*）

荔枝（*Litchi chinensis*）

红毛丹（*Nephelium lappaceum*）

茶条木（*Delavaya toxocarpa*）

文冠果（*Xanthoceras sorblfolia*）

车桑子（*Dodonaea viscose*）

清风藤科：1种

清风藤（*Sabia japonica*）

漆树科：15种

豆腐果（*Buchanania latifolia*）

腰果（*Anacardium occidentale*）

杧果（*Mangifera indica*）

岭南酸枣（*Spondias lakonensis*）

南酸枣（*Choerospondias axillaris*）

厚皮树（*Lannea coromandelica*）

黄连木（*Pistacia chinensis*）

清香木（*Pistacia weinmannifolia*）

阿月浑子（*Pistacia vera*）

盐肤木（*Rhus chinensis*）

红麸杨（*Rhus punjabensis*）

青麸杨（*Rhus potaninii*）

漆树（*Toxicodendron vernicifluum*）

木蜡树（*Toxicodendron sylvestre*）

野漆树（*Toxicodendron succedaneum*）

槭树科：2种

元宝槭（*Acer truncatum*）

色木槭（*Acer mono*）

七叶树科：1种

七叶树（*Aesculu chinensis*）

省沽油科：1种

野鸦椿（*Euscaphis japonica*）

醉鱼草科：3种

驳骨丹（*Buddleja asiatica*）

密蒙花（*Buddleja afficinalis*）

醉鱼草（*Buddleja lindleyana*）

马钱科：1种

马钱子（*Strychnos nux-vomica*）

木犀科：7种

白蜡树（*Fraxinus chinenses*）

连翘（*Forsythia suspensa*）

桂花（*Osmanthus fragrans*）

茉莉花（*Jasminum sambac*）

油橄榄（*Olea europaea*）

女贞（*Ligustrum lucidum*）

暴马丁香 （*Syringa reticulata*）

夹竹桃科：9种

罗布麻（*Apocynum venetum*）

白麻（*Apocynum pictum*）

夹竹桃（*Nerium indicum*）

山橙（*Melodinus suaveolens*）

鹿角藤（*Chonemorpha eriostylis*）

络石（*Trachelospermum jasminoides*）

杜仲藤（*Parabarium micranthum*）

长春花（*Catharanthus roseus*）

面条树（*Alstonia scholaris*）

萝藦科：3种

牛角瓜（*Calotropis gigantea*）

通光散（*Marsdenia tenacissima*）

萝藦（*Metaplexis japonica*）

茜草科：5种

钩藤（*Uncaria rhynchophylla*）

栀子（*Gardenia jasminoides*）

虎刺（*Damnacanthus*）

大粒咖啡（*Coffea liberica*）

金鸡纳树（*Cinchona ledgeriana*）

紫葳科：1 种

木蝴蝶（*Oroxylum indicum*）

马鞭草科：7 种

黄荆（*Vitex negundo*）

荆条（*Vitex negundo* var. *heterophylla*）

蔓荆（*Vitex trifolia*）

单叶蔓荆（*Vitex trifolia* var. *simplicifolia*）

海州常山（*Clerodendrum trichotomum*）

过江藤（*Phyla nodiflora*）

柠檬马鞭草（*Lippia citriodora*）

芍药科：1 种

紫斑牡丹（*Paeonia rockii*）

木通科：2 种

木通（*Akebia quinata*）

五风藤（*Holboellia latifolia*）

防己科：3 种

蝙蝠葛（*Menispermum dauricum*）

千金藤（*Stephania japonica*）

青风藤（*Sinomenium acutum*）

南天竹科：1 种

南天竹（*Nandina domestica*）

小檗科：1 种

十大功劳（*Mahonia fortunei*）

马兜铃科：1 种

木通马兜铃（*Aristolochia manshuriensis*）

胡椒科：4 种

胡椒（*Piper nigrum*）

海风藤（*Piper kadsur*）

海南蒟（*Piper hainanense*）

细叶青篓藤（*Piper kadsura*）

金粟兰科：2 种

金粟兰（*Chloranthus spicatus*）

草珊瑚（*Sarcandra glabra*）

蓼科：2 种

沙拐枣（*Calligonum mongolicum*）

何首乌（*Polygonum multiflorum*）

藜科：2 种

梭梭（*Haloxylon ammodendron*）

木地肤（*Kochia prostrata*）

千屈菜科：3 种

虾子花（*Woodfordia fruticosa*）

紫薇（*Lagerstroemia indica*）

散沫花（*Lawsonia inermis*）

蓝雪科：2 种

白花丹（*Plumbago zeylanica*）

紫花丹（*Plumbago indica*）

菊科：13 种

茄叶斑鸠菊（*Vernonia solanifolia*）

艾纳香（*Blumea balsamifera*）

羊耳菊（*Inula cappa*）

山蒿（*Artemisia brachyloba*）

盐蒿（*Artemisia halodendron*）

黑沙蒿（*Artemisia ordosica*）

白沙蒿（*Artemisia sphaerocephala*）

白莲蒿（*Artemisia gmelinii*）

茵陈蒿（*Artemisia capillaris*）

黄花蒿（*Artemisia annua*）

艾（*Artemisia argyi*）

菊花（*Dendranthema morifolium*）

蟛蜞菊（*Wedelia trilobata*）

茄科：6 种

宁夏枸杞 （*Lycium barbarum*）

枸杞（*Lycium chinense*）

新疆枸杞（*Lycium dasystemum*）

黑果枸杞（*Lycium ruthenicum*）

旋花茄（*Solanum spirale*）

刺天茄（*Solanum indicum*）

旋花科：4 种

丁公藤（*Erycibe obtusifolia*）

飞蛾藤（*Porana racemosa*）

白花银背藤（*Argyreia pierreana*）

白鹤藤（*Argyreia acuta*）

爵床科：3 种

小驳骨（*Gendarussa vulgaris*）

大驳骨（*Gendarussa ventricosa*）

鸭嘴花（*Adhatoda vasica*）

酢浆草科：1 种

阳桃（*Averrhoa carambola*）

紫草科：1 种

聚合草（*Symphytum officinale*）

唇形科：10 种

薄荷（*Mentha haplocalyx*）

香柠檬薄荷（*Mentha citrata*）

留兰香（*Mentha spicata*）

丁香罗勒（*Ocimum gratissimum*）

薰衣草（*Lavandula pedunculata*）

鼠尾草（*Salvia farinacea*）

迷迭香（*Rosmarinus officinalis*）

香薷（*Elsholtzia splendens*）

百里香（*Thymus serpyllum*）

碎米桠（*Rabdosia rubescens*）

（二）单子叶植物

单子叶植物共计 6 科 20 种。

姜科：5 种

草豆蔻（*Alpinia hainanensis*）

益智（*Aplinia oxyphylla*）

白豆蔻（*Amomum kravanh*）

草果（*Amomum tsaoko*）

砂仁（*Amonum villosum*）

百合科：2 种

黄花菜（*Hemerocallis citrina*）

石刁柏（*Asparagus officinalis*）

龙舌兰科：1 种

剑麻（*Agave sisalan*）

棕榈科：5 种

海枣（*Phoenix dactylifera*）

油棕（*Elaeis guineensis*）

槟榔（*Areca catechu*）

黄藤（*Daemonorops margaritae*）

白藤（*Calamus tetradaclylus*）

露兜树科：1 种

露兜树（*Pandanus tectorius*）

禾本科：6 种

毛竹（*Phyllostachys edulis*）

柳枝稷（*Panicum virgatum*）

皇竹草（*Pennisetum sinese*）

枫茅（*Cymbopogon winterianus*）

香茅（*Cymbopogon citratus*）

亚香茅（*Cymbopogon nardus*）

第二节 高效水土保持植物资源的主要特性

全国高效水土保持植物资源，有不同的生长型、生活型，有不同的科属特征、区系特征。这些特性的掌握，将有助于在生产实践中，科学实施"适地适树适草适法"。

一、植物生长型

生长型是根据植物的可见结构分成的不同类群，它反映了植物生活的环境条件。相同的环境条件具有相似的生长型，生长型是植物趋同适应的结果。前述高效水土保持植物资源596种（含亚种、变种）中，通过对其信息统计，发现其生长型主要包括：

- 乔木：292种，其中：落叶乔木140种，常绿乔木152种。
- 灌木：211种，其中：落叶灌木134种，常绿灌木75种，肉质灌木2种。
- 藤本：50种，其中：落叶31种（木质23种，草质8种），常绿19种（全为木质）。
- 草本：38种，全为多年生。
- 蕨类：5种。

详见下表。

全国高效水土保持植物资源生长型统计表

类别			种数/种	备注
乔木	落叶乔木	大乔木	5	
		乔木	93	含落叶乔木或灌木状
		小乔木	42	含小乔木或灌木状、落叶或半常绿小乔木
		小计	140	
	常绿乔木	大乔木	12	
		乔木	109	含乔木或灌木状
		小乔木	31	
		小计	152	
	合计		292	
灌木	落叶灌木	灌木	108	含落叶灌木或乔木或小乔木或半常绿灌木、落叶攀援灌木或木质藤本、落叶藤状灌木、半常绿或落叶攀援灌木、常绿多刺藤状灌木
		小灌木	14	含落叶小灌木或灌木、半常绿小灌木、半落叶小灌木
		亚灌木	12	含落叶亚灌木或多年生宿根草、落叶小半灌木、落叶直立或匍匐状半灌木
		小计	134	
	常绿灌木	大灌木	1	
		灌木	56	含常绿灌木或半灌木、或小乔木和攀援灌木、藤状灌木
		小灌木	11	含常绿灌木或藤本状灌木、丛生灌木、矮小灌木
		亚灌木	7	含落叶半灌木、常绿草本状灌木
		小计	75	
	肉质灌木		2	含肉质灌木或小乔木状
	合计		211	

续表

类别			种数/种	备注
		木质	23	含落叶或半常绿木质藤本
	落叶藤本	草质	8	含多年生草质藤本或亚灌木状
藤本		小计	31	
	常绿藤本	木质	19	含常绿木质或草质藤本、常绿或半常绿木质藤本
	合计		50	
草本	多年生草本		38	含多年生草本或亚灌木状、半灌木状草本
蕨类	多年生蕨类		5	
	总计		596	

二、植物生活型

生活型指植物对于不良环境条件的长期适应，而在外貌上反映出来的植物形态。丹麦植物学家 C. 瑙耶尔，于 1934 年提出的高等植物生活型划分方法[26]，影响最大，应用最广泛。这一分类法，是以植物更新部位——芽和枝梢为基础加以区分的，即以植物在不利生长季节里，其芽和枝梢受到保护的方式和程度，即更新芽或休眠芽距离土表的位置高低及芽的保护特征为依据，把高等有花植物分为 5 大生活型类群：高位芽植物、地上芽植物、地面芽植物、隐芽植物（地下芽植物）及一年生植物。全国高效水土保持植物资源，只涉及前 3 种生活型，无隐芽植物（地下芽植物）和一年生植物。

高位芽植物：包括落叶乔木、灌木，常绿乔木、灌木，肉质灌木，木质藤本等。全国高效水土保持植物资源中，本类共 526 种，占植物总数的 88.2%。这类植物的芽或顶端嫩枝，在不利生长季节，位于离地面较高处的枝条上。

地上芽植物：主要为亚灌木。全国高效水土保持植物资源中，本类共 19 种，占植物总数的 3.2%。植物的芽或顶端嫩枝，位于地表或接近地表，距地表的高度不超过 20 ~ 30cm，在不利于生长的季节中，能受到枯枝落叶层或雪被的保护。

地面芽植物：包括落叶草质藤本、多年生草本以及蕨类植物。全国高效水土保持植物资源中，本类共 51 种，占植物总数的 8.6%。这类植物在不利季节时，地上枝条枯萎，其地面芽和地下部分，在表土和枯枝落叶的保护下，仍保持生命力，到条件合适时再度萌芽。

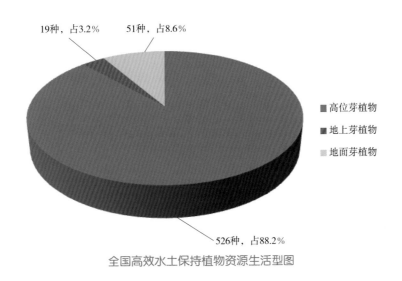

全国高效水土保持植物资源生活型图

可见，全国高效水土保持植物资源，以高位芽植物资源占据压倒性多数，比例高达88.3%，而地上芽植物、地面芽植物所占比例较小，合计占11.7%。

在自然界，每一种植物群落都是由几种生活型的植物组成，但其中有一类生活型占优势。凡高位芽占优势的群落，反映了群落所在地的气候温热多湿，更新部位暴露于外界，不会遭到低温和干燥气候的危害。地面芽植物占优势的群落，反映了该地具有较长的严寒季节。隐芽植物占优势者，环境比较冷湿。一年生植物最丰富者，气候干旱。我国高效水土保持植物资源中包括了前3种类型，而没有地下芽植物及一年生植物，反映出选择的大部分植物，位于暖温带和亚热带、热带（高位芽植物），部分在温带或寒温带（地面芽植物、地上芽植物）；极端冷湿和干旱的地区，也不适宜配置高效水土保持植物，因此没有隐芽植物和一年生植物这2种生活型。

三、植物科属特征

全国高效水土保持植物资源中，大于30种的科仅有1科：蔷薇科，占总科数的0.8%；21~30种的科数有3科：蝶形花科、樟科、大戟科，占总科数的2.3%；11~20种的科数有7科：忍冬科、芸香科、漆树科、桃金娘科、菊科、壳斗科、桑科，占总科数的5.5%；6~10种的科数有19科（略），占总科数的14.8%；不大于5种的科数有98科（略），占总科数的76.6%，其中：单属单种科40科（略），占总科数的31.3%。从高效水土保持植物资源分科来看，不大于5种的科数最多，占总科数的76.6%，参见下图。

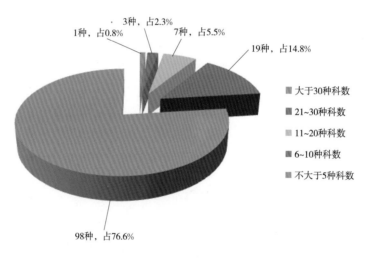

全国高效水土保持植物资源分科种数分布图

在全国高效水土保持植物资源中，含有种数较多的科共11科，从多到少依次排列为：蔷薇科、蝶形花科、樟科、大戟科、忍冬科、芸香科、漆树科、菊科、桃金娘科、桑科、壳斗科，参见下表。

全国高效水土保持植物资源中含有种数较多的科

排序	科名	属数	种数
1	蔷薇科	17	51
2	蝶形花科	21	27
3	樟科	6	26
4	大戟科	17	24
5	忍冬科	5	18

续表

排序	科名	属数	种数
6	芸香科	8	16
7	漆树科	9	15
8	菊科	6	13
8	桃金娘科	6	13
10	桑科	5	11
10	壳斗科	4	11

在全国高效水土保持植物资源中，含有属数较多的科共 10 科，从多到少依次排列为：蝶形花科、蔷薇科、大戟科、漆树科、芸香科、唇形科、夹竹桃科、苏木科、无患子科、木犀科，参见下表。

全国高效水土保持植物资源中含有属数较多的科

排序	科名	属数	种数
1	蝶形花科	21	27
2	蔷薇科	17	51
3	大戟科	17	24
4	漆树科	9	15
5	芸香科	8	16
5	唇形科	8	10
5	夹竹桃科	8	9
8	苏木科	7	10
8	无患子科	7	7
8	木犀科	7	7

在全国高效水土保持植物资源中，含有种数大于 5 个的属共 12 属，从多到少依次排列为：李属 *Prunus*、樟属 *Cinnamomum*、忍冬属 *Lonicera*、蒿属 *Artemisia*、山胡椒属 *Lindera*、薔薇属 *Rosa*、柑橘属 *Citrus*、山茱萸属 *Cornus*、桉属 *Eucalyptus*、木兰属 *Magnolia*、苹果属 *Malus*、沙棘属 *Hippophae*，参见下表。

全国高效水土保持植物资源含有种数较多的属

排序	科名	属名	种数
1	蔷薇科	李属（*Prunus*）	16
2	樟科	樟属（*Cinnamomum*）	9
2	忍冬科	忍冬属（*Lonicera*）	9
4	菊科	蒿属（*Artemisia*）	8
5	樟科	山胡椒属（*Lindera*）	7
5	蔷薇科	薔薇属（*Rosa*）	7
7	芸香科	柑橘属（*Citrus*）	6
7	山茱萸科	山茱萸属（*Cornus*）	6
7	桃金娘科	桉属（*Eucalyptus*）	6

排序	科名	属名	种数
7	木兰科	木兰属（*Magnolia*）	6
7	蔷薇科	苹果属（*Malus*）	6
7	胡颓子科	沙棘属（*Hippophae*）	6

四、植物区系特征

我国高效水土保持植物的植物区系，是植物在不同水土流失类型区，对自然地理条件综合作用下发展演化的结果，对"适地适树适草"有一定的科学意义，同时，可对选择、引种植物资源，提供参考依据。

（一）主要成分

植物现代分布格局的形成和物种形成，均经历了一个漫长的地质历史过程，其影响因素组成一个综合统一体，既有非生物的，如地球板块运动、地质变迁和气候变化；又有生物的，如动物—植物相互作用，近缘物种间的杂交和渗入，当然，还包括遗传物质本身的一些中性突变，如基因和内含子重排、倒位、插入和缺失等。

参照吴征镒先生的中国种子植物属的分布区类型[27-28]，可将全国高效水土保持植物中的种子植物，归入不同的分布区类型和变型。选定的350个高效水土保持种子植物属中，除了5个属难以归类外，345个属可归入相对应的分布区类型和变型，详见下表。表中编号，完全依据吴征镒植物分布区类型和变型。

全国高效水土保持植物中种子植物属的分布区类型和变型

分布区类型和变型	高效植物属数	占高效植物总属数比例 /%	全国属数	高效植物占全国属数比例 /%
1 世界分布	10	2.9	104	9.6
2 泛热带	62	17.7	316	19.6
2–1 热带亚洲、大洋洲和南美洲（墨西哥）间断	2	0.6	17	11.8
2–2 热带亚洲、非洲和南美洲间断	0	0	29	0
3 热带亚洲和热带美洲间断分布	16	4.6	62	25.8
4 旧世界热带	24	6.9	147	16.3
4–1 热带亚洲、非洲和大洋洲间断分布	2	0.6	30	6.7
5 热带亚洲至热带大洋洲	26	7.4	147	17.7
5–1 中国（西南）亚热带和新西兰间断	0	0	1	0
6 热带亚洲至热带非洲	16	4.6	149	10.7
6–1 华南、西南到印度和热带非洲间断	0	0	6	0
6–2 热带亚洲和东非间断	1	0.3	9	11.1
7 热带亚洲（印度—马来西亚）	39	11.1	442	8.8
7–1 爪哇、喜马拉雅和华南、西南星散	1	0.3	30	3.3
7–2 热带印度至华南	1	0.3	43	2.3
7–3 缅甸、泰国至华西南	1	0.3	29	3.4
7–4 越南（或中南半岛）至华南（或西南）	3	0.9	67	4.5

续表

分布区类型和变型	高效植物属数	占高效植物总属数比例/%	全国属数	高效植物占全国属数比例/%
8 北温带	37	10.6	213	17.4
8-1 环极	0	0	10	0
8-2 北极—高山	0	0	14	0
8-3 北极—阿尔泰和北美洲间断	0	0	2	0
8-4 北温带和南温带（全温带）间断	6	1.7	57	10.5
8-5 欧亚和南美洲温带间断	0	0	5	0
8-6 地中海区、东亚、新西兰和墨西哥至智利间断	1	0.3	1	100.0
9 东亚和北美洲间断	25	7.1	123	20.3
9-1 东亚和墨西哥间断	1	0.3	1	100.0
10 旧世界温带	11	3.1	114	9.6
10-1 地中海区、西亚和东亚间断	6	1.7	25	24.0
10-2 地中海区和喜马拉雅间断	0	0	8	0
10-3 欧亚和南非洲（有时也在大洋洲）间断	1	0.3	17	5.9
11 温带亚洲分布	1	0.3	55	1.8
12 地中海区、西亚至中亚	12	3.4	152	7.9
12-1 地中海区至中亚和南非洲、大洋洲间断	0	0	4	0
12-2 地中海至中亚和墨西哥间断	0	0	2	0
12-3 地中海区至温带、热带亚洲、大洋洲和南美洲间断	2	0.6	5	40.0
12-4 地中海至热带非洲和喜马拉雅间断	0	0	4	0
12-5 地中海区—北非洲、中亚、北美西南部、智利和大洋洲（泛地中海）间断	1	0.3	4	25.0
13 中亚	0	0	69	0
13-1 中亚东部（亚洲中部中）	0	0	12	0
13-2 中亚至喜马拉雅	0	0	26	0
13-3 西亚至西喜马拉雅和西藏	0	0	4	0
13-4 中亚至喜马拉雅—阿尔泰和太平洋、北美洲间断	0	0	5	0
14 东亚（东喜马拉雅—日本）	11	3.1	73	15.1
14-1 中国—喜马拉雅	7	2.0	141	5.0
14-2 中国—日本	11	3.1	85	12.9
15 中国特有	8	2.3	257	3.1
未能判断的	5	1.4		
合计	350	100.0	3116	

（二）主要特征

不同于自然分布，经由人工筛选的高效水土保持植物资源，主要满足"五个高效"，因此，其中肯定筛选掉了一大批纯"生态型"植物，致使中国分布的一些特有类型缺失。不过，这就是高效水土保持植物资源的特征。

1. 地理成分多种多样

全国高效水土保持种子植物的区系地理成分复杂多样，种子植物具有14个分布区类型和16个变型，与全国种子植物的15个分布区类型、31个变型相比，分别占到93.3%和51.6%，只缺少"中亚"这一分布区类型，可见分布区类型较为齐全，变型也占到近一半。

植物历史成分是一个现代植物区系，在它演变过程中，从历史上组成的一个或几个古植物群遗留下来的成分。在中国这么幅员辽阔的范围内，起源于劳亚古陆（古北大陆）、冈瓦纳古陆（古南大陆）、特提斯海（古地中海）以及中国本土的类型基本上全有[29]，如分布于旧大陆温带、北温带的属，分布于旧世界热带、热带亚洲、热带亚洲至热带美洲、热带亚洲至澳大利亚、热带亚洲至非洲的属，分布于地中海、西亚至中亚的属，分布于东亚和北美洲间断、东亚（东喜马拉雅—日本）、中国—喜马拉雅、中国—日本的属，以及中国本土起源的属，都有所涵盖。

2. 热带成分占据优势

泛热带：62属，占全国高效水土保持种子植物总属数的17.7%。

热带亚洲（印度—马来西亚）：39属，占全国高效水土保持种子植物总属数的11.1%。

热带亚洲至热带非洲：36属，占全国高效水土保持种子植物总属数的7.4%。

旧世界热带：24属，占全国高效水土保持种子植物总属数的6.9%。

以上4类分布区类型，拥有161属，占全国高效水土保持种子植物总属数的46.0%，几近一半。植物大部分起源于冈瓦纳古陆（古南大陆）。

3. 温带成分较多

北温带：37属，占全国高效水土保持种子植物总属数的10.6%。

东亚和北美洲间断：24属，占全国高效水土保持种子植物总属数的6.9%。

北温带和南温带（全温带）间断：6属，占全国高效水土保持种子植物总属数的1.7%。

旧世界温带：11属，占全国高效水土保持种子植物总属数的3.1%。

温带亚洲：1属，占全国高效水土保持种子植物总属数的0.3%。

不算东亚分布区类型，仅上述5类，拥有79属，占到全国高效水土保持种子植物总属数的22.6%。

4. 中国特有成分较少

中国特有属在本区只有8属，包括：腊梅属（*Chimonanthus*）、茶条木属（*Delavaya*）、杜仲属（*Eucommia*）、银杏属（*Ginkgo*）、蒜头果属（*Malania*）、枳属（*Poncirus*）、青檀属（*Pteroceltis*）、文冠果属（*Xanthoceras*），仅占全国高效水土保持区种子植物总属数的2.3%。

综上所述，占据全国高效水土保持植物资源主导地位的是热带成分，其次为温带成分，中亚、地中海成分所占比例甚少。这与中国的气候条件是完全吻合的。

第三节　主要高效水土保持植物资源的自然分布或栽培区域

植物的自然分布或栽培范围，与其生态适应幅度相关，有广狭之分，因此有广域、局域等的不同类型[30]。为了对各种高效水土保持植物资源，有个分布范围大小的全面认识，以省区为分类基本单元，将分布范围或栽培不超过2个省区的植物，定义为局域型植物；只在青藏高原或新疆未有分布或栽培的植物，定义为广域型植物；其余全归为中间型植物。在596种全国高效水土保持植物资源中，统计结果表明：

广域型：计有26种左右，占全国高效水土保持植物资源总数的4.4%。

中间型：计有522种左右，占全国高效水土保持植物资源总数的87.6%。

局域型：计有48种左右，占全国高效水土保持植物资源总数的8.1%。

可见，在全国高效水土保持植物资源中，分布范围广的广域型、分布范围较窄的局域型，这两类拥有的植物种数都很少，合计只有 74 种，只占总种数的 12.4%；而大部分植物为中间型，计有 522 种，所占总种数比例高达 87.6%，呈典型的正态分布：两个极端分布少，中间类型分布多。当然，这与植物的自然属性是完全一致的，大部分植物分布或栽培为中间型——或分布在一个或几个大区，如西北区、华南区、西南区等；或分布在一个或几个大的流域，如黄淮流域、长江中下游流域等。

从植物分布的起源来看，596 种全国高效水土保持植物资源中，含乡土植物 523 种，比例高达 87.8%；栽培植物（引进植物）73 种，仅占 12.2%。乡土植物包括了地理成分、发生成分、迁移成分、历史成分和生态成分等；栽培植物多是符合气候相似论[31]而引进栽培的，有些引种甚至突破了原有生态环境条件，扩大了栽培范围。事实上，在植物进化特别是随地史变迁的过程中，乡土植物随着气候变化，也在不断发生着迁移（包括纬度和海拔两个梯度），因之形成了目前一个地区植物区系成分较为纷杂的局面。人工引种与这一发展变化过程完全一致：一个是自然迁移，迁移过程中优胜劣汰、适者生存，包括为适应新环境所发生的变异；另一个是人工迁移，安全仿拟自然迁移规律，根据生态条件相似度开展引种。

全国高效水土保持植物资源的分布或种植区域，详见附表 1。

> 全国水土流失区高效水土保持植物资源共 596 种（含亚种、变种）。按类别分，有蕨类植物 5 种，裸子植物 25 种，被子植物 566 种。按生长型分，有乔木 292 种，灌木 211 种，草本 38 种，藤本 50 种，蕨类 5 种。按生活型分，有高位芽植物 526 种，地上芽植物 19 种，地面芽植物 51 种。按产地分，有乡土植物 523 种，栽培植物（引进植物）73 种。按分布范围分，有广域型 26 种，中间型 522 种，局域型 48 种。按区系成分分，成分多种多样，但热带成分占据主导地位，拥有 160 属，占总属数的 42.8%。

本章参考文献

［1］ 中国树木志编委会.中国树木志（1）[M].北京：中国林业出版社，1983.

［2］ 中国树木志编委会.中国树木志（2）[M].北京：中国林业出版社，1985.

［3］ 中国树木志编委会.中国树木志（3）[M].北京：中国林业出版社，1997.

［4］ 中国树木志编委会.中国树木志（4）[M].北京：中国林业出版社，2004.

［5］ 中国树木志编委会.中国主要树种造林技术[M].北京：中国林业出版社，1981.

［6］ 《全国中草药汇编》编写组.全国中草药汇编（上、下册）[M].北京：人民卫生出版社，1975.

［7］ 国家林业局森林资源管理司.全国森林资源统计——第七次全国森林资源清查[M].北京：中国林业出版社，2010.

［8］ 刘江.全国生态环境建设规划[M].北京：中国工商联合出版社，1999.

［9］ 徐国钧，王强.中草药彩色图谱[M].3版.福州：福建科学技术出版社，2006.

［10］ 陈士林，林余霖.中草药大典[M].北京：军事医学科学出版社，2006.

［11］ 河北农业大学.果树栽培学各论 北方本[M].2版.北京：农业出版社，1990.

［12］ 陈杰忠.国树栽培学各论 南方本[M].4版.北京：中国农业出版社，2003.

［13］ 郗金标，张福锁，田长彦.新疆盐生植物[M].北京：科学出版社，2006.

［14］ 国家林业局.中国林业生物质能源发展研讨会特邀报告论文集[C].2006.

［15］ 国家林业局.中国林业生物质能源发展研讨会入选论文摘要集[C].2006.

［16］ 张学俭，陈泽健.珠江喀斯特地区石漠化防治对策[M].北京：中国水利水电出版社，2007.

［17］ 龙翠玲.喀斯特森林林隙特征与更新[M].北京：地质出版社，2008.

［18］ 郗金标，张福锁，田长彦.新疆盐生植物[M].北京：科学出版社，2006.

［19］ 张卫明，等.植物资源开发研究与应用[M].南京：东南大学出版社，2005.

［20］ 秦仁昌.中国植物志：第二卷[M].北京：科学出版社，1959.

［21］ 秦仁昌.中国蕨类植物科属系统排列和历史来源[J].植物分类学报，1978，16（3）：1-19.

［22］ 秦仁昌.中国蕨类植物科属系统排列和历史来源（续）[J].植物分类学报，1978，16（4）：16-37.

［23］ 郑万钧.中国植物志：第七卷[M].北京：科学出版社，1978.

［24］ J.哈钦松.有花植物科志：Ⅰ双子叶植物[M].上海：商务印书馆，1954.

［25］ J.哈钦松.有花植物科志：Ⅱ单子叶植物[M].上海：商务印书馆，1955.

［26］ 东北林学院.森林生态学[M].北京：中国林业出版社，1981.

［27］ 吴征镒.中国种子植物属的分布区类型[J].云南植物研究，1991，（增刊4）：1-139.

［28］ 吴征镒，孙航，周浙昆，等.中国种子植物区系地理[M].北京：科学出版社，2011.

［29］ 路安民.种子植物科属地理[M].北京：科学出版社，1999.

［30］ 胡建忠.黄土高原重点水土流失区生态经济型乔木树种的区位环境适宜性[M].郑州：黄河水利出版社，2000.

［31］ 胡建忠.植物引种栽培试验研究方法[M].郑州：黄河水利出版社，2002.

第三章　不同水土流失类型区高效水土保持植物资源对位配置

为数众多的、适宜全国水土流失区种植的高效水土保持植物资源，展示出我国具有雄厚的植物资源家底和供开发利用的资源潜力优势，可满足相当长一个时期内的水土保持植物措施配置。当然，这些植物只是一个潜在的资源库，并不能"一股脑"、全部应用于水土保持生态环境建设。在未来30~50年内，应根据不同水土流失区的特点、水土保持工作的重点，特别是各地的经济、社会条件，从中选择一些具备模式种植开发条件的高效水土保持植物资源，提出植物与立地之间的"对位配置"方案，持之以恒，狠抓落实。

第一节　适于高效水土保持植物资源配置的全国水土流失区范围界定

水利部2008年以第1号文"关于批准发布水利行业标准的公告"，批准《土壤侵蚀分类分级标准》（SL 190—2007）水利行业标准。根据这一标准，全国应分为水力、风力、冻融3个一级土壤侵蚀类型区：①水力侵蚀类型区：分为西北黄土高原区、东北黑土区、北方土石山区、南方红壤丘陵区和西南土石山区5个二级类型区；②风力侵蚀类型区：分为"三北"戈壁沙漠及沙地风沙区、沿河环湖滨海平原风沙区2个二级类型区；③冻融侵蚀类型区：分为北方冻融土侵蚀区、青藏高原冰川冻土侵蚀区2个二级类型区。

2012年，随着全国水土保持规划编制工作的进展，水利部办公厅"关于印发《全国水土保持区划（试行）》的通知"（办水保〔2012〕512号）。这一区划将全国划分为8大一级水土流失类型区：东北黑土区、北方风沙区、北方土石山区、西北黄土高原区、西南紫色土区、西南岩溶区、青藏高原区（见附图）。可以看出，各水力侵蚀一级区由原二级区升级而成，而且原西南土石山区再细划分为西南紫色土区和西南岩溶区，即水力侵蚀一级区共6个；风力侵蚀、冻融侵蚀一级区仍各为1个。全国二级水土流失类型区，共有41个，详见下页表。

不过，对分区稍加分析就会发现，这次区划的水土流失范围，涵盖了全国所有陆地范围。根据水土流失基本规律，对于水蚀：山丘区一般为侵蚀区，平原区一般为不冲不淤区，盆地区或出海口后为沉积区。这里边只有山丘区才是水土流失类型区，划分类型区中的平原、盆地范围，实际上为非水土流失类型区。同时，一些水土流失类型区，经过多年的治理，已经使区域土壤侵蚀模数控制在微度以下，也不应划入水土流失类型区。

因此，对于41个二级类型区，在布设高效水土保持植物资源之前，有必要先进行甄别：一是水蚀区中，将平原区、盆地区这两类地貌涉及范围，归入非水土流失类型区；二是对于原水土流失类型区，经过多年治理后，已无水土流失或水土流失控制在微度以下，植被覆盖度高（森林覆盖率一般大于60%）的范围，归入非水土流失类型区。符合这两条件的二级类型区，包括华北平原区（Ⅲ-5）、江淮丘陵及下游平原区（V-1）、长江中游丘陵平原区（V-3）、江南山地丘陵区（V-4）、浙闽山地丘陵区（V-5）、南岭山地丘陵区（V-6）、华南沿海丘陵台地区（V-7）、海南及南海诸岛丘陵台地区（V-8）、台湾山地丘陵区（V-9）等9个，其土壤侵蚀模数普遍在微度以下。因此，对于这些实际上已无水土流失或水土流失在容许值以下的类型区，为了巩固水土保持成果，虽然也推荐了相应的植物资源，不过其用途不是荒山种植，而是现有低效林更新改造之用。在这些类型区，大面积荒山造林已经没有了实施条件。另外需要说明的是，松辽平原风沙区（I-4）也无水蚀，只是偶有季节性轻度风蚀而已。

因此，全国8大一级水土流失类型区、41个二级类型区中：前述9个二级类型区，只作为高效水土保持植物资源一般配置——开展低效林更新改造；而其余32个二级类型区，将作为高效水土保持植物资源重点配置——开展荒山绿化种植。

全国水土流失类型区划分表

一级区		二级区	
代码	名称	代码	名称
I	东北黑土区 （东北山地丘陵区）	I-1	大小兴安岭山地区
		I-2	长白山—完达山山地丘陵区
		I-3	东北漫川漫岗区
		I-4	松辽平原风沙区
		I-5	大兴安岭东南山地丘陵区
		I-6	呼伦贝尔丘陵平原区
II	北方风沙区 （新甘蒙高原盆地区）	II-1	内蒙古中部高原丘陵区
		II-2	河西走廊及阿拉善高原区
		II-3	北疆山地盆地区
		II-4	南疆山地盆地区
III	北方土石山区 （北方山地丘陵区）	III-1	燕山及辽西山地丘陵区
		III-2	太行山山地丘陵区
		III-3	泰沂及胶东山地丘陵区
		III-4	华北平原区
		III-5	豫西南山地丘陵区
		III-6	辽宁环渤海山地丘陵区
IV	西北黄土高原区	IV-1	宁蒙覆沙黄土丘陵区
		IV-2	晋陕蒙丘陵沟壑区
		IV-3	汾渭及晋南丘陵阶地区
		IV-4	晋陕甘高原沟壑区
		IV-5	甘宁青山地丘陵沟壑区
V	南方红壤区 （南方山地丘陵区）	V-1	江淮丘陵及下游平原区
		V-2	大别山—桐柏山山地丘陵区
		V-3	长江中游丘陵平原区
		V-4	江南山地丘陵区
		V-5	浙闽山地丘陵区
		V-6	南岭山地丘陵区
		V-7	华南沿海丘陵台地区
		V-8	海南及南海诸岛丘陵台地区
		V-9	台湾山地丘陵区

一级区		二级区	
代码	名称	代码	名称
		Ⅵ-1	秦巴山山地区
Ⅵ	西南紫色土区 （四川盆地及周围山地丘陵区）	Ⅵ-2	武陵山山地丘陵区
		Ⅵ-3	川渝山地丘陵区
		Ⅶ-1	滇黔桂山地丘陵区
Ⅶ	西南岩溶区 （云贵高原区）	Ⅶ-2	滇北及川西南高山峡谷区
		Ⅶ-3	滇西南山地区
		Ⅷ-1	柴达木盆地及昆仑山北麓高原区
		Ⅷ-2	若尔盖—江河源高原山地区
Ⅷ	青藏高原区	Ⅷ-3	羌塘—藏西南高原区
		Ⅷ-4	藏东—川西高山峡谷区
		Ⅷ-5	雅鲁江河谷及藏南山地区

第二节　不同水土流失类型区高效水土保持植物资源配置重点

在分析各水土流失类型区侵蚀特点的基础上，根据水土保持工作的主要任务，参照有关资料❶、❷、❸，确定高效水土保持植物资源配置重点。

一、东北黑土区

本区位于我国东北部，是世界 3 大黑土带之一，是我国森林资源最为丰富的地区之一，是黑龙江和松花江等河流主要水源涵养林区，是我国湿地集中分布区，也是我国重要粮食生产区和我国重要能源、装备制造业、新型原材料基地。本区域森林过度采伐，导致后备森林资源不足；大规模农业开发，导致湿地萎缩，黑土流失较为严重，是我国水土流失危害性最大地区。

根据《全国水土保持规划（2015—2030 年）》，东北黑土区总土地面积 109 万 km²，其中水土流失面积 25.3 万 km²，占本区总土地面积的 23.2%。水土流失形式以水蚀为主，局部有风蚀发生。水蚀以轻度侵蚀为主，轻度、中度、强度侵蚀面积分别占总侵蚀面积的 68.5%、27.5%、4.0%。"中国水土流失与生态安全综合科学考察"成果[12]认为，东北黑土区水土流失仍在发展之中，而且面积不断扩大，但速度减缓；强度增加，黑土层变薄，以面蚀为主；侵蚀沟的数量在增加，沟道继续扩展，向大沟方向发展；土壤养分下降；河流泥沙缓慢增加。因此，本区的根本任务是，通过高效水土保持植物资源建设，保护黑土资源，保障粮食生产安全，合理保护和利用水土资源，促进农业可持续发展。

本区高效水土保持植物资源配置重点是：积极推动漫川漫岗区坡耕地植物梗带建设，重视黄花菜、紫花苜蓿、长白楤木、芦笋等在埂带建设中的运用；重视农林镶嵌区的植物片、带建设，在开展红松、栎类、胡桃楸等珍贵树种工业原料林基地建设的同时，抓好笃斯、山莓、黑果茶藨、红茶藨子等植物在林缘周边区的建设，着力培置小浆果类植物资源产业；推广榛子、蒙古沙棘、毛樱桃、刺五加等在

❶ 中华人民共和国水利部 . 全国水土保持规划（2011—2030 年），2015.

❷ 全国绿化委员会，国家林业局 . 全国造林绿化规划纲要（2011—2020 年），2011.

❸ 国家林业局 . 全国优势特色经济林发展布局规划（2013—2020 年），2014.

东北黑土区典型地貌

侵蚀沟谷沟沿线周边及沟谷地的种植，狠抓植物封沟建设，强化汇流线路，减少水土流失，改善生态环境，增加经济收入。

二、北方风沙区

本区是我国戈壁、沙漠、沙地和草原的集中分布区，是我国最主要的畜牧业生产区、绿洲粮棉生产基地，和重要的能源矿产和风能开发基地，也是我国沙尘暴发生的策源地。该区人口稀少，生态脆弱，草场退化和土地沙化问题十分突出，风沙严重危害工农业生产和群众生活；水资源缺乏，河流下游尾闾绿洲萎缩；局部地区能源开发活动规模大，植被破坏和沙丘活化并现，风蚀十分严重。

北方风沙区典型地貌

根据《全国水土保持规划（2015—2030年）》，北方风沙区总土地面积239万km²，其中水土流失面积142.6万km²，占本区总土地面积的59.7%。水土流失形式以风蚀为主。"中国水土流失与生态安全综合科学考察"成果认为，近20年风蚀面积、强度都呈下降趋势[2]，风蚀面积下降了8.2%，侵蚀模数下降了546.25 t/（km²·a）。这与国家林业局有关资料是相一致的。国务院新闻办于2015年6月9日召开新闻发布会，与会的国家林业局负责人介绍说，全国的荒漠化土地、沙化土地面积，年均分别减少2491 km²和1717 km²，防沙治沙成绩很大❶。因此，本区的根本任务是，通过高效水土保持植物资源建设，防风固沙，保护绿洲农业，优化配置水土资源，调整产业结构，改善农牧区生产生活条件，保障工农业生产安全，促进区域社会经济可持续发展。

本区高效水土保持植物资源配置重点是：建设北疆环准噶尔盆地以出口创汇为主要目标、以蒙古沙棘为主体的生态经济产业体系；重视以沙枣、柽柳等灌木为主体的绿洲防风固沙林体系建设；加强农牧交错地带水土流失综合防治中，以山杏、蒙古扁桃、文冠果等为主的植物资源建设；结合封沙育林育草，保护和修复沙地以红砂、梭梭、白刺等为主的野生多功能植物资源，培育沙产业，提升其综合开发潜力；突出核桃、枣、无花果、苹果、香梨、扁桃、枸杞等特色经济树种，在南疆地区的规模化种植，搞大搞活特色植物资源产业，提高荒漠、沙地、草原生产能力，尽快促进当地农牧民脱贫致富。

三、北方土石山区

本区位于我国北方中东部地区，燕山和太行山是华北重要供水水源地，黄淮海平原是我国重要的粮食主产区，东部低山丘陵区为农业综合开发基地。区内城市集中，开发强度大，人为水土流失和水生态问题突出；黄河泥沙淤积、黄泛区风沙危害严重；山丘区耕地资源亏缺，水土流失严重，水源涵养能力低，局部地区山地灾害频发。

北方土石山区典型地貌

---

❶ 林业局：中国荒漠化土地年均减少2491平方公里。http://news.xinhuanet.com/gongyi/2015-06/10/c_127896664.htm.

根据《全国水土保持规划（2015—2030 年）》，北方土石山区总土地面积为 81 万 km²，其中水土流失面积 19.0 万 km²，占本区总土地面积的 23.5%。土壤以轻、中度水蚀为主，水蚀面积分别占本区总水蚀面积的 50% 和 42.96%。"中国水土流失与生态安全综合科学考察"成果[3]认为，本区水土流失演变大致可归纳为 3 个明显的特征：①深山区水土流失普遍较轻，山前丘陵区由于人口压力大、加上矿业开发等，造成水土流失局部恶化；②重点治理区生态环境普遍好转；③部分经济不发达地区，如太行山区、沂蒙山区、桐柏大别山区等几个老区、贫困区，水土流失仍然严重。因此，本区的根本任务是，通过高效水土保持植物资源建设，保障城市饮用水安全，改善人居环境，改善山丘区农村生产生活条件，促进农村社会经济可持续发展。

本区高效水土保持植物资源配置重点是：积极开展京津风沙源区山杏、花红、欧李等水土保持植物资源基地建设，有效防止就地起沙；重视城郊及周边地区生态清洁型小流域建设中的植物资源配置工作，立体培置各类旱生植物为主的"截沙"和以水生植物为主的"滤水"两条植物带，特别要加强沿河环湖滨海植被带保护与建设；加强山丘区小流域综合治理中的油松、杜仲、栎类、黄连木、白蜡树、樱桃、花椒、油用牡丹等植物资源基地建设工作，发展"燕山栗"（板栗）等特色植物资源产业，有效提高华北地区生态安全维护和经济发展能力。

四、西北黄土高原区

本区位于黄河上中游地区，是中华文明的发祥地，是世界上面积最大的黄土覆盖地区，是黄河泥沙的策源地，是全球水土流失最为严重的地区，是阻止内蒙古高原风沙迁移的生态屏障，也是我国重要的能源重化工基地。该区水土流失极为严重，泥沙下泄，影响黄河下游防洪安全；坡耕地多，水资源匮乏，粮食产量低而不稳，贫困人口多；植被稀少，草场退化，部分区域沙化严重；局部地区过度能源开发，导致水土流失加剧。该区是我国水土流失强度最大地区。

西北黄土高原区典型地貌

根据《全国水土保持规划（2015—2030 年）》，西北黄土高原区总土地面积为 56 万 km²，其中水土流失面积 23.5 万 km²，占本区总土地面积的 42.0%。水土流失形式以水蚀为主，局部有风蚀存在；强度以上水蚀面积占到区内总水蚀面积的 37.31%。黄河多年平均输沙量为 16 亿 t，平均含沙量为 37.4kg/m³，其中支流——窟野河最大含沙量高达 1700kg/m³。"中国水土流失与生态安全综合科学考察"成果[4]认为，本区 20 世纪 80 年代中期至 90 年代中后期，土壤侵蚀面积略有增加，主要原因在于区内能源、矿产资源开发力度大，点多面广，对土地扰动强烈，加之防治措施不到位等所致。21 世纪以来，随着国家对生态环境工作的重视和投入，区域水土流失状况有所改善，土壤侵蚀面积有所减少，局部治理成效突出。但是，本区水土流失总体状况依然非常严重，虽然土壤侵蚀加速的总趋势得到一定的缓解，但侵蚀恶化趋势没有得到根本遏制。因此，本区的根本任务是：通过高效水土保持植物资源建设，拦沙减沙，保护和恢复植被，保障黄河下游安全；实施小流域综合治理，促进农村经济发展；改善能源重化工基地的生态环境。

本区高效水土保持植物资源配置重点是：大力推动粗泥沙集中来源区山杏、花红、山桃等水土保持植物资源基地建设，有效培置具有区域特色的植物资源加工产业；高度重视陕甘宁老区核桃、苹果、枣、杏等特色经济林建设，治山治水治穷；大力开展东北部沙地、盖沙地的长柄扁桃生态产业基地建设和东南部高原沟壑区翅果油树生态产业基地建设；加强北部风沙区植被恢复与草场管理，开展紫花苜蓿、沙打旺和红豆草等优良牧草种植，促进畜牧业稳定健康发展；狠抓能源重化工基地以中国沙棘为主体的植被恢复工作，在地下化石能源逐渐枯竭地之上，再造一个地上绿色植物资源能源基地，逐步形成完善的林草植被体系，推动黄河流域生态屏障建设，稳步提高黄河中下游防汛能力。

五、南方红壤区

本区位于我国东南部，是我国重要的粮食、水产品、经济作物和水果生产基地，也是我国速生丰产林、有色金属和核电生产基地，区内长江、珠江三角洲是我国最为重要的经济优化开发区。该区人口密度大，人均耕地少，农业开发强度大，坡耕地比例大，部分地区水土流失较为严重；山丘区经济林和速生丰产林分布面积大，林下水土流失时有发生，局部地区崩岗危害严重；水网地区河岸坍塌，河道淤积，水体富营养化严重。

南方红壤区典型地貌

根据《全国水土保持规划（2015—2030 年）》，南方红壤区总土地面积为 124 万 km²，其中水土流失面积为 16.0 万 km²，占本区总土地面积的 12.9%。本区水土流失面积以中、轻度水蚀为主；赣南、湘西、湘赣等山丘区是本区水土流失相对较为严重的地区。"中国水土流失与生态安全综合科学考察"成果[5]认为，本区从 1996 年以来，水土流失面积呈逐步减少趋势，但减少幅度有限。重点治理区，如江西兴国、福建长汀、广东梅州等，森林覆盖率提高到 65% 以上，生态环境明显改善，水土保持效果明显。因此，本区的根本任务是：通过高效水土保持植物资源建设，维护河湖生态安全，改善城镇人居环境和农村生产生活条件，促进区域社会经济协调发展。

本区高效水土保持植物资源配置重点是：积极开展山丘区坡耕地以苎麻、黄花菜为主的水土保持植物带、片建设工作，发展"中国草"等特色民族产业；围绕低效林改造，在山丘区劣质迹地加快培育厚朴、杜仲、漆树、樟树、花榈木等工业原料林基地建设工作；开展沿河环湖滨海及周边山丘区香榧、核桃、山核桃、板栗、锥栗、银杏、红豆杉、柑橘等林果基地建设；做好崩岗区工程治理后以油茶、茶、花椒等为主体的经济资源建设；在热带地区大力配置降香黄檀、紫檀、青檀、格木等红木类，及桂花、土沉香、铁力木等常绿阔叶珍贵树种，稳步发展龙眼、荔枝、杧果、澳洲坚果、腰果、阿月浑子等热带优质林果产业，有效培育水土保持生态文明建设基地。

六、西南紫色土区

本区位于我国西南部，是中西部地区重点开发区和重要的水稻及农产品生产区，和我国重要的水电资源开发区和重要的有色金属矿产生产基地，也是长江泥沙的主要来源地。区内有长江最重要控制性工程三峡水库和南水北调中线工程的水源地丹江口水库。该区人口密集，人均耕地少，坡耕地广布，森林过度采伐，水电、能源和有色金属等开发建设强度大，山原过渡区水土流失严重，地质灾害频发。

根据《全国水土保持规划（2015—2030 年）》，西南紫色土区总土地面积为 51 万 km^2，其中水土流失面积 16.2 万 km^2，占本区总土地面积的 31.8%。该区强度片蚀和强度沟蚀区，主要分布在盆地中部丘陵区的遂宁、安岳、乐至、蓬安、潼南、资阳、南部、三合、中江、南充等县及龙泉山区的部分地带[6]。根据"中国水土流失与生态安全综合科学考察"成果[7]：长江上游（本区是其重要组成部分，并是产生水土流失的主要区域）水土流失总体呈下降趋势，面积有所减少，强度有所减弱，虽然轻度和中度流失面积和比例，表面上来看有所增加，但区域总体情况已经开始向好的方面转化；"长治"工程重点治理区植被覆盖度增加，水土流失状况明显好转；但开发建设项目新增水土流失较为普遍，强度较大，需要给予高度重视。因此，本区的根本任务是：通过高效水土保持植物资源建设，控制山丘区水土流失，合理利用水土资源，提高土地承载力，改善农村生产生活条件；防治山地灾害，提高城镇和乡村人居环境条件。

西南紫色土区典型地貌

本区高效水土保持植物资源配置重点是：开展坡耕地苎麻、黄花菜及埂带花椒、蓖麻等经济植物种植，有效减少水土流失，消除面源污染；加强山丘区以华山松、核桃、板栗、柿等林果资源，油茶、油桐、乌桕、油橄榄等工业用油资源，以及杜仲等多功能战略植物资源基地建设；通过河流、水库周边"滤水型"植物资源改造及建设工作，构筑长江上游水土保持生态屏障，提高水源涵养、截滤泥沙等水土保持功能。

七、西南岩溶区

本区位于我国西南部，是我国少数民族聚集区和重要生态屏障，也是我国水电资源蕴藏最为丰富地区和重要的有色金属及稀土等矿产基地。该区岩溶石漠化严重，耕地资源短缺，陡坡耕地比例大，工程性缺水严重，农村能源匮乏，贫困人口多；山区滑坡、泥石流等灾害频发；水电、矿产开发加剧了水土流失，是我国水土流失程度最高地区。

西南岩溶区典型地貌

根据《全国水土保持规划（2015—2030 年）》，西南岩溶区总土地面积为 70 万 km^2，其中水土流失面积为 20.4 万 km^2，占总土地面积的 29.1%。土壤侵蚀以轻、中度水蚀为主。"中国水土流失与生态安全综合科学考察"成果[8]认为，本区水土流失总面积呈下降趋势，剧烈水土流失面积消除，强度、极强度面积下降，但轻度、中度面积有所上升。国土资源部航遥中心石漠化遥感解译数据表明，区内 1999 年轻度以上石漠化面积 8.81 万 km^2，占本区总土地面积的 14.44%。石漠化面积中，轻度、中度、重度面积，分别占总石漠化面积的 35.63%、38.58%、25.56%。从行政区域来看，云南、广西、贵州石漠化面积，分别占总石漠化面积的 32.22%、36.95%、30.83%。重点石漠化地区，主要分布于滇东南，其次为滇东、黔西、黔西南、桂中、桂西南和桂东。从发生的地貌类型来看，石漠化在峰丛洼地、岩溶峡谷和断陷盆地集中分布。另据"中国水土流失与生态安全综合科学考察"成果，石漠化的加剧主要发生在贵州、广西两省区。1987—1999 年，该区石漠化面积由 6.59 万 km^2 增加到 8.80 万 km^2，净增 2.2 万 km^2，平均每年增加 1842km^2，相当于一个土地面积中等大小的县域，形势十分严峻。同时，也发现石漠化改善，主要发生在轻度、中度石漠化区，包括黔北、黔西以碳酸盐岩与碎屑岩互层为特征的地区。

因此，本区的根本任务是通过高效水土保持植物资源建设，保护耕地资源，提高土地承载力，优化配置农村产业结构，保障生产生活用水安全，加快群众脱贫致富，促进经济社会可持续发展。

本区高效水土保持植物资源配置重点是：积极开展山丘区坡改梯及坡面水系工程建设，发展漾濞核桃、油茶、油橄榄等特色植物资源产业；加强滇黔桂石漠化区以山银花（黄褐毛忍冬、灰毡毛忍冬）、清风藤、刺梨等为主的水土保持植物资源基地建设，增强区域经济活力；狠抓滇北及川西南高山峡谷区（干热河谷区）油桐、麻风树、光皮树等生物质能源基地建设，加快岩溶地区石漠化综合治理，逐步恢复林草植被，有效构筑长江、珠江中上游地区的水土保持生态屏障，维护下游生态安全。

八、青藏高原区

本区是世界上海拔最高、面积最大的高原是：我国长江、黄河和西南诸河的源头，又是我国西部重要的生态屏障，也是我国高原湿地、淡水资源和水电资源最为丰富地区。该区地广人稀，生态脆弱，高原草地退化严重，雪线上移，冰川退化，湿地萎缩，江河源头植被退化，水源涵养能力下降，冻融侵蚀较为严重，风蚀水蚀并存。

青藏高原区典型地貌

根据《全国水土保持规划（2015—2030 年）》，青藏高原区总土地面积为 219 万 km²，其中水土流失面积为 31.9 万 km²，占本区总土地面积的 14.6%。水土流失形式以冻融侵蚀为主。因此，本区的根本任务是：通过高效水土保持植物资源建设，维护独特的高原生态系统，保障江河源头水源涵养功能，保护天然草场，促进畜牧业安全生产。

本区高效水土保持植物资源配置重点是：狠抓高原河谷以核桃、西藏桃、藏杏、西藏木瓜为主的经果林建设，增加农牧民经济收入；结合柴达木盆地野生植物资源保护工作，开展以枸杞、黑果枸杞等为主的高效水土保持植物资源建设，逐步培育特色生态产业基地；配合江河源高原山地区草原生态修复和保护工程，试种西藏沙棘等灌木资源，增强涵养水源能力，构筑江河源头生态屏障，改善农牧民生产生活环境。

第三节　不同水土流失类型区高效
水土保持植物资源对位配置

参照《造林技术规程》(GB/T 15776—2006)、《造林作业设计规程》(LY/T 1607—2003)、《封山(沙)育林技术规程》(GB/T 15163—2004)等国家有关技术标准,搜集有关"适地适树适草"、经果林发展、特色产业等资料[9-20],结合多年来相关调研和科研成果,对全国水土流失8大一级类型区所属41个二级类型区,选择在生产实践中积累了育苗、种植、管护等模式栽培技术的高效水土保持植物,按照"适地适树适草"原则,配置在其适宜的各水土流失类型区中。

一、东北黑土区

东北黑土区(Ⅰ)高效水土保持植物资源,按二级类型区(下图)对位配置情况见下页表,计在6个二级类型区(4个省区)安排28种高效水土保持植物。

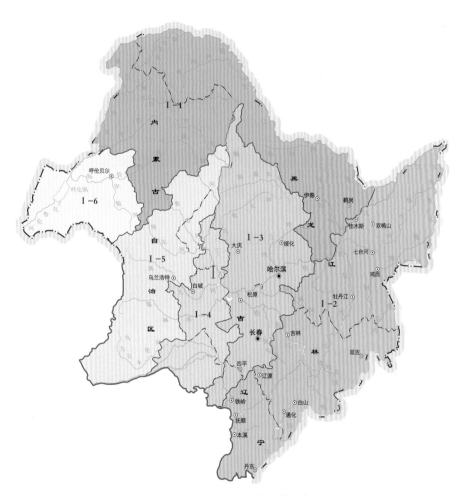

东北黑土区(Ⅰ)水土流失类型分区图

本区高效水土保持植物配置,除东北漫川漫岗区(I-3)的金银花、黄花菜等草本植物,基本上布设在坡耕地埂带;松辽平原风沙区(I-4)适宜植物,布设在沙化土地外,其余植物多布设在山丘地和丘岗地各立地条件类型,呈片林或等高带状分布格局。

东北黑土区（Ⅰ）适宜配置的高效水土保持植物

二级区		省（自治区、直辖市）	高效水土保持植物
代码	名称		
Ⅰ-1	大小兴安岭山地区	黑龙江、内蒙古	核桃楸、接骨木、榛子、蒙古沙棘、山刺玫、刺五加、欧李、树锦鸡儿、笃斯、山莓、山葡萄
Ⅰ-2	长白山—完达山山地丘陵区	黑龙江、吉林、辽宁	红松、核桃楸、东北红豆杉、接骨木、榛子、毛樱桃、蓝靛果、树锦鸡儿、山刺玫、山葡萄
Ⅰ-3	东北漫川漫岗区	黑龙江、吉林、辽宁	辽东楤木、接骨木、花红、毛樱桃、蒙古沙棘、刺五加、山莓、蓝靛果、黑果茶藨、红茶藨子、长白楤木、黄花菜、紫花苜蓿、芦笋
Ⅰ-4	松辽平原风沙区	黑龙江、吉林、辽宁	桑、花红、山杏、毛樱桃、欧李、中麻黄、黄花菜、紫花苜蓿、沙打旺
Ⅰ-5	大兴安岭东南山地丘陵区	黑龙江、内蒙古	文冠果、花红、毛樱桃、蒙古沙棘、笃斯、山莓
Ⅰ-6	呼伦贝尔丘陵平原区	蒙古	榛子、花红、毛樱桃、笃斯

二、北方风沙区

北方风沙区（Ⅱ）高效水土保持植物资源，按二级类型区（下图）对位配置情况见下表，计在 4 个二级类型区（4 个省区）安排 33 种高效水土保持植物。

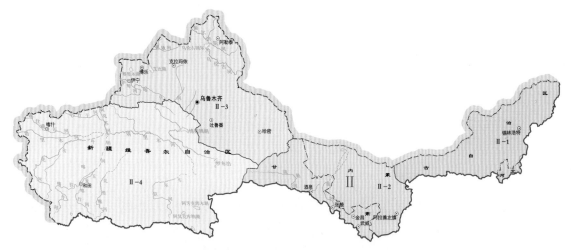

北方风沙区（Ⅱ）水土流失类型分区图

本区植物多以防风固沙为主要目的，应配置在丘间低地，或地下水位较高的立地条件下，其他立地类型要考虑搭配灌溉设施。如蒙古沙棘是新疆乡土树种，自然分布在丘间低地或河漫滩；新引进的"大果沙棘"，除应布设在这些立地外，在其余海拔稍高一些的缓坡地，一定要配有灌溉设施，否则很难种植成功。中国沙棘在内蒙古中部高原丘陵区（Ⅱ-1）是引入种，应栽植在河滩地、阴坡下部等立地类型。而配置在南疆地区的核桃、枣树、扁桃、阿月浑子等经济树种，必须进行灌溉方可成活，完成生长发育进程，发挥其生态经济功能。

北方风沙区（Ⅱ）适宜配置的高效水土保持植物

二级区		省（自治区、直辖市）	主要水土保持植物
代码	名称		
Ⅱ-1	内蒙古中部高原丘陵区	河北	山杏、中国沙棘、木贼麻黄、紫花苜蓿
		内蒙古	蒙古扁桃、中国沙棘、木贼麻黄、紫花苜蓿

二级区		省（自治区、直辖市）	主要水土保持植物
代码	名称		
Ⅱ-2	河西走廊及阿拉善高原区	甘肃	沙枣、蒙古扁桃、玫瑰、葡萄、木地肤、柳枝稷、啤酒花、紫花苜蓿
		内蒙古	沙枣、蒙古扁桃、木地肤、紫花苜蓿
Ⅱ-3	北疆山地盆地区	新疆	新疆野苹果、山楂、杏、山杏、沙枣、文冠果、蒙古沙棘、枸杞、梭梭、红砂、沙拐枣、木地肤、薰衣草、紫花苜蓿
Ⅱ-4	南疆山地盆地区	新疆	核桃、枣树、香梨、苹果、阿月浑子、扁桃、桑、山楂、杏、山杏、沙枣、文冠果、中亚沙棘、枸杞、黑果枸杞、红砂、沙拐枣、白刺、罗布麻、无花果

三、北方土石山区

北方土石山区（Ⅲ）高效水土保持植物资源，按二级类型区（下图）对位配置情况见下表，计在5个二级类型区（9个省市区）安排30种高效水土保持植物。

本区配置植物体系中，板栗、核桃、山楂、漆树、欧李等植物，主要布设在低山丘陵区各立地条件类型；柿、枣树、花椒等植物，主要布设在河漫滩等立地条件类型。

北方土石山区（Ⅲ）水土流失类型分区图

北方土石山区（Ⅲ）适宜配置的高效水土保持植物

二级区		省（自治区、直辖市）	高效水土保持植物
代码	名称		
Ⅲ-1	辽宁环渤海山地丘陵区	辽宁	黄连木、麻栎、板栗、核桃、花红
Ⅲ-2	燕山及辽西山地丘陵区	内蒙古、辽宁、北京、天津、河北	油松、黄连木、白蜡树、板栗、核桃、柿、枣树、山楂、山杏、榛子、花红、楸子、欧李、紫花苜蓿

续表

二级区		省（自治区、直辖市）	高效水土保持植物
代码	名称		
Ⅲ-3	太行山山地丘陵区	北京、河北、河南、内蒙古、山西	油松、漆树、黄连木、杜仲、白蜡树、板栗、核桃、柿、枣树、山楂、山杏、接骨木、樱桃、毛樱桃、欧李、山桃、花红、楸子、花椒、油用牡丹、紫花苜蓿
Ⅲ-4	泰沂及胶东山地丘陵区	江苏、山东	黄连木、杜仲、白蜡树、银杏、麻栎、板栗、核桃、枣树、山楂、桃、忍冬、花椒、欧李、油用牡丹
Ⅲ-5	华北平原区	北京、天津、河北	*核桃、柿、石榴、枣树、山楂、樱桃、花椒、欧李、留兰香、薰衣草*
Ⅲ-6	豫西南山地丘陵区	河南	黄连木、杜仲、油桐、核桃、柿、石榴、枣树、花椒、油用牡丹

注　表中斜体代表一般配置，正体代表重点配置（下同）。

四、西北黄土高原区

西北黄土高原区（Ⅳ）高效水土保持植物资源，按二级类型区（下图）对位配置情况见下页表，计在5个二级类型区（6个省区）安排24种高效水土保持植物。

西北黄土高原区（Ⅳ）水土流失类型分区图

本区配置植物中，中国沙棘在宁蒙覆黄土丘陵区（Ⅳ-1），主要布设在丘间低地；在晋陕蒙丘陵沟壑区（Ⅳ-2），主要布设在沟坡和滩地；在其他各类黄土区，如降水较少，则主要种植在阴沟坡和沟滩地；如降水较多，则种植在梁峁坡、梁峁顶。长柄扁桃主要布设在覆沙或黄土缓坡梁顶和梁峁坡。核桃、柿、枣树等，应安排在沟滩地类型。苹果、桃、樱桃等，重点布设在"坡改梯"后的窄式田面上。紫花苜蓿、沙打旺等草本植物，主要布设在坡度25°以上的陡坡耕地。黄花菜主要作为地埂植物，以带状方式沿埂带栽培。其余大部分植物布设在梁峁顶、梁峁坡等各种立地条件类型。

西北黄土高原区（Ⅳ）适宜配置的高效水土保持植物

二级区		省（自治区、直辖市）	高效水土保持植物
代码	名称		
Ⅳ-1	宁蒙覆沙黄土丘陵区	内蒙古、宁夏	文冠果、长柄扁桃、中国沙棘、紫花苜蓿、沙打旺
Ⅳ-2	晋陕蒙丘陵沟壑区	山西、内蒙古、陕西	枣树、花红、山杏、山桃、文冠果、长柄扁桃、中国沙棘、紫花苜蓿、沙打旺
Ⅳ-3	汾渭及晋南丘陵阶地区	山西、陕西	柿、核桃、苹果、枣树、翅果油树、山杏、山桃、花椒、紫花苜蓿
Ⅳ-4	晋陕甘高原沟壑区	山西、陕西、甘肃	核桃、苹果、杜梨、枣树、桑、山杏、山桃、翅果油树、文冠果、毛樱桃、花红、楸子、花椒、中国沙棘、扁核木、黄花菜、紫花苜蓿
Ⅳ-5	甘宁青山地丘陵沟壑区	甘肃、宁夏、青海	核桃、杜梨、枣树、山杏、山桃、文冠果、毛樱桃、紫斑牡丹、玫瑰、枸杞、紫花苜蓿

五、南方红壤区

南方红壤区（Ⅴ）高效水土保持植物资源，按二级类型区（见下图）对位配置情况见下页表，计在 9 个二级类型区（12 个省市区）安排 75 种高效水土保持植物。

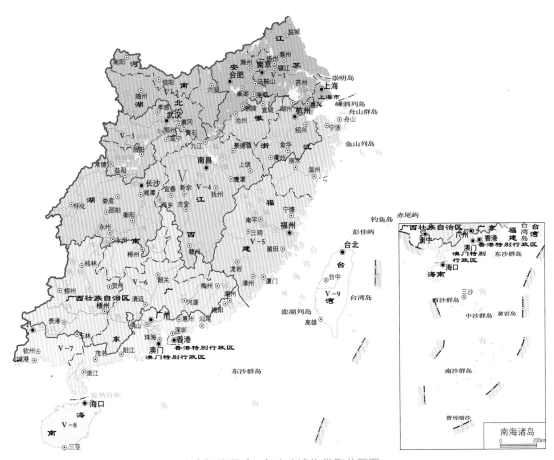

南方红壤区（Ⅴ）水土流失类型分区图

本区是中国经济最为发达的地区，也是中国水热资源最为丰富的地区，生产力水平最高。反映在生态环境治理方面，以植被覆盖率高为突出特征。从森林覆盖率来看，福建（八山一水一分田）、浙江（七山一水二分田）、江西、广东基本上都在 60% 以上。江苏省、上海市森林覆盖率虽然仅 15%~20%，但由于位居长江中下游平原区，分布较为均匀，也足够生态防护要求。因此，本区除 Ⅴ-2 是治理重点

南方红壤区（Ⅴ）适宜配置的高效水土保持植物

二级区		省（自治区、直辖市）	高效水土保持植物
代码	名称		
Ⅴ-1	江淮丘陵及下游平原区	上海、江苏、浙江、安徽	银杏、香榧、柿、温州蜜橘、梅、茶、樱桃、竹
Ⅴ-2	大别山—桐柏山山地丘陵区	湖南、河南、安徽	杜仲、厚朴、乌桕、漆树、山茱萸、薄壳山核桃、板栗、锥栗、柿、油桐、油茶、油橄榄、桑、花榈木、茶、苦丁茶、花椒、灰毡毛忍冬、栀子、茅栗、郁李、竹、猕猴桃、蓖麻、苎麻
Ⅴ-3	长江中游丘陵平原区	湖北、湖南	黄樟、厚朴、漆树、薄壳山核桃、板栗、锥栗、柿、油茶、宜昌橙、杨梅、枇杷、灰毡毛忍冬、竹、苎麻
Ⅴ-4	江南山地丘陵区	浙江、江西、安徽	黄樟、樟树、重阳木、黄连木、银杏、香榧、锥栗、山核桃、薄壳山核桃、柚、甜橙、温州蜜柑、黄皮、杨梅、枇杷、石榴、郁李、茶、竹、猕猴桃
Ⅴ-5	浙闽山地丘陵区	浙江、福建	樟树、肉桂、厚朴、银杏、香榧、柿、龙眼、荔枝、柚、树菠萝、杨梅、杧果、枇杷、黄皮、花榈木、茶、竹、猕猴桃
Ⅴ-6	南岭山地丘陵区	广西	油茶、岭南山竹子、茶、余甘子、竹
Ⅴ-7	华南沿海丘陵台地区	广东、广西	黄樟、香叶树、红润楠、石栗、华南青皮木、卵叶桂、酸豆、油棕、金鸡纳树、龙眼、荔枝、广东山胡椒、胡椒、华南忍冬、草豆蔻、白豆蔻、益智、砂仁、枫茅
Ⅴ-8	海南及南海诸岛丘陵台地区	海南	紫檀、降香黄檀、土沉香、橡胶树、油棕、大粒咖啡、可可、金鸡纳树、澳洲坚果、腰果、榴莲、胡椒、草豆蔻、白豆蔻、益智、砂仁、枫茅
Ⅴ-9	台湾山地丘陵区	台湾	—

外，其余各类型区，主要涉及对现有低效林的更新、改造工作。在Ⅴ-2类型区，苎麻、蓖麻配置在陡坡耕地，其他植物安排在山丘区其余各种立地条件类型。

六、西南紫色土区

西南紫色土区（Ⅵ）高效水土保持植物资源，按二级类型区（见下图）对位配置情况见下页表，计在3个二级类型区（7个省市）安排31种高效水土保持植物。

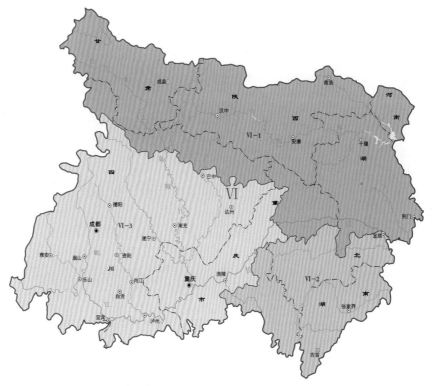

西南紫色土区（Ⅵ）水土流失类型分区图

西南紫色土区（Ⅵ）适宜配置的高效水土保持植物

二级区		省（自治区、直辖市）	高效水土保持植物
代码	名称		
Ⅵ-1	秦巴山山地区	甘肃	华山松、核桃、油橄榄、花椒、猕猴桃、蓖麻
		河南	核桃、板栗、漆树、杜仲、柿、枣树、桑、油桐、油茶、茶、花椒、忍冬、茅栗、猕猴桃
		湖北	香叶树、黄樟、杜仲、厚朴、漆树、山茱萸、油桐、核桃、板栗、锥栗、乌桕、柿、枣树、桑、油橄榄、油茶、茶、苦丁茶、花椒、茅栗、灰毡毛忍冬、苎麻
		陕西	华山松、杜仲、油桐、油茶、油橄榄、花椒、猕猴桃、柠檬马鞭草、蓖麻
		四川	华山松、香叶树、乌桕、杜仲、厚朴、山茱萸、漆树、油桐、核桃、板栗、柿、油橄榄、油茶、枣树、桑、茶、茅栗、花椒、灰毡毛忍冬、栀子、猕猴桃、蓖麻、苎麻
		重庆	华山松、香叶树、乌桕、油桐、板栗、锥栗、柿、油橄榄、油茶、枣树、茶、桑、花椒、灰毡毛忍冬、猕猴桃、蓖麻、苎麻
Ⅵ-2	武陵山山地丘陵区	两湖、重庆	板栗、锥栗、香叶树、黄樟、油桐、乌桕、杜仲、厚朴、漆树、山茱萸、柿、油橄榄、油茶、枣树、茶、苦丁茶、桑、花椒、灰毡毛忍冬、茅栗、苎麻
Ⅵ-3	川渝山地丘陵区	四川、重庆	华山松、板栗、香叶树、黄樟、油桐、乌桕、杜仲、厚朴、漆树、山茱萸、柿、油橄榄、油茶、枣树、茶、桑、花椒、灰毡毛忍冬、茹腺忍冬、茅栗、苎麻、黄花菜

本区水土流失，主要发生在坡耕地和部分土层较厚的山丘区。对于陡坡耕地田面，主要布设苎麻、黄花菜；至于埂带，则布设花椒、蓖麻等植物。核桃、板栗、柿、油桐、油茶等，布设在坡麓土层稍厚之处。其余植物，则布设在山丘中上部各立地条件类型。

七、西南岩溶区

西南岩溶区（Ⅶ）高效水土保持植物资源，按二级类型区（见下图）对位配置情况见下页表，计在 3 个二级类型区（4 个省区）安排 47 种高效水土保持植物。

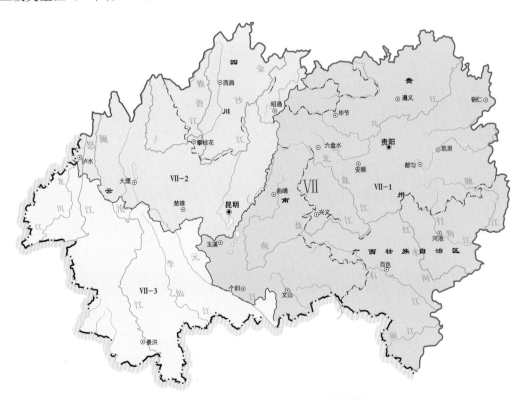

西南岩溶区（Ⅶ）水土流失类型分区图

西南岩溶区（Ⅶ）适宜配置的高效水土保持植物

| 二级区 | | 省（自治区、直辖市） | 高效水土保持植物 |
代码	名称		
Ⅶ-1	滇黔桂山地丘陵区	广西	肥牛树、蒜头果、滇刺枣、黄连木、油桐、漾濞核桃、板栗、余甘子、油茶、麻风树、灰毡毛忍冬、剑麻、蓖麻
		贵州	猴樟、漆树、杜仲、乌桕、黄连木、油桐、漾濞核桃、板栗、银杏、杨梅、油茶、麻风树、忍冬、黄褐毛忍冬、灰毡毛忍冬、清风藤、刺梨、竹、猕猴桃、蓖麻、艾纳香
		四川	银杏、杜仲、厚朴、乌桕、黄连木、漆树、猴樟、灰毡毛忍冬、竹、猕猴桃、蓖麻
		云南	红豆杉、猴樟、油桐、黄连木、漆树、蒜头果、铁刀木、肉豆蔻、漾濞核桃、板栗、油茶、麻风树、灰毡毛忍冬、草果
Ⅶ-2	滇北及川西南高山峡谷区	四川	漆树、油桐、光皮树、核桃、板栗、油茶、麻风树、无患子、山鸡椒、西蒙德木、花椒、蓖麻
		云南	黄樟、红豆杉、豆腐果、滇刺枣、漾濞核桃、漆树、光皮树、铁刀木、肉豆蔻、油桐、余甘子、麻风树、无患子、山鸡椒、青刺果、西蒙德木
Ⅶ-3	滇西南山地区	云南	黄樟、黄脉钓樟、琴叶风吹楠、澳州坚果、红豆杉、滇刺枣、豆腐果、漆树、油朴、油棕、铁刀木、油桐、漾濞核桃、板栗、咖啡、胡椒、肉豆蔻、余甘子、油茶、麻风树

本区石漠化十分严重，金银花、清风藤、刺梨等藤本、灌木，可布设在裸石缝隙间；漾濞核桃（泡核桃）、板栗等，宜布设在坡麓土层稍厚处；其余植物见缝插针，宜布设在中低山的中上部各立地类型。

八、青藏高原区

青藏高原区（Ⅷ）高效水土保持植物资源，按二级类型区（见下图）对位配置情况见下页表，计在5个二级类型区（5个省区）安排22种高效水土保持植物。

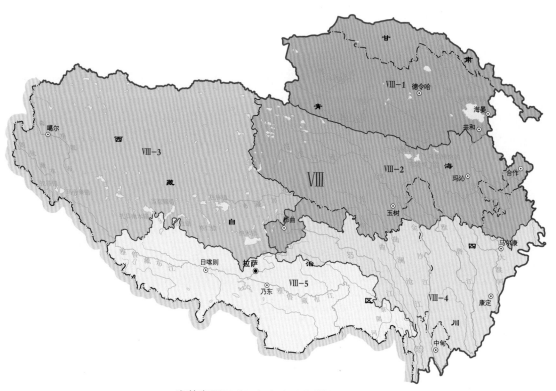

青藏高原区（Ⅷ）水土流失类型分区图

青藏高原区（Ⅷ）适宜配置的高效水土保持植物

二级区		省（自治区、直辖市）	高效水土保持植物
代码	名称		
Ⅷ-1	柴达木盆地及昆仑山北麓高原区	甘肃、青海	沙枣、红砂、柽柳、多枝柽柳、梭梭、沙拐枣、白刺、枸杞、黑果枸杞、中麻黄
Ⅷ-2	若尔盖—江河源高原山地区	甘肃、青海、四川	西藏沙棘
Ⅷ-3	羌塘—藏西南高原区	西藏	—
Ⅷ-4	藏东—川西高山峡谷区	四川、西藏、云南	山鸡椒、木姜子、苍山越橘
Ⅷ-5	雅鲁藏布江河谷及藏南山地区	西藏	核桃、苹果、藏杏、桃、西藏桃、西藏木瓜、江孜沙棘、砂生槐

　　本区雅鲁藏布江河谷及藏南山地区是西藏人口密度最高的地区，适宜种植的高效水土保持植物较多，主要有核桃、苹果、桃等果木类。柴达木盆地荒漠地区，实应归入北方风沙区Ⅱ：①海拔较低，与真正的青藏高原相差较大；②植物区系更接近于新疆、甘肃等荒漠区。不过为了尊重全国区划，仍放在本区，但依然不伦不类。配置方案中安排了白刺、黑果枸杞、中麻黄等地中海区系成分植物种植。人烟稀少的羌塘—藏西南高原区，没有条件也没有必要布设。其余类型区以试验性质，安排一些高效水土保持植物探索种植。

　　在全国水土流失区适宜配置的高效水土保持植物资源，计有：东北黑土区28种，北方风沙区33种，北方土石山区30种，西北黄土高原区24种，南方红壤区75种，西南紫色土区31种，西南岩溶区47种，青藏高原区22种。扣除掉不同类型区间的重复植物资源，共181种，供全国水土流失8大一级类型区、41个二级类型区，在未来30~50年内，开展水土保持植物措施配置之用。

本章参考文献

[1]　水利部，中国科学院，中国工程院 . 中国水土流失防治与生态安全·东北黑土区卷 [M]. 北京：科学出版社，2010.

[2]　水利部，中国科学院，中国工程院 . 中国水土流失防治与生态安全·北方农牧交错区卷 [M]. 北京：科学出版社，2010.

[3]　水利部，中国科学院，中国工程院 . 中国水土流失防治与生态安全·北方土石山区卷 [M]. 北京：科学出版社，2010.

[4]　水利部，中国科学院，中国工程院 . 中国水土流失防治与生态安全·西北黄土高原区卷 [M]. 北京：科学出版社，2010.

[5]　水利部，中国科学院，中国工程院 . 中国水土流失防治与生态安全·南方红壤区卷 [M]. 北京：科学出版社，2010.

[6]　李文萍，雷孝章，刘兴年，等 . 四川盆地紫色土丘陵区水土流失及防治对策 [J]. 中国地质灾害与防治学报，2004,15（3）：137-139.

[7]　水利部，中国科学院，中国工程院 . 中国水土流失防治与生态安全·长江上游及西南诸河区卷 [M]. 北京：科学出版社，2010.

[8]　水利部，中国科学院，中国工程院 . 中国水土流失防治与生态安全·西南岩溶区卷 [M]. 北京：科学出版社，2010.

[9]　中国树木志编委会 . 中国树木志（1）[M]. 北京：中国林业出版社，1983.

[10]　中国树木志编委会 . 中国树木志（2）[M]. 北京：中国林业出版社，1985.

[11]　中国树木志编委会 . 中国树木志（3）[M]. 北京：中国林业出版社，1997.

[12]　中国树木志编委会 . 中国树木志（4）[M]. 北京：中国林业出版社，2004.

[13]　中国树木志编委会 . 中国主要树种造林技术 [M]. 北京：中国林业出版社，1981.

[14]　《全国中草药汇编》编写组 . 全国中草药汇编（上、下册）[M]. 北京：人民卫生出版社，1975.

[15]　国家林业局森林资源管理司 . 全国森林资源统计——第七次全国森林资源清查 [M]. 北京：中国林业出版社，2010.

[16]　刘江 . 全国生态环境建设规划 [M]. 北京：中国工商联合出版社，1999.

[17]　徐国钧，王强 . 中草药彩色图谱 [M].2 版 . 福州：福建科学技术出版社，2006.

[18]　陈士林，林余霖 . 中草药大典 [M]. 北京：军事医学科学出版社，2006.

[19]　河北农业大学 . 果树栽培学各论：北方本 [M].2 版 . 北京：农业出版社，1990.

[20]　陈杰忠 . 国树栽培学各论：南方本 [M].4 版 . 北京：中国农业出版社，2003.

第四章 重点水土流失区近中期高效 水土保持植物资源配置

全国不同水土流失类型区的高效水土保持植物资源配置方案,需要在未来相当长的时间内(30~50 年内),稳步推进,逐步实施。与此同时,从近中期(2016—2035 年)水土保持生态环境建设及产业化发展的要求来看,仍需要以点带面,突出重点,建立区域示范工程。分析全国水土流失的特点,就会发现:

有些水土流失类型区自然条件较好,或水土流失本来就较为轻微,水土保持工作开展较好:①华北土石山区:历史上水土流失面积已经多被治理,水土保持植物资源配置布局基本合理,目前应属于预防监督范围;②南方红壤区:涉及长江中下游和珠江中下游地区,绝大部分地区植被覆盖率很高,水土保持植物资源配置已基本上成为当地群众的自发行动,目前应属于监督范围;③西南紫色土区:四川盆地四周林木覆盖率高,水土流失初步得到有效控制(山地灾害不属于水土流失范畴),目前大部分地区也应归入预防监督范围;④青藏高原区:地广人稀,水土流失形式为冻融侵蚀,水土流失总体轻微,目前应属于预防范围。上述这些区域,已经不应成为近中期开展水土流失治理的重点区域,而应以水土流失预防监督为其主要任务。

有些水土流失类型区自然条件严酷,尽管做了大量的水土保持工作,但水土流失仍然十分严重:①东北黑土区:松辽流域,我国最好的土壤——黑土,正在被水蚀切割得支离破碎,表土层很薄,我国水土流失危害性最大地区;②新疆山地盆地接壤区:内陆流域或国际河流源头,我国少数民族聚集区,我国风沙源重要产生区;③黄土高原区:黄河流域,千沟万壑、穷山恶水的代名词,"苦甲天下",我国水土流失强度最大地区;④滇黔桂山地丘陵区:长江和珠江上游地区,西南石漠化区中最为典型、最有代表性的地区,我国水土流失程度最高地区;⑤长江上游干热河谷区:长江流域森林覆盖率最低地区,侵蚀线路短,泥沙直入长江。这些区域集中了当前水土流失治理之所急,应成为近中期开展高效水土保持植物资源配置的重点区域。

因此,根据前述 5 大区域的自然生态经济状况,确定入选植物类型和理由:①东北黑土区:选用耐寒浆果类植物资源。理由:产自本地寒温带的浆果类植物资源,适应性强,品优质美,特色突出,全球市场需求量大;②新疆山地盆地接壤区:选用灌溉型果木类。理由:区内热量充足、日温差大,虽然降水稀少,但具备灌溉条件,可生产中国境内品质最好的果品;③黄土高原区:选用高级油用类植物。理由:有充足的宜林地;具开发潜力大的高级油用类植物资源,已经过区域试验;其规模种植,可着眼于解决地下化石能源枯竭后,地上绿色生物资源/能源基地建设,功在当代,利在千秋;④滇黔桂山地丘陵区:选用药用类植物资源。理由:当地药用植物非常适应石漠化环境;特色药用植物资源驰名中外,产品销售前景广阔;⑤长江上游干热河谷区:选用生物柴油类植物资源。理由:所选用的生物柴油类植物抗旱性能强,适应干热环境条件,可有效开展裸露坡面植被建设,解决泥沙入江和群众增收问题。

据此提出,全国重点水土流失区高效水土保持植物资源,在近中期(2016—2035 年)适宜配置的示范重点如下:

(1)东北黑土区耐寒浆果类植物资源配置。

(2)新疆山地盆地接壤区灌溉型果木类植物资源配置。

(3)黄土高原区高级油用类植物资源配置。

（4）滇黔桂山地丘陵区药用类植物资源配置。

（5）长江上游干热河谷区生物柴油类植物资源配置。

第一节　东北黑土区耐寒浆果类植物资源配置

东北黑土区主要分布在黑龙江省、吉林省、辽宁省和内蒙古自治区东部境内，粮食年产量约占全国1/5，是中国重要的玉米、粳稻等商品粮供应地。本区在大面积开发垦殖过程中，由于自然因素制约和人为活动破坏，发生了较为严重的水土流失，黑土地变得又"薄"又"黄"，土壤养分逐年下降；侵蚀沟数量增加，沟道继续扩展，河流泥沙缓慢增加[1]。如不抓紧治理，黑土地现有耕地，再经过40~50年的流失，黑土层将全部流失。在丘陵岗地区，特别是林农过渡带，通过种植适宜当地气候条件的耐寒浆果类这一独特植物资源，可以很好地控制土壤侵蚀，保持水土，同时促进当地经济发展。

一、种植开发现状

本区气候较为寒冷，分布或栽培的高效水土保持植物资源，除榛子、栎类和红松等坚果类外，大部分为浆果类或浆果状核果类植物，其中：蓝莓、树莓、蒙古沙棘已种植多年，黑果茶藨、红茶藨子、刺李、蓝靛果、欧李、毛樱桃、山刺玫、山葡萄等种植规模普遍较小，或呈野生状态，这些浆果类植物面积不大，不足以形成资源规模，尚有较大空间继续开展种植。

（一）蓝莓

越橘科多年生落叶或常绿灌木的总称。全世界分布的越橘类植物有400余种。蓝莓果实清淡芳香，甜酸适口，为鲜食佳品，果实中除含常规的糖、酸和维生素C外，还富含维生素E、维生素A、维生素B、SOD、熊果苷、蛋白质、花青苷、膳食纤维以及丰富的K、Fe、Zn、Ca等矿质元素。蓝莓是国内外近年来发展最快的新兴果品之一，可以加工成食品、饮品和保健品等上千种产品，产品用途广，产业链长。在原产地也是主产地美国，又被称为美国蓝莓。

我国东北乡土种为笃斯、越橘（红豆）、蔓越莓，集中分布在大兴安岭、伊春及黑河等自然生态条件较好、地理环境独特的地区。大小兴安岭地区的寒地、天然植被等稀缺资源，决定了其在蓝莓生产中的不可替代性。大兴安岭地区的阿木尔、黑河的逊克、伊春等地，都开始人工种植高品质蓝莓，经济效益和社会效益已初步显现，对调整优化森工区传统产业结构、提高群众收入、推动经济快速发展，起到了巨大的拉动作用。

据估计，全球有30多个国家和地区开展蓝莓产业化栽培，目前人工栽培总面积约12万~15万hm²，但果品资源仍处于供不应求状态。蓝莓具有独特的风味及营养保健价值，产品风靡世界，供不应求，在国际市场上售价昂贵。北美、日本和欧洲各国，是目前蓝莓果品的最大消费和贸易市场。根据北美越橘协会统计，蓝莓产品中大约50%参与国际贸易。美国尽管是蓝莓主产国，但在每年9月至次年4月，仍从智利、澳大利亚和新西兰大量进口蓝莓鲜果，进口量每年达2万t。南美洲各国、澳大利亚和新西兰生产的蓝莓，90%以上出口到北美地区。

随着国内外消费市场对蓝莓产品需求的不断升温，蓝莓种植步伐逐年加快，本区蓝莓人工种植面积达1万hm²（15万亩）左右，所选用优良品种大部分来自美国、加拿大等国。本区蓝莓加工企业规模较小，一般年加工能力仅为1000~2000t。目前基本上以生产初级加工产品，如冷冻果为主，产品销往欧洲、美洲和日本市场。目前尽管销售没有问题，甚至供不应求，但由于鲜果质量不优，加工技术落后等问题，出口价格比国际市场低30%~50%。区内鲜果主要销往当地大中城市，果酒、果酱类面向国内市场，目前尚未形成完善的蓝莓产品贸易市场。

蓝莓种植、采摘及市场（黑龙江伊春）

（二）树莓

蔷薇科落叶小灌木，本区有山莓、覆盆子（红树莓）、黑树莓等，统称"树莓"。全球约有450多种，主要分布在北半球的寒带、温带，少数分布在热带、亚热带和南半球。果实为聚合果，属浆果类植物，集草本、木本植物优势于一体，形似草莓却胜似草莓。树莓抗寒性强，可耐 −38℃的低温，非常适合东北地区栽植。

树莓果实色彩多样，口感独特，香味宜人，具有很高的价值。鲜果富含氨基酸、维生素、糖、有机酸、矿物元素、黄酮、鞣花酸、花青素、水杨酸、SOD 等成分。国外专家说，"阿司匹林就在树莓果实中"，这是因为，阿司匹林的有效成分就是水杨武类物质。树莓浆果除供鲜食外，还可加工制成各种食品，如果汁、果冻、微发酵饮料、糖渍果实、果酱、果酒及果汁糖浆等。另外，它具有天然色素添色剂的特殊用途，如将树莓汁加入山楂清凉饮料，可使其色、香、味更佳，别具一格。

西方国家对树莓果酱、果酒、饮料、速冻果的需求量很大，树莓产品是其生活中不可缺少的副食品。近几年树莓国际市场前景广阔，供不应求，外商纷纷要求与我国外贸部门签订树莓速冻浆果出口合同。

树莓园（黑龙江宾县）

区内树莓种植面积已发展到 1.2 万 hm²（18 万亩），产量达到 3.6 万 t（按平均亩产 200kg 计）。被命名为"中国红树莓之乡"的黑龙江省尚志市，有多家浆果加工企业，产品包括鲜果、速冻果、果酒、果汁、花青素 5 大类 20 多个品种，产品主要出口欧美等国家和地区。本区是适宜树莓生长的最佳地区之一。因此，积极种植树莓资源，大力开发树莓产品，既可满足国内外市场需求，又是发展区内生态经济的一个难得机遇。

（三）蒙古沙棘

胡颓子科落叶灌木。本区主栽品种，多从俄罗斯等国引进，俗称"大果沙棘"。蒙古沙棘主要特征是果实大，果柄长，近无刺，果实可像葡萄一样手工采摘，采后可直接鲜食，经压榨的果汁味道很好。

沙棘果实富含多种维生素、氨基酸、不饱和脂肪酸、黄酮类、酚类等，具有广泛的食用、美容和药用开发价值，其产品是航天、矿山井下、野外勘探和强辐射条件下工作时的必备品，也是受广大消

蒙古沙棘种植园（黑龙江孙吴）

费者欢迎的绿色产品，可以广泛地运用于医药、食品、化妆品等行业，一直为国内外贸易中的抢手货，深受世人青睐。

区内沙棘种植地区，主要位于黑龙江省孙吴县和九三垦区，种植面积逾 1.3 万 hm^2（20 万亩）；一般采取果园式栽培，每亩定植 100 株左右，平均亩产量达 300kg。目前区内有黑龙江省长乐山大果沙棘开发有限公司等中小型企业十余家。由于原果出口数量逐年增加，加之国内其他地区的采购等因素，区内生产的沙棘果实原料，基本上满足不了当地企业加工用量，急需扩大资源规模。

（四）其他

包括黑果茶藨（黑加仑）、红茶藨子、刺李、蓝靛果、欧李、毛樱桃、山刺玫、山葡萄等，风味各具特色，生态功能突出，营养价值丰富，开发前景十分广阔。

黑果茶藨　　　　　　　　红茶藨子　　　　　　　　山葡萄

蓝靛果　　　　　　　　　山刺玫　　　　　　　　　越橘

二、可行性分析

从以下 4 方面来看，在东北黑土区，发展耐寒浆果类植物资源是可行的。

（1）本区自然条件十分适宜浆果类植物的规模化种植。本区地处寒温带，野生分布的小浆果类植物资源较为丰富，有蔷薇科的山莓、山刺玫、覆盆子等，越橘科的越橘、笃斯、蔓越莓等，忍冬科的蓝靛果等，醋栗科的黑果茶藨（黑加仑）、红茶藨子、醋栗等，人工引进栽培的胡颓子科的蒙古沙棘（大果沙棘）等。本区是与北欧、北美和俄罗斯齐名的世界小浆果主产区，气候条件十分适宜，土壤肥沃，土地资源辽阔，具有独特的区位优势，所产小浆果风味独特，营养价值丰富，既可直接食用，又能加工成不同档次产品，市场前景十分看好，适宜开展人工规模种植。

（2）加工企业布局已渐形成。本区通过市场引导，政策、资金扶持，采取资产重组和科技推动等多种方式，扶持小浆果类植物资源加工龙头企业的技术改造、新产品开发、质量管理体系和产业化升级项目建设，重点解决产业链条短、产品附加值低等突出问题，使区内加工企业的经济效益得到有效提高，初步拉动了产区经济社会的良性发展。大兴安岭、伊春、黑河、齐齐哈尔等地，现有各类小浆果类植物加工企业50多家，其中，规模以上加工企业达到20家，主要生产果酒、果汁饮料、罐头、果酱、干果、烘焙食品等9大系列、100多个品种。涌现出大兴安岭超越野生浆果加工有限责任公司、百盛蓝莓有限责任公司、北极冰蓝莓酒业有限公司、黑龙江省长乐山大果沙棘开发有限公司、黑龙江农垦北大荒速冻食品有限公司、鑫野实业有限公司等许多龙头加工企业。企业生产的果酒、饮料等产品，销往国内大中城市，速冻果、花青素等产品，出口到美国、捷克、日本、韩国等国家。

（3）品牌建设已初见成效。区内加工企业十分重视植物产品的品牌培育和建设，在严格的产品质量管理基础上，积极培育地方知名品牌，提升品牌形象。以蓝莓产品为例。目前，北奇神、北极冰、鑫野、兴安红等多家龙头企业，通过了ISO9001质量管理体系认证、HACCP危害分析及控制点体系认证、GMP规范操作管理体系认证、有机产品认证等；兴安庄园、蓝百蓓等品牌已具备了一定影响力；大兴安岭地区是中国唯一的中国北极蓝莓地理标志产品保护区域，阿木尔林业局已成为中国野生蓝莓之乡，野生蓝莓OPC酒被评为中国酒业最具竞争力产品创新奖，越橘庄园商标为著名商标。

（4）市场发展前景广阔。小浆果类植物是一种具有高营养价值、高经济开发潜力的新兴植物，且主要分布、种植在寒温带地区，具有寒地、野生、有机、保健的稀有性和独特性，差异化品质优势和市场竞争力很强。本区在我国具有独特的地理优势，是小浆果类植物种植的最适宜地区，加之小浆果类植物可以加工成食品、饮品和保健品等上千种产品，产品用途广，产业链条长，需求量很大，有利于开拓和培置国际市场。在国内外市场上，小浆果类植物产品，连年呈现出供不应求趋势。目前是建立资源基地、进行经济开发的最佳时机。

三、位置和规模

主要依据本区水土流失治理的客观需要，适地适树的具体要求，以及国内外市场对植物资源产品的需求趋势，确定本区不同类型区适宜配置的植物种类及近中期面积。

（一）配置区域与植物

配置区域主要位于东北黑土区（Ⅰ）的6个二级区：

（1）大小兴安岭山地区（Ⅰ–1）：配置植物主要有蓝莓（包括笃斯、越橘）、树莓（包括山莓、覆盆子、黑树莓）、蒙古沙棘、山刺玫、欧李、山葡萄等。布设在低山丘陵各立地类型。

（2）长白山–完达山山地丘陵区（Ⅰ–2）：配置植物主要有蓝靛果、山刺玫、山葡萄。布设在山地区各立地类型。

（3）东北漫川漫岗区（Ⅰ–3）：配置植物主要有树莓（包括山莓、覆盆子、黑树莓）、蒙古沙棘、毛樱桃、蓝靛果、黑果茶藨、红茶藨子。布设在低山丘陵、漫岗、平原洼地等立地类型。

（4）松辽平原风沙区（Ⅰ–4）：配置植物主要有毛樱桃、欧李。布设在沙地各立地类型。

（5）大兴安岭东南山地丘陵区（Ⅰ–5）：配置植物主要有蓝莓（包括笃斯、越橘）、树莓（包括山莓、覆盆子、黑树莓）、蒙古沙棘、毛樱桃。布设在低山丘陵各立地类型。

（6）呼伦贝尔丘陵平原区（Ⅰ–6）：配置植物主要有蓝莓（包括笃斯、越橘）、毛樱桃。布设在低山丘陵各立地类型。

本区共配置浆果类（包括浆果状核果）高效水土保持植物16种，包括蓝莓（引进种）、笃斯、越橘、树莓（引进种）、山莓、覆盆子、黑树莓、蒙古沙棘（大果沙棘）、黑果茶藨、红茶藨子、刺李、蓝靛果、欧李、毛樱桃、山刺玫、山葡萄等。

（二）分种面积匡算

本区主要配置植物，按近期（2016—2025 年）、中期（2026—2035 年）分别匡算种植面积。

1. 蓝莓

国际市场对蓝莓产品的需求量很大，本区拟在保护好现有野生笃斯、越橘资源的基础上，积极引进美国优良蓝莓品种。根据区内宜林面积和劳动力、其他资源面积等通盘考虑，确定蓝莓（包括笃斯、越橘）配置面积为 6 万 hm²（90 万亩），其中：近期配置 4 万 hm²（60 万亩），中期配置 2 万 hm²（30 万亩）。

2. 树莓

目前全球市场对树莓的年需求量约为 200 万 t，缺口约 120 万 t。按良种树莓亩产 500kg 估算，要满足全球市场需求，至少需要新建树莓园 16 万 hm²（240 万亩）。本区是树莓的主产区之一，当地自然种有山莓、覆盆子（红树莓）、黑树莓，再适度引进国外优良树莓品种。按本区近期解决全球树莓需求量的 1/4 匡算，确定的近期配置面积为 4 万 hm²（60 万亩）；中期配置面积从继续扩大生产规模的前提出发，按近期的 50% 左右匡算，为 2 万 hm²（30 万亩）。总配置面积为 6 万 hm²（90 万亩）。

3. 蒙古沙棘

根据东北亚市场以及区内产业对大果沙棘原料的加工需求，粗估目前大果沙棘需求量为 7 万 t 鲜果。按亩产 300kg 左右鲜果匡算，区内近期应再建立 1.6 万 hm²（24 万亩）沙棘种植园，才能满足这一需求；中期配置面积，从继续扩大生产规模的前提考虑，按近期同样面积匡算。据此安排本区蒙古沙棘配置面积为 3.2 万 hm²（48 万亩），其中：近期、中期配置面积均为 1.6 万 hm²（24 万亩）。

4. 其他

适宜于本区栽培的浆果类水土保持植物，还有黑果茶藨（黑加仑）、红茶藨子、刺李、蓝靛果、欧李、毛樱桃、山刺玫、山葡萄等，配置面积为 14.8 万 hm²（222 万亩），其中：近期为 9 万 hm²（135 万亩），中期为 5.8 万 hm²（87 万亩）。

因此，本区浆果类植物资源总的配置面积为 30 万 hm²（450 万亩），其中：近期为 18.6 万 hm²（279 万亩），中期为 11.4 万 hm²（171 万亩）。按不同时期、不同类型区、不同省区的资源配置，详见下表。

东北黑土区耐寒浆果类植物资源配置方案

一级区	二级区	省（自治区、直辖市）	配置树种	配置总面积 / 万 hm²		
				总面积	近期（2016—2025 年）	中期（2026—2035 年）
东北黑土区（Ⅰ）	大小兴安岭山地区（Ⅰ-1）	黑龙江	蓝莓	3.0	1.9	1.1
			树莓	0.6	0.4	0.2
			蒙古沙棘	0.5	0.3	0.2
			其他	1.5	0.9	0.6
			小计	5.6	3.5	2.1
		内蒙古	蓝莓	2.0	1.2	0.8
			树莓	0.4	0.2	0.2
			蒙古沙棘	1.5	0.9	0.6
			其他	1.5	0.9	0.6
			小计	5.4	3.3	2.1
		合计		11.0	6.8	4.2

续表

一级区	二级区	省（自治区、直辖市）	配置树种	配置总面积 / 万 hm²		
				总面积	近期（2016—2025 年）	中期（2026—2035 年）
东北黑土区（Ⅰ）	长白山 - 完达山山地丘陵区（Ⅰ-2）	黑龙江	其他	1.5	0.9	0.6
		吉林	其他	1.5	0.9	0.6
		辽宁	其他	1.5	0.9	0.6
		合计		4.5	2.8	1.7
	东北漫川漫岗区（Ⅰ-3）	黑龙江	树莓	2.0	1.2	0.8
			蒙古沙棘	0.3	0.2	0.1
			其他	0.3	0.2	0.1
			小计	2.6	1.6	1.0
		吉林	树莓	1.0	0.6	0.4
			蒙古沙棘	0.2	0.1	0.1
			其他	0.3	0.2	0.1
			小计	1.5	0.9	0.6
		辽宁	树莓	1.0	0.6	0.4
			蒙古沙棘	0.2	0.1	0.1
			其他	0.2	0.1	0.1
			小计	1.4	0.9	0.5
		合计		5.5	3.4	2.1
	松辽平原风沙区（Ⅰ-4）	黑龙江	其他	1.0	0.6	0.4
		吉林	其他	1.0	0.6	0.4
		内蒙古	其他	0.5	0.3	0.2
		合计		2.5	1.6	1.0
	大兴安岭东南山地丘陵区（Ⅰ-5）	黑龙江	蓝莓	0.4	0.2	0.2
			树莓	0.7	0.4	0.3
			蒙古沙棘	0.3	0.2	0.1
			其他	1.5	0.9	0.6
			小计	2.9	1.8	1.1
		内蒙古	蓝莓	0.3	0.2	0.1
			树莓	0.3	0.2	0.1
			蒙古沙棘	0.2	0.1	0.1
			其他	1.5	0.9	0.6
			小计	2.3	1.4	0.9
		合计		5.2	3.2	2.0
	呼伦贝尔丘陵平原区（Ⅰ-6）	内蒙古	蓝莓	0.3	0.2	0.1
			其他	1.0	0.6	0.4
		合计		1.3	0.8	0.5
	全区		蓝莓	6.0	2.3	1.4
			树莓	6.0	2.3	1.4
			蒙古沙棘	3.2	1.2	0.8
			其他	14.8	5.7	3.5
			总计	30.0	18.6	11.4

注　"其他"在不同区域代表不同树种，参见正文相关内容。

第二节　新疆山地盆地接壤区灌溉型
果木类植物资源配置

本区实际上是指阿尔泰山、天山、昆仑山及新疆西部国境山地，组成的"E"形实体区域，包括准格尔盆地北、西、南部，塔里木盆地北、西、南部，与周边山地的接壤区。区内主要为戈壁、沙漠、河滩地等荒漠化土地。由于靠近山脉，接壤区具有融雪水资源所造成的灌溉条件，加之光热资源丰富，日温差大，是我国最为优质的果木类资源种植基地。遵循"有水就有绿洲，无水就成荒漠"的规律，在接壤区的河谷低地，发展"灌溉型"果木类植物资源，具有得天独厚的条件。

一、种植开发现状

本区气候十分干旱，种植的果木类植物，都基于人工灌溉。广为栽培的林果植物有核桃、梨、枣等，面积大，已成规模，不再配置。资源规模不够，需要扩大的林果类植物很多，主要有沙棘（蒙古沙棘、中亚沙棘）、枸杞（新疆枸杞、宁夏枸杞、黑果枸杞）、扁桃、阿月浑子等，其中：扁桃、新疆枸杞、宁夏枸杞人工种植由来已久，蒙古沙棘近年来才逐步扩大种植，而黑果枸杞种植面积很小，中亚沙棘基本上多呈野生状态。

（一）沙棘

沙棘包括蒙古沙棘和中亚沙棘，胡颓子科落叶灌木，系新疆的自然乡土树种。蒙古沙棘较为集中地分布在北疆的阿勒泰、塔城、伊犁等地。中亚沙棘主要分布在南疆塔里木盆地西侧，阿克苏、喀什、和田等都有天然分布；北疆的博州、伊犁也有天然分布。本区蒙古沙棘、中亚沙棘的天然林总面积约7000hm^2（10万亩），多沿河岸呈带状或斑块分布，常与沙枣等其他植物形成不同的植物群落。当地蒙古沙棘、中亚沙棘垂直分布海拔高度约480~1110m。多年来，因不规范采果、采条的影响，天然沙棘群落退化严重，面积骤减。

这一地区是我国引进大果沙棘（蒙古沙棘）的集中栽植地区之一。不过从自然条件来看，这里的沙棘种植，就像新疆的所有生产一样，必须保证灌溉条件，否则绝难成功。目前，阿勒泰地区大果沙棘种植面积已近1.8万hm^2（27万亩），全部采用喷灌、滴灌或渠灌，年产鲜果6000余t，其中清河县是阿勒泰地区种植沙棘最早的县，占全区种植面积的60%以上。青河县沙棘种植园，多沿乌伦古河（内流河）河岸滩地，能够自流灌溉的不多，多为提灌。这里的沙棘品种十分混杂，有"丘依斯克""太阳""橙色"等引进大果沙棘品种，也有国内选育出的"辽阜1号"等品种，还有大量

野生蒙古沙棘（新疆哈巴河）

蒙古沙棘种植园（新疆青河）

野生中亚沙棘（新疆博乐）

大果沙棘实生苗建立的种植园，其中蕴藏着有选育出优良新品种的丰富种质资源潜力，单株产量一般可达 10~15kg（8 年）。

阿勒泰地区已有恩利德生物科技有限公司、惠华酒业有限责任公司、青河县通德酒业有限责任公司、青河县银河食品厂、隆濠发展有限公司、青河县棘鑫沙棘茶叶有限责任公司等多家沙棘生产企业，从事沙棘有效成分提取、饮料食品、保健品、茶叶等开发利用。阿勒泰地区已初步形成了"企业 + 农户 + 基地"的运作模式，有效地推动了区内沙棘种植和产业化进程。

（二）枸杞

枸杞为茄科落叶小灌木。新疆是全国枸杞 4 大主产区（宁夏、河北、内蒙古、新疆）之一。新疆的枸杞包括原有品种新疆枸杞、黑果枸杞，还有 1966 年从宁夏引进的宁夏枸杞，经过多年的驯化，得益于新疆的干旱荒漠气候和水土等生态环境，已先后形成了十多个枸杞优良类型，并推广到南北疆广大荒漠平原。枸杞品质优良，果实甘甜，营养丰富，既是名贵中药材，又是滋补佳品，经济价值很高，用途很广。枸杞在新疆已显示了产业化的雏形，在国内有了较稳定的市场占有率。

目前，新疆的枸杞种植面积约 1.79 万 hm^2（26.8 万亩），除博州为主产区外，伊犁、塔城、昌吉、哈密、阿勒泰等地区的部分县市也有种植，年产量约 3.72 万 t。精河县种植枸杞（包括黑果枸杞）1 万 hm^2（15 万亩），占全疆总面积的 56.9%，干果总产 2.5 万 t，产值超过 5 亿元。

早在 1998 年，精河县便被农业部命名为"中国枸杞之乡"，并形成了从良种繁育、栽培模式到精深加工、市场营销为一体的较为完整的产业发展体系。该县农民全年从枸杞采摘和加工中，获取的收入达 6000 余万元，成为当地农民收入的重要来源和支柱。在精河县托里乡的枸杞加工园区，目前已引进精杞神、华美公司和杞福公司等十余家深加工企业，年加工转化枸杞鲜果 3.2 万 t，实现产值 2.6 亿元以上，干果、蜂王浆、枸杞蜜、枸杞保健系列酒、枸杞红色素、枸杞胶囊等 20 余种产品，并成功打入内地 10 余个省市区。

根据精河县枸杞"十三五"发展规划，到 2020 年，全县枸杞种植总面积将发展到 1.13 万 hm^2（17 万亩），干果总产量达到 4 万 t，枸杞加工转化率达到 30% 以上，农民人均来自枸杞产业的现金收入达到 3000 元以上，初步建立起以二维码为核心的枸杞及产品质量追溯系统，真正实现规模化种植、标准化管理、现代化经营、国际化销售的目标。新疆的枸杞产业发展前景十分诱人。

采收后的 2 年生新疆枸杞果园（新疆精河）

正在采收中的 2 年生黑果枸杞果园（新疆精河）

（三）扁桃

扁桃为蔷薇科落叶小乔木树种，又名巴旦木、巴旦杏、甜扁桃、甜杏仁等。适应性很强，喜光、抗旱、耐寒，根系发达，具有很强的沙漠生存能力。长柄扁桃果小，扁圆，果肉干涩无汁不能食，可食部分主要为发达的果仁，有特殊的甜香风味。果仁含油率达 55%~61%，蛋白质 28%，淀粉 10%~11%，并含有维生素、消化酶、杏仁素酶、钙、镁、钠、钾以及铁、钴等 18 种微量元素。扁桃营养价值很高，是维吾尔人传统的健身滋补品。扁桃在医药上用途也很广，民间维吾尔医用于治疗高血压、神经衰弱、皮肤过敏、气管炎、小儿佝偻等疾病。国外一些国家，酿有扁桃乳、扁桃酒补品，并用果仁制成镇静止痛药剂。

扁桃是当今国际上重点发展的经济树种之一，主产国有美国、伊朗、土耳其、意大利等 20 余个国家，世界年产量在 60 万 t 以上，以美国产量最多，约占世界总量的 1/2。唐朝时扁桃从古波斯（现今伊朗）传入我国新疆，种植时间已有 1300 年。在《酉阳杂阻》《岭表录异》有记载考证。扁桃主产区位于天山以南喀什地区的喀什、英吉沙、莎车、疏勒、泽普等地。另外，和田、阿克苏、阿图什等地也有栽培。

扁桃种植园（新疆莎车）

新疆是大陆性气候，早晚温差大、日照长、极其干旱。植物为适应此环境，在植株体内大量积累糖分和油分，所以新疆的瓜果特别香甜。新疆扁桃仁较国外的扁桃仁含油、含糖量均高，味更为香甜。新疆扁桃品种繁多，约有 40 多个，分为 5 个大品系，分别是软壳甜巴旦杏品系、甜巴旦杏品系、厚壳甜巴旦杏品系、苦巴旦杏品系、桃巴旦杏品系。前两个品系的最佳品种是：纸皮巴旦、软壳巴旦、薄壳巴旦、双仁巴旦等。目前新疆扁桃种植面积约 1 万 hm²，真正可结实面积 667~800hm²，亩产 50kg，年产量约 500~600t，仅是全球年产量 60 万 t 的一个零头，发展空间很大。

（四）阿月浑子

阿月浑子为漆树科小乔木，又名开心果、必思答、绿仁果等，是珍贵的木本油料和干果树种，种仁含油率达 62%，含脂肪、蛋白质、糖、维生素等多种营养物质，营养极为丰富，具有特香味，有"木本花生"之称，不仅可鲜食、炒食，还广泛用于制糖、糕点、巧克力、面包、冰淇淋、蜜饯、干果罐头等食品工业。果皮和种子可用于治疗心悸失眠、阳痿、腰脚无力、食欲不振、消化不良、痢疾腹泻等症。

阿月浑子原产中亚和西亚的干旱山坡和半沙漠地区，垂直分布 500~2000m。我国种植的品种，于唐朝从中亚引入栽培，至今已有 1300 多年，属中亚类群，表现抗旱、耐热、喜光。生长季节要求平均气温为 24~26℃，夏季能抗 40℃高温，冬季能耐短暂的 -30℃严寒。适应性强，极耐干旱，也耐高温，是干旱荒漠区很有发展前途的树种。

新疆栽培阿月浑子虽然历史悠久，但多为零星种植，主要集中在天山以南的喀什、和田、阿克苏地区，以疏附县和疏勒县种植较多。栽培品种大致分为早熟阿月浑子和长果阿月浑子两种。区内现存阿月浑子面积约 1333hm²（2 万亩）。

阿月浑子种植园（新疆疏附）

二、可行性分析

从以下4方面来看，在新疆山地盆地接壤区，发展灌溉型果木类植物资源是可行的。

（1）本区为蒙古沙棘、中亚沙棘、新疆枸杞、黑果枸杞的原产地，阿月浑子、扁桃已有1300多年的人工栽培历史。蒙古沙棘（大果沙棘）的一些原种就采于阿尔泰山系，在阿勒泰等地区种植蒙古沙棘，是使其优良品种回归故乡，开展种植开发具有得天独厚的条件。全区都可开展蒙古沙棘和中亚沙棘人工种植。近几年，该区青河县先后引进数十种大果沙棘品种，其中俄罗斯大果沙棘的生物学特性表现最为突出，含油率和出油率也相对较高，单株产量最高达25kg，一般株产10~15kg。随着种植技术的不断提高和土地条件的不断改善，实现标准化种植，辅之以科学管理，株产有望实现更大突破。南疆是扁桃、阿月浑子和枸杞的适宜种植地区，其产品是国内市场的抢手货，一直供不应求。

（2）北疆的蒙古沙棘，南疆的扁桃、阿月浑子、枸杞等种植已有一定基础。自2002年以来，北疆阿勒泰等地区借助国家退耕还林、"三北"防护林工程等建设项目，全地区累计推广蒙古沙棘林1.8万hm²（27万亩），其中挂果面积已达1万hm²（15万亩）。区内沙棘育苗多采用大棚育苗方式，嫩枝扦插，一般一个棚7~8分地，产苗量高达10万~15万株以上。育苗采用国有林场和社会育苗（育苗企业）相结合的方式，区内苗木已经完全自给有余。围绕提灌技术的沙棘种植技术，已日趋完善。种植沙棘能够获得较好的收益，已被阿勒泰地区广大农牧民接受，为进一步发展沙棘产业奠定了群众基础。精河县种植枸杞（包括黑果枸杞）1万hm²（15万亩），枸杞已成为精河县林果业发展的重要支柱产业，占到农业总产值的35%，占农民纯收入的比重达18%。

（3）区内各级政府高度重视林果产业发展。南疆多年来以兵团倡导为主，在塔里木盆地边缘地区种植扁桃、枸杞和阿月浑子。北疆阿勒泰地委、行署及伊犁哈萨克自治州其他地区，高度重视沙棘产业发展，把浆果（沙棘）产业作为促进农牧民增收的亮点来抓。区内各级政府相继出台了林果种植优惠政策，如农牧民种植沙棘，在免费提供苗木的基础上，还对种植沙棘的农牧民提供每亩100元的补助金。各项优惠政策的出台，提高了农牧民种植林果的热情，进一步扩大了特产林果种植规模。当地政府还积极组织有关部门，参加各种与林果有关的博览会，通过展示林果产业发展成果，广泛交流，积极招商引资，推动了林果产业化的进一步发展。

（4）区内林果种植开发具有多方面的技术支撑。新疆生产建设兵团农科院等单位，多年来在南疆取得了扁桃、枸杞和阿月浑子等的种植、开发利用系列技术，有效地促进了当地生产建设工作。北疆阿勒泰地区林业科学研究所等科研机构，在青河县对大果沙棘品种的表现性状，特别在布尔津县天然沙棘分布区，开展了野生沙棘资源性状调查和测定，筛选了一批优良单株并进行了初步引种试验，并在大果沙棘标准化生产、病虫害分析、产品开发等方面，积累了一定的经验。同时，俄罗斯等国林业、水保科研机构的专家，经常来阿勒泰地区进行有关培训和指导，使沙棘的苗木繁育、种植管理等各环节的技术，被越来越多的技术人员所掌握，已能够基本满足沙棘种植的需要。

三、位置和规模

主要依据本区水土流失治理的客观需要，适地适树的具体要求，以及国内外市场对植物资源产品的需求趋势，确定本区不同类型区适宜配置的植物种类及近中期面积。

（一）配置区域与植物

适宜布设在准噶尔盆地北、西、南，塔里木盆地北、西、南，与周边山地接壤区域内的河道两侧。

（1）沙棘（包括蒙古沙棘、中亚沙棘）：配置区域主要位于北方风沙区（Ⅱ）的北疆山地盆地接壤区（Ⅱ-3）、南疆山地盆地接壤区（Ⅱ-4）两个二级类型区，布设在缓坡台地、河漫滩立地类型。其中：北疆以蒙古沙棘为主，南疆以中亚沙棘为主配置。

（2）枸杞（包括新疆枸杞、宁夏枸杞、黑果枸杞）：配置区域主要位于北方风沙区（Ⅱ）的北疆山地盆地接壤区（Ⅱ-3）、南疆山地盆地接壤区（Ⅱ-4）两个二级类型区，布设在缓坡台地、河漫滩立地类型。

（3）扁桃：配置区域主要位于北方风沙区（Ⅱ）的南疆山地盆地接壤区（Ⅱ-4）二级类型区，布设在缓坡台地、河漫滩立地类型。

（4）阿月浑子：配置区域主要位于北方风沙区（Ⅱ）的南疆山地盆地接壤区（Ⅱ-4）二级类型区，布设在缓坡台地、河漫滩立地类型。

本区共配置灌溉型果木类植物7种，包括蒙古沙棘、中亚沙棘、新疆枸杞、宁夏枸杞、黑果枸杞、扁桃、阿月浑子等。

（二）分种面积匡算

本区主要配置植物，按近期（2016—2025年）、中期（2026—2035年）分别匡算种植面积。

1. 沙棘

根据本区的区位特征、现有大果沙棘人工资源、加工企业和物流特点，特别是从毗邻蒙古国对当地大果沙棘资源的需求等情况来分析，本区近期需要生产的鲜果量至少应在现有基础上，再增加12万t。按亩产100kg鲜果匡算，本区蒙古沙棘/中亚沙棘的建设规模，近期应为8万hm^2（120万亩）；中期从开拓国内外更大的市场角度入手，按近期面积1/2面积增加，即4万hm^2（60万亩）布置；总面积为12万hm^2（180万亩）。

2. 枸杞

作为一种药食兼用型植物，枸杞（包括新疆枸杞、宁夏枸杞、黑果枸杞）的市场需求量相当大，目前仅国内市场对本区枸杞的年需求量缺额就达15万~20万t。按亩产干果150kg匡算，需要建设6万~8万hm^2（105万亩）的枸杞面积。从土地、劳力资源来看，本区较为适宜的枸杞种植面积，确定为7万hm^2（105万亩），其中：近期配置面积按4万hm^2（60万亩）、中期配置面积按3万hm^2（45万亩）较为适宜。

3. 扁桃

据测算，2015年以后的数年内，国内市场扁桃需求量在10万t以上。按照区内扁桃的年产量水平，远远难以满足国内市场的需求，目前只能大量从国外引进。仅从达到10万t的国内需求量来看，按亩产 50kg 匡算，即需要在现有面积基础上，使扁桃种植面积增加到 12 万 hm²，才能达到这一要求。考虑到本区的适宜土地资源和劳力情况，扣除"三北"地区其他省区如甘肃、宁夏、陕西等省区的新增种植面积，本区扁桃配置总面积为 5 万 hm²，其中：近期配置面积按 3 万 hm²（45 万亩）、中期配置面积按 2 万 hm²（30 万亩）较为适宜。

4. 阿月浑子

阿月浑子（开心果）是节日家庭餐桌必备果仁，国内城市的新增需求量很大，最保守估计也为 3 万 t/ 年。按亩产 100kg 计，需要新增阿月浑子面积 2 万 hm²。考虑到广东等地的种植分摊，从国内外市场对阿月浑子的需求量及本区土地、劳力资源来看，本区阿月浑子近、中期配置面积，均按 1 万 hm²（15 万亩）较为适宜，总配置面积 2 万 hm²（30 万亩）。

本区果木类植物资源，总配置面积 26 万 hm²（390 万亩），其中：近期 16 万 hm²（240 万亩），中期 10 万 hm²（150 万亩），详见下表。

新疆山地盆地接壤区灌溉型果木类植物资源配置方案

一级区	二级区	地市	配置植物	配置面积 / 万 hm²		
				总面积	近期（2016—2025 年）	中期（2026—2035 年）
北方风沙区（Ⅱ）	北疆山地盆地接壤区（Ⅱ-3）	阿勒泰、塔城、伊犁、博州等	沙棘	9	6	3
			枸杞	5	3	2
			小计	14	9	5
	南疆山地盆地接壤区（Ⅱ-4）	阿克苏、喀什、和田等	沙棘	3	2	1
			枸杞	2	1	1
			扁桃	5	3	2
			阿月浑子	2	1	1
			小计	12	7	5
	全 区		沙棘	12	8	4
			枸杞	7	4	3
			扁桃	5	3	2
			阿月浑子	2	1	1
			合计	26	16	10

注 "沙棘"包括蒙古沙棘、中亚沙棘；"枸杞"包括新疆枸杞、宁夏枸杞、黑果枸杞。

第三节 黄土高原区高级油用类植物资源配置

黄土高原是我国水土流失最为严重的地区，全世界土壤侵蚀模数最大的地区位于本区。区内晋陕蒙地区的矿产资源开发，对土壤侵蚀和河流泥沙带来了深刻影响[2]。因此，从可持续发展角度考虑，需要根治区域内自然和人为水土流失。2015 年 1 月 13 日，国务院办公厅印发《关于加快木本油料产业发展的意见》，部署加快国家木本油料产业发展，大力增加健康优质食用植物油供给，切实维护国家粮油安全。根据这一意见精神，到 2020 年全国将建立一批标准化、集约化、规模化、产业化示范基地，木本油料树种种植面积，将从现有的 800 万 hm²（1.2 亿亩），发展到 1333 万 hm²（2 亿亩），产出木本食用油 150 万 t 左右。高级油用类植物资源配置，不失为本区带来了开展水土保持、促进经济腾飞的一个契机。

一、种植开发现状

从自然分布及人工栽培情况来看，本区种植的传统经果林面积很大，如苹果、梨、桃、李、杏等，已成规模，不需要再新增面积；而有发展潜力、已开展试种的植物，当首推油用类植物资源：长柄扁桃、翅果油树、文冠果、油用牡丹等，这些植物种植刚刚起步，需要加大配置步伐。

（一）长柄扁桃

长柄扁桃为蔷薇科落叶灌木，俗称野樱桃。中旱生，耐寒，种仁可代"郁李仁"入药。生于丘陵地区向阳石砾质坡地或坡麓、沙地，也见于干旱草原或荒漠草原。内蒙古的蒙古高原东部、阴山、阴南黄土丘陵、鄂尔多斯高原、阿拉善东部、锡林郭勒盟、乌兰察布市、鄂尔多斯市、呼和浩特市、包头市等地，以及蒙古和苏联西伯利亚均有分布。

陕西全省长柄扁桃面积，包括自然和人工种植，已近 2 万 hm^2（30 万亩）。榆林市榆阳区建有长柄扁桃（野樱桃）自然保护区 2040 hm^2（3.06 万亩），在吴起县、神木县已经分别栽种长柄扁桃 0.1667 万 hm^2（2.5 万亩）、1.3333 万 hm^2（20 万亩），其中在沟掌村的治沙基地，就种植有 1 万 hm^2（15 万亩）。2008 年起，陕西省神木县生态协会与西北大学、西安唐信企业发展有限公司，共同在西北大学成立了"荒漠治理与能源可持续发展研究中心"，开展对长柄扁桃综合利用、产业化开发的系列研究。西北农林科技大学已开展了长柄扁桃人工繁育栽培技术研究，中国科学院水土保持研究所开展了长柄扁桃水土保持效益研究。

长柄扁桃种植园（陕西神木）

陕西省发改委、陕西省财政厅、陕西省林业厅"关于下达陕西省 2013 年巩固退耕还林成果后续产业林业项目第二批建设任务和投资计划的通知（陕发改农经〔2013〕1814 号）中，落实长柄扁桃的种植任务分别为：吴起县 667 hm^2（1 万亩），洛川县 267 hm^2（0.4 万亩），靖边县 133 hm^2（0.2 万亩）。2015 年 1 月 26 日，陕西省发改委以陕发改农经〔2015〕140 号文，批复吴起县新建长柄扁桃 653 hm^2（9800 亩）"。项目于 2015 年秋季进行了公开招投标，已组织实施完毕。

2012 年 4 月 15 日，由西北大学化学与材料科学学院和神木县生态建设保护协会，共同完成的"长柄扁桃高值综合开发及其沙漠治理应用"研究成果，在西安通过了陕西省科技成果鉴定 ❶。这一项目研究总结了长柄扁桃育苗、栽培及管护技术，同时围绕长柄扁桃种子，首次研发出长柄扁桃油、生物柴油、甘油、苦杏仁苷、蛋白粉、饲料原料、活性炭等 7 种产品，实现了长柄扁桃的综合高值利用，

---

❶ "长柄扁桃高值综合开发及其沙漠治理应用"项目通过了省科技成果鉴定 [EB/OL]. [2012].http://chem.nwu.edu.cn/article.php?sid=22&id=1133.

将长柄扁桃从一种野生植物，开发为经济治沙植物，为沙漠治理产业化及可持续发展，提供了可靠的技术支持。

（二）翅果油树

翅果油树为胡颓子科落叶灌木或小乔木，俗名泽绿旦、柴禾、车勾子等，是我国特有的优良木本油料树种。自然分布范围狭小，主要位于山西省南部的乡宁县、翼城县、平陆县、绛县、河津市、稷山县、新绛县等，和陕西省的户县等地，分布海拔多位于850~1350m的中低山、丘陵区。在1999年8月4日国务院公布的《国家重点保护野生植物名录　第一批》中，翅果油树被列为国家二级保护植物。

翅果油树多分布于阴坡、半阴坡和半阳坡，喜生于土层深厚肥沃的沙壤土，但耐瘠薄，不耐水湿，根可固氮，有较强的适应性和抗逆能力。翅果油树的生长期较快，第1年育苗，第2年造林，第3年结果，造林3年后每亩可结果200~300kg，5~6年生每亩可结果400~500kg，10年生以上亩产可稳定在800kg以上，结果树龄可达数百年之久（陕西韩城400余年的翅果树仍在开花结果）。

翅果油树是很好的野生木本油料植物，果实出仁率48%~50%，种仁含粗脂肪49.58%~51.46%，种仁出油率30%左右，其油脂理化性质与二级芝麻油、花生油相近，不饱和脂肪酸可达到90%以上，其中油酸及亚油酸极为丰富，约占脂肪酸总量85%。维生素E含量高达1558mg/100g，是花生油的70倍、沙棘种子的12倍、豆制品的83倍、奶粉的370倍，如此之高在天然产物中实属罕见。可溶性糖类、氨基酸、铁、锌、钙、镁、锶、硒等微量元素的含量也很丰富，还含有独具特色的翅果皂素、植物甾醇、非皂化物等活性成分。翅果皂素具有很强的调节内分泌、抗疲劳和提高免疫力等功能。

翅果油树人工林（山西乡宁）

翅果油树博物馆（山西乡宁）

目前，区内约有翅果油树 1.2 万 hm²（18 万亩），其中：天然林 0.4 万 hm²（6 万亩），人工林 0.8 万 hm²（12 万亩），大部分位于山西南部。山西琪尔康翅果生物制品有限公司（乡宁县）、翼城县森源翅果生物科技有限公司等龙头企业，正在通过建设基地、收购原料等方式，拉动当地及周边翅果油树的保护和种植。陕西龙肽有机农业有限公司等企事业单位，也在当地从事翅果油树的种植开发工作。

（三）其他

适于本区种植开发的高级油用类植物，还有文冠果、油用牡丹等。

1. 文冠果

文冠果为无患子科落叶灌木，具有抗旱、耐瘠薄特性，根系入土深，萌蘖能力强，在撂荒地、沙荒地、黏土地、绝壁上均可生长。在年降水量仅 148mm 的一些地区（宁夏），也有文冠果散生树木。文冠果是我国特有的珍贵树种，在其进入盛果期后，单株果籽产量可达 15~20kg。

文冠果种子含油率为 35%~40%，种仁含油率为 62.8%~73%。文冠果油不饱和脂肪酸含量高，不含对人体有害的芥酸，是十分难得的上好油品，油黄色而透明，食用味美，具药用功效。文冠果油中亚油酸是中药"益寿宁"的主要成分，具有较好的降血压作用。食用文冠果油，可有效预防高血压病。国内目前已开发出"亚油酸滴丸"，专门用于预防和治疗高血压、高血脂等病症。文冠果除榨油外，既可炒食，又可当做鲜果直接上市，还可以作为罐藏原料大规模加工，升值途径多，潜力大。

"十一五"期间中国林科院组织对我国主要燃油木本油料植物——文冠果进行规模化推广，文冠果提取柴油已获得成功。文冠果作为我国北方唯——种能大规模生产生物柴油的树种，受到国家的高度重视，"十一五""十二五"期间，由国家林业局、中石油公司，联合向我国北方各省下达了关于大力发展文冠果产业项目的规划。文冠果产业发展前景一片光明。

文冠果（陕西榆林）

早在 2008 年，甘肃被纳入国家林业局全国生物质能源林基地建设省份，计划建设 7.3 万 hm²（110 万亩）文冠果原料基地❶。而甘肃也是文冠果最适宜省份之一。2012 年 12 月，刚刚成立半年多的甘肃万林科技有限公司，在靖远县五合乡，通过土地流转方式，取得为期 50 年的农业用地 5727hm²（8.59 万亩），随后即用于种植文冠果等油用经济林木。当年种植文冠果 1067hm²（1.6 万亩），使得甘肃万林拥有了当时国内最大的文冠果种植基地❷。

---

❶ 甘肃计划 3 年建设 110 万亩文冠果原料基地 [EB/OL].[2010].http://www.zgwgg.com/html/policy/201005221050021305.shtml.
❷ 甘肃万林：大手笔布局文冠果种植基地 [EB/OL].[2015].http://www.gs.chinanews.com/news/2015/09–24/264189.shtml.

2.油用牡丹

油用牡丹为毛茛科落叶小灌木,包括紫斑牡丹和凤丹牡丹等种或品种。与观赏牡丹相比,其主要特征不在于花的鲜艳,而在于果实中高的含油量。油用牡丹耐干旱、耐瘠薄、耐高寒。甘肃兰州、定西一带,紫斑牡丹种在海拔 2000m 以上的高寒、干旱、贫瘠山岭上,年降雨量仅 300mm 就可生长,每亩还能结籽 200kg 左右,并且这种地方生产出的牡丹籽油 α-亚麻酸含量高达 49%。

油用牡丹（甘肃永登）

油用牡丹是一种新兴的木本油料作物,具备突出的"三高一低"特点:高产出（5 年生亩产可达 300kg）、高含油率（籽含油率 22%）、高品质（不饱和脂肪酸含量 92%）、低成本（油用牡丹耐干旱耐贫瘠,适合荒山绿化造林、林下种植；一年种百年收,成本低）。油用牡丹的培育地主要是在山东菏泽、山东聊城、陕西、甘肃中川牡丹园、安徽铜陵等地,以菏泽、兰州、定西为主要分布点。

区内陕西、甘肃两省,近年来已经开始了油用牡丹的种植试验示范。陕西省发改委、陕西省财政厅、陕西省林业厅"关于下达陕西省 2013 年巩固退耕还林成果后续产业林业项目第二批建设任务和投资计划的通知"（陕发改农经〔2013〕1814 号）中,落实油用牡丹的种植任务分别为:彬县 1000hm²（1.5 万亩）,乾县 993hm²（1.49 万亩）,绥德县 33hm²（0.05 万亩）。2014 年 3 月 14 日,陕西省林业厅召开《陕西省油用牡丹产业发展规划》会议,提出全省将在 77 个县（市、区）重点发展油用牡丹产业,力争到 2020 年全省油用牡丹种植面积达到 13.3 万 hm²（200 万亩）,年产牡丹籽 35 万 t,年产高档牡丹籽油 7 万 t。其中,将关中、富平作为重点油用牡丹发展区域。《甘肃省油用牡丹产业发展规划(2013—2020 年)》提出,全省发展油用牡丹种植 6.9 万 hm²（104 万亩）。油用牡丹在本区的种植开发前景看好。

二、可行性分析

从以下 4 方面来看,在黄土高原区,发展高级油用类植物资源是可行的。

（1）本区为翅果油树、长柄扁桃等高级油用类植物的自然分布区,具有广阔的种植土地条件。本区山西、陕西、甘肃、宁夏、内蒙古等省（自治区）,土地资源十分辽阔,用于种植的沙地、黄土等荒漠化土地资源非常多。紫斑牡丹野生种分布在甘肃、陕西、河南和湖北等省，但栽培品种主要集中在甘肃境内的渭河、洮河和大夏河流域古丝绸之路经过的广大地区，因此又被称为甘肃牡丹或西北牡丹。在甘肃，紫斑牡丹栽培不仅可以追溯到唐代，而且目前在全省六成以上的县市都有栽培，是紫斑牡丹栽培最普及、群众基础最为广泛的地区。翅果油树片林、孤树，在山西南部、陕西中北部多有自然分布；与其自然条件相近的甘肃陇东庆阳、平凉两市，宁夏固原市，以及陕北等地也有引种栽培。长柄扁桃在毛乌素沙地有数万亩自然林，预示着其很强的抗逆性。特别是，本区东部与化石能源基地分布较为一致，种植高级油用类植物资源，是防备化石能源枯竭、建立地上绿色能源的前期实践，意义非同凡响。

（2）具有先期翅果油树、长柄扁桃等种植基础和技术条件。近年来，对于翅果油树、长柄扁桃等高级油用类植物的种植试验、示范和研发，已经逐步积累了一些较为实用的经验。山西省在乡宁、翼城等县，围绕水土保持、林业等有关工程建设，已经种植了约 8000hm^2（12 万亩）翅果油树。在陕西榆林的沙区、延安的黄土区，引种栽培实践也十分成功，并在沙区种植技术方面有所突破。陕西全省长柄扁桃种植面积，已达 2 万 hm^2（30 万亩）。文冠果、油用牡丹在区内种植已经起步。所以这些，可以在有关品种、技术、效益等方面，起到很好的示范作用。

（3）翅果油树、长柄扁桃等是高级油用资源，开发效益突出，同时也是解决区内化石能源枯竭后，绿色能源可持续建设一条长远大计。翅果油树、长柄扁桃等产出的油，在药用、保健、化妆品等方面作为原料，将得到进一步的增值利用。长柄扁桃可开发食用油、精油、生物柴油、甘油、苦杏仁苷、蛋白粉、功能性食品、饲料原料和活性炭等高附加值的产品。同时，这些油品加工后，完全适合国际国内生物柴油要求的标准。大力发展生物柴油，对区内经济可持续发展，推进能源替代，减轻全球变暖的压力，控制城市大气污染，具有十分重要的战略意义。因地制宜地种植、开发这类高级油用植物资源，既不与农民抢占耕地，同时加工性价比合理，在该区域的水土保持生态建设与开发工作中，具有十分重要的地位。

（4）当地政府十分赞同支持开展油用类植物配置与开发项目。早在 20 世纪 90 年代初，联合国发展和计划署（UNDP）、联合国粮农组织（FAO）派贝克先生一行数人，对陕西省翅果油树进行了实地考察后，郑重建议"对这一珍贵树种要加强保护和开发"；同时呼吁世界各国，"都要大力重视和发展这一珍稀的木本油料树种"。为了保护和开发利用翅果油树资源，全球首家翅果油树博物馆在山西乡宁县云丘山奠基。山西省水利、林业部门，与临汾市有关龙头企业合作，正在推动山西省南部地区翅果油树种植工程项目。目前陕西、甘肃等省区围绕巩固退耕还林还草工程后续产业，种植开发长柄扁桃、文冠果、油用牡丹等的积极性很高，一个"公司＋院校＋基地""公司＋基地＋农户"的植物种植开发模式，正在本区悄然形成，将会有序推动这一工程的健康发展。

三、位置和规模

主要依据本区水土流失治理的客观需要，适地适树的具体要求，以及国内外市场对植物资源产品的需求趋势，确定本区不同类型区适宜配置的植物种类及近中期面积。

（一）配置区域与植物

适宜重点配置在黄土高原东部，延及中西部地区。

长柄扁桃配置区域，主要位于黄土高原东北部，即西北黄土高原区（Ⅳ）的二级区 – 宁蒙覆沙黄土丘陵区（Ⅳ–1）、晋陕蒙丘陵沟壑区（Ⅳ–2），布设在黄土梁峁坡、沙丘、阶地等立地类型。

翅果油树配置区域，主要位于黄土高原南部，亦即西北黄土高原区（Ⅳ）的二级区 – 晋陕蒙丘陵沟壑区（Ⅳ–2）、汾渭及晋城丘陵阶地区（Ⅳ–3）、晋陕甘高原沟壑区（Ⅳ–4）和甘宁青山地丘陵沟壑区（Ⅳ-5），布设在黄土丘陵坡地、阶地等立地类型。

其他植物，包括文冠果、油用牡丹等配置区域，主要位于黄土高原中南部，亦即西北黄土高原区（Ⅳ）的二级区－晋陕蒙丘陵沟壑区（Ⅳ-2）、汾渭及晋南丘陵阶地区（Ⅳ-3）、晋陕甘高原沟壑区（Ⅳ-4）和甘宁青山地丘陵沟壑区（Ⅳ-5），布设在黄土丘陵坡地、阶地等立地类型。

本区共配置油用类植物4种，包括长柄扁桃、翅果油树、文冠果和油用牡丹。

（二）分种面积匡算

本区主要配置植物，按近期（2016—2025年）、中期（2026—2035年）分别匡算种植面积。

1. 长柄扁桃

市场调研情况表明，2015年以后，我国市场长柄扁桃果实油的需求量在9万t以上，即近期需要在现有面积2万hm²的基础上，使可结实面积再增加10万hm²（按亩产300kg鲜果、出2/3干果、出1/2果仁、果仁含油率50%计），才能达到这一要求。据此，确定本区近期配置总面积为10万hm²（150万亩）；中期从开拓国内外市场的角度入手，按近期配置面积的30%左右，即中期配置面积按3万hm²（45万亩）较为适宜。总配置面积为13万hm²（195万亩）。

2. 翅果油树

翅果油树种植规模，按在陕西、山西、甘肃(宁夏)，分别建立年产4万t的小型果油加工厂1个、2个、1个的要求来看，翅果油树亩产鲜果800kg、干果600kg、果仁300kg、出油率30%，每亩翅果油树可产油90kg，则陕西、山西、甘肃（宁夏）要达到的种植面积分别为3万hm²、4.8万hm²（已抛除了原有种植面积1.2万hm²）、3万hm²。据此，确定本区翅果油树近期种植面积为10.8万hm²（162万亩）；中期从发展的角度考虑，再新增配置面积3.2万hm²（48万亩）。总配置面积为14万hm²（210万亩）。

3. 其他

包括文冠果、油用牡丹等，根据市场需求及有关省区实际情况，近期共需建设10万hm²（150万亩），中期按近期60%左右继续扩大种植面积，共需建设6万hm²（90万亩）。总配置面积为16万hm²（240万亩）。

全区共配置43万hm²（645万亩），其中近期30.8万hm²（462万亩），中期12.2万hm²（183万亩）。详见下表。

黄土高原区高级油用类植物资源配置方案

| 一级区 | 二级区 | 范围 | | 配置树种 | 配置面积/万hm² | | |
		省（自治区、直辖市）	市（县、区）		总面积	近期（2016—2025年）	中期（2026—2035年）
西北黄土高原区（Ⅳ）	宁蒙覆沙黄土丘陵区（Ⅳ-1）	内蒙古	卓资县、凉城县、呼和浩特市、包头市、鄂托克旗、乌审旗等	长柄扁桃	2.3	1.7	0.6
		宁夏	石嘴山市、银川市、吴忠市	长柄扁桃	1.9	1.4	0.5
			合计		4.2	3.1	1.1
	晋陕蒙丘陵沟壑区（Ⅳ-2）	内蒙古	达旗等	长柄扁桃	1.1	0.9	0.2
		陕西	榆林市、延安市	长柄扁桃	7.7	6.0	1.7
				翅果油树	1.0	0.8	0.2
				其他	3.0	2.0	1.0
				小计	11.7	8.8	2.9
			合计		12.8	9.7	3.1

续表

一级区	二级区	范围 省（自治区、直辖市）	范围 市（县、区）	配置树种	配置面积/万 hm² 总面积	配置面积/万 hm² 近期（2016—2025年）	配置面积/万 hm² 中期（2026—2035年）
西北黄土高原区（Ⅳ）	汾渭及晋南丘陵阶地区（Ⅳ-3）	山西	晋城、长治、临汾、运城市等	翅果油树	2.0	1.8	0.2
				其他	0.5	0.2	0.3
				小计	2.5	2.0	0.5
		陕西	西安、渭南、宝鸡市等	翅果油树	1.6	1.2	0.4
				其他	0.5	0.2	0.3
				小计	2.1	1.4	0.7
		合计			4.6	3.4	1.2
	晋陕甘高原沟壑区（Ⅳ-4）	山西	乡宁县、吉县、大宁县、蒲县、汾西县、隰县等	翅果油树	4.0	3.0	1.0
				其他	2.5	1.5	1.0
				小计	6.5	4.5	2.0
		陕西	铜川市、咸阳市等	翅果油树	1.4	1.0	0.4
				其他	2	1.4	0.6
				小计	3.4	2.4	1.0
		甘肃	庆阳、平凉市	翅果油树	2.0	1.5	0.5
				其他	3.0	2.0	1.0
				小计	5.0	3.5	1.5
		合计			14.9	10.4	4.5
	甘宁青山地丘陵沟壑区（Ⅳ-5）	甘肃	天水市	翅果油树	1.3	1.0	0.3
				其他	2.5	1.5	1.0
				小计	3.8	2.5	1.3
		宁夏	固原市	翅果油树	0.7	0.5	0.2
				其他	2	1.2	0.8
				小计	2.7	1.7	1.0
		合计			6.5	4.2	2.3
	全　区			长柄扁桃	13.0	10.0	3.0
				翅果油树	14.0	10.8	3.2
				其他	16.0	10.0	6.0
				总计	43.0	30.8	12.2

注　"其他"指文冠果、油用牡丹。

第四节　滇黔桂山地丘陵区药用类植物资源配置

本区特指西南石漠化区（Ⅶ）中的典型石漠化区域——滇黔桂山地丘陵区（Ⅶ-1）。石漠化是岩溶区水土流失、生态恶化的极端形式，以岩石越来越裸露为基本特征，其结果是自然生态和人类生存环境的同步恶化[3]。充分利用本区热量、水分充沛、海拔垂直梯度大的自然条件，在极为有限的土壤资源上，种植当地适宜的药用类植物资源，可以使几近裸地的石漠化区，产生出生态和经济双重效益来。

一、种植开发现状

本区药用植物很多，其中高效水土保持植物资源，主要有金银花（忍冬）、山银花（灰毡毛忍冬、黄褐毛忍冬）、细毡毛忍冬、刺梨、清风藤等，其中：清风藤在本区只有试种，其余各种植物种植规模仍然较小，均需要加大加快种植步伐。

（一）金银花 / 山银花

金银花为忍冬科木质常绿、半常绿或落叶藤本植物。根据 2015 年版《中华人民共和国药典·二部》[4]，原药用金银花分为金银花、山银花两类。金银花专指忍冬，而山银花包括华南忍冬、红腺忍冬、灰粘毛忍冬和黄褐毛忍冬。本区主要栽培的药典植物有黄褐毛忍冬、灰毡毛忍冬和忍冬 3 种，还有 1 种细毡毛忍冬，原列入药典，新版中被剔除。

距今 2200 多年前秦汉时期的《神农本草经》称其为忍冬，忍冬又名二花、双花、金花、银花和忍冬花。金色花为中药材植物忍冬花蕾的药用名称。由于忍冬花初开为白色，后转为黄色，因此得名金银花。金银花自古被誉为清热解毒的良药。它性甘寒气芳香，甘寒清热而不伤胃，芳香透达又可祛邪。金银花既能宣散风热，还善清解血毒，用于各种热性病，如身热、发疹、发斑、热毒疮痈、咽喉肿痛等证，均效果显著。明朝李时珍在他的《本草纲目》中，对金银花的名称、形态和特征等做出了详细介绍。

金银花、山银花在国内种植十分广泛，但在侵蚀劣地种植还不常见。贵州省于 2003 年起，率先在西南石漠化区开展了这一探讨。2009 年经黔西南州调查核实，该州山银花基地（黄褐毛忍冬）保存较好的约 1.3 万 hm² （20 万亩），主要分布在安龙和贞丰等县。除荒山攀石栽培模式外，安龙县在坡耕地还建有拱棚式、支架式山银花示范园；并在石漠化典型地区的德卧镇大水井村，建有以山银花为主、其他水土保持植物为辅的石漠化区乔灌立体生态示范园。

山银花（黄褐毛忍冬）人工林（贵州兴义）

贵州省兴义市则戎乡冷冻村，在石漠化荒山种植山银花 1000hm²，长势十分喜人，在几乎无土的山坡构建了一片绿色，被誉为"一块石头，一杯土，一棵树，一项产业"。温家宝总理在 2011 年参观后，称其为"贵州精神"。该小流域种植栽培种主要为黄褐毛忍冬,亩产鲜花蕾100kg,最高的地块亩产能达到300kg。在冷洞村,通过种植山银花,当地的农户每年收入增加了1000~30000元不等,同时为当地的剩余劳动力,提供了良好的就地打工条件。为了延长产业链,提高山银花产品的附加值,形成"生态、加工、销售"的生态产业格局,兴义市还建有飞龙雨实业公司,该企业建有山银花加工厂2座,组建生产线5条,年加工能力为450t,深加工产品有含片、茶、颗粒剂和湿巾等。

金银花种植园（贵州绥阳）

贵州省绥阳县种植、开发金银花,取得了明显成效,获得社会认可。绥阳县获得"中国金银花之乡"称号;小关乡银花村,获得农业部颁发"一村一品"示范村称号;小关金银花山区特色农业示范区,纳入全省"5个100工程"建设范围。总投资20亿元的贵州绥阳经济开发区吉帮金银花科技产业园,占地1000亩,是近年由绥阳县引进客商投资建设的民营科技产业园。郎笑笑、实心人等金银花产品成功进入市场,中华老字号——老谢氏金银花蛋糕、菲律宾金银花日化等一批围绕金银花产品研发的知名企业,正式入驻产业园区,极大地提升了绥阳金银花的知名度和影响力。绥阳金银花产品也得到广大客商青睐,产品除在本省多地销售外,还远销四川、广东、广西和台湾等多个地区。

（二）刺梨

刺梨为蔷薇科落叶灌木,广泛分布于我国亚热带地区,尤以贵州、四川、云南、陕西、湖北、湖南等省分布面积大,产量多。据贵州农学院和贵州省植物园在20世纪80年代初联合普查,贵州野生刺梨资源年总产量为1.5万t,其中毕节、黔西南、安顺、六盘水是野生刺梨分布最密集、产量最高的地区,黔南各县市也分布着大量的野生刺梨资源。

刺梨营养价值和药用价值很高,特别是维生素C、黄酮、SOD含量很高,素有"三王水果"的美誉。在贵州,野生刺梨资源极其丰富,长期以来民间均有采摘刺梨,鲜食、泡酒、酿酒、制药的习惯。贵州对刺梨的研究与开发利用,也曾一度走在全国的前面。早在20世纪80年代初,贵州就在国内

刺梨种植园（贵州平坝）

率先组织力量，对刺梨资源的开发利用进行了研究，其中不少研究成果在国内属领先地位，甚至得到国际公认。

在贵州的带动下，全国掀起了刺梨种植、产品开发的热潮，许多省区相继到贵州引种栽培刺梨。1989年，全国人工栽培刺梨面积达1505hm²（2.257万亩），全国除新疆、西藏等8个省（自治区）外，都不同规模地引种栽培了刺梨。刺梨被广泛用于保健食品、饲料、化妆品、医药等行业，市场上出现了刺梨口服液、刺梨蜜饯、刺梨酒等许多产品。仅贵州省1986—1987年就有刺梨加工企业53家，产品发展到5大类、18个品种，产量达到2000t，产值600万元。到20世纪90年代初，"刺梨热"逐渐降温，刺梨生产形势跌到最低谷，全国刺梨种植面积减少到894hm²（1.3414万亩），缩小了40.8%。从事刺梨的企业纷纷转产，1990年，贵州仅存3家企业，勉强维持刺梨产品生产。

近年来，贵州、四川等省又相继提出了"重振刺梨雄风"的口号，刺梨产业经济又出现了新的转机，相信只要少些投机行为，踏踏实实做事，刺梨开发前景仍然十分看好。

（三）其他

包括清风藤、艾纳香等药用植物资源。

清风藤为清风藤科落叶攀援木质藤本植物。清风藤之名始见于《本草图经》，曰："清风藤生天台山中，其苗蔓延木上，四时常有，彼土人采其叶入药，治风有效。"中药材清风藤以植物的茎叶或根入药，春、夏季割取藤茎，切段后，晒干；秋、冬季挖取根部，洗净，切片，鲜用或晒干。叶多在夏、秋季采收，鲜用。《天目山药用植物志》："祛风通络。治风湿痹痛，肌肉麻木初起，皮肤瘙痒及疮毒。"清风藤为岩溶地区近年来发现的药食兼用型水土保持植物，在贵州省安龙县有集中分布，在兴义市曾建过加工厂。

艾纳香为菊科半灌木，地上部分刈割后可提取冰片。这种植物生长迅速，一年生可长至2~3m高，当年种植，当年见效，多年受益。艾粉得率为0.3%~0.8%，亩产艾粉6kg。艾粉粗品售价2000多元，亩收入可达1.2万元，种植开发利润颇高。艾粉可继续提取冰片，而多年来国内天然冰片系从国外引进，费用昂贵。通过艾纳香生产冰片，是一条兼顾生态、经济效益的捷径。

清风藤人工林（贵州安龙）

二、可行性分析

从以下 4 方面来看，在滇黔桂山地丘陵区，发展金银花等药用类植物资源是可行的。

（1）本区为金银花、刺梨、清风藤等药用植物种植的适宜地区。本区栽培的金银花、清风藤等药用植物，其抗逆性能很好，只要有一点石头缝隙能用于扎根，就可以在石漠化地区生长，而且能迅速覆盖裸露地，在石漠化地区形成一片绿色，发挥其良好的生态经济作用。

（2）当地人多地少，向石漠化土地要效益，是广大群众的迫切需要。西南地区土地资源十分稀缺，几无平地，农民庄稼常种在石窝窝中。而对于大片裸露的石漠化土地，却没法很好利用。金银花、清风藤等药用植物在本区的栽培，使昔日的不毛之地，产生了经济效益，甚至不次于农地的效益。

（3）科技示范已走在前面，为后续实施奠定了良好的基础。贵州省黔西南州林科所、贵州大学、中科院岩溶所等，多年来致力于石漠化地区植物栽培研究，挖掘出了金银花、清风藤等优秀药用植物，总结了育苗、栽培技术，形成了许多形之有效的种植模式，将为本区开展规模化种植奠定良好技术条件。

（4）政府和社会力量的支持。西南石漠化地区，是近年来我国水土保持工作面向的重点治理区域之一，由国家发改委牵头的"岩溶地区石漠化综合治理工程"已经实施了多年，其中植物治理就是主攻方向之一。水利部已于数年前启动了这一地区的"农发"石漠化综合治理工作，突出了以高效水土保持植物种植为特色的科技示范工作。社会团体如民建中央，多年来在贵州金银花种植方面，做了大量的工作。所有这些，将为实施提供雄厚的社会基础。

三、位置和规模

主要依据本区石漠化治理的客观需要，适地适树的具体要求，以及国内外市场对植物资源产品的需求趋势，确定本区不同类型区适宜配置的植物种类及近中期面积。

（一）配置区域与植物

金银花等药用植物配置区域，主要位于西南紫色土区（Ⅶ）的二级区 – 滇黔桂山地丘陵区（Ⅶ–1），涉及广西、云南、贵州 3 省（自治区），主要布设在山地、丘陵坡面的各类立地类型。

配置植物主要包括金银花（忍冬）、山银花（黄褐毛忍冬、灰毡毛忍冬）、灰毡毛忍冬、刺梨、清风藤、艾纳香等石漠化区生长良好、生态效益较为突出的 7 种高效水土保持植物。

（二）分种面积匡算

本区主要配置植物，按近期（2016—2025 年）、中期（2026—2035 年）分别匡算种植面积。

1. 金银花

包括金银花（忍冬）、山银花（黄褐毛忍冬、灰毡毛忍冬）、灰毡毛忍冬，所有种均可以茶用；除细毡毛忍冬外，均可药用。从国外市场对我国金银花干花的需求量来看，2005 年需求量 4436t，实际销量 578t，只满足 13.0%；2011 年需求量 3775t，实际销量 1410t，只满足 38.1%。年年供不应求。国际市场上，金银花销量一直呈上升态势。国内市场潜力更大，除通过药材公司收购直接用作中药外，还有制药厂作为原料进行深加工，特别是国内一些饮料类大型行业，如加多宝、王老吉等，近年来收购金银花作各类保健凉茶，更是加大了对金银花的需求量。保守估计，2015 年后仅国内需求量就可达 20 万 t 左右。考虑到本区的区位特征及在全国的地位、加工企业和物流特点等，应提供的金银花干花数量按 5 万 t（占全国 1/4 左右）计，考虑到本区现有金银花资源 2 万 hm²（30 万亩）以下，故按亩产干花 20kg 计，本区金银花近期配置规模宜定为 15 万 hm²（225 万亩）；中期从发展的眼光看，按现有面积的 70% 安排，即 10 万 hm²（150 万亩）。总配置面积为 25 万 hm²（375 万亩）。

2. 刺梨

刺梨最大的卖点是维生素 C 含量高，因此当保鲜、储存和运输的技术问题解决后，其鲜果将会全面占领西南市场。刺梨果加工产品，会逐步在华南、东南，甚至北方，也将获得很大的市场份额。从人们对从果品中直接取用维生素的时尚分析，刺梨鲜果在国内应排名第一。全国苹果、梨、葡萄、柑橘、香蕉等市场已近饱和，而刺梨等小水果市场呈稳步增长态势，吸引了新的顾客群，甚至抢夺了大宗水果的市场。因此刺梨鲜果销售无忧，同时还可围绕刺梨加工干果、茶等附加值较高的产品。从本区的土地、劳力等综合考虑，确定刺梨近、中期发展目标各 3 万 hm²，总面积 6 万 hm² 为宜。

3. 其他

清风藤、艾纳香等植物，虽然开发前景看好，但目前主要处于开拓市场阶段，配置面积不宜太大，以面向当地需求为主开展配置。据此，确定清风藤、艾纳香的面积，按近、中期各 2 万 hm² 配置，总面积 4 万 hm²。

药用类植物资源总配置面积 35 万 hm²（525 万亩），其中：近期 20 万 hm²（300 万亩），中期 15 万 hm²（225 万亩），详见下表。

滇黔桂山地丘陵区药用植物资源配置与开发工程配置表

一级区	二级区	省（自治区）	市（县、区）	配置树种	总面积	近期（2016—2025 年）	中期（2026—2035 年）
西南岩溶区（Ⅶ）	滇黔桂山地丘陵区（Ⅶ-1）	广西	曲靖市、文山壮族苗族自治州	金银花	7	4	3
				刺梨	2	1	1
				其他	1	0.5	0.5
				小计	10	5.5	4.5
		贵州	黔西南州、六盘水市	金银花	10	6	4
				刺梨	3	1.5	1.5
				其他	2	1	1
				小计	15	8.5	6.5
		云南	百色市、河池市	金银花	8	5	3
				刺梨	1	0.5	0.5
				其他	1	0.5	0.5
				小计	10	6	4
		全区		金银花	25	15	10
				刺梨	6	3	3
				其他	4	2	2
				合计	35	20	15

注　"金银花"包括忍冬、黄褐毛忍冬、灰毡毛忍冬、细毡毛忍冬；"其他"指清风藤、艾纳香。

第五节 长江上游干热河谷区生物柴油类植物资源配置

长江上游金沙江干热河谷地表温度可达 70~75℃，湿度低，实施造林工程任务非常艰巨。干热河谷植树造林是世界性难题，主要受制于这儿独特的气候。干热河谷气候，是在特殊的地貌所形成的一种奇特的气候。在地形封闭的局部河谷地段，水分受干热影响而过度损耗，这里的森林植被难以恢复，缺水使大面积的土地荒芜，河谷坡面的表土大面积丧失，露出大片裸土和裸岩地。通过在长江上游干热河谷区，种植耐旱生物柴油类植物资源，在生态绿化的前提下，开发利用生物柴油，既是对大自然的一次公开挑战，也是满足人民幸福生活的一种追求。

一、种植开发现状

适合于长江上游干热河谷区栽培的生物柴油类植物资源，主要有油桐（含千年桐）、麻风树、光皮树、绿玉树、木姜子、豆腐果、香叶树、西蒙德木等，都是种子含油率很高的生物柴油类植物，经济开发价值大，而且生态效益突出。

（一）油桐

油桐为大戟科落叶小乔木或乔木树种，我国特有的木本油料植物。本区栽培的主要种类除油桐也称为三年桐外，还有千年桐。适应性强，易于生长，易于管理；生长快，投产快，盛果期长（20~30 年），受益期长。一般亩植 60 株，栽培 3 年初产，5 年形成经济产量，以后产量逐年提高，15~20 年达到产量最高峰，具有一年种植、多年受益的特点。

油桐

油桐的主要产品——桐油是重要的工业用油，国内外需求量大，一直供不应求。我国是世界桐油主产地，全国有 17 个省（自治区）生产桐油，年产量近 17 万 t，约占世界年产量的 80%。桐油是我国传统的大宗出口商品，在国际市场上享有极高声誉，我国出口量占世界桐油出口总量 70% 以上。国际市场年需桐油 20 万 t，我国桐油年出口量只能满足 5 万 t 左右。由于近几年桐油产量滑坡，目前国内桐油销售，也只能满足实际需要的 50%~60%，市场缺口大。据估计，2016—2020 年，我国仅国内市场桐油的供求量，将高达 25 万 t 左右，缺口还很大。

同时，桐油也是一种很好的生产生物柴油的主要原料之一。桐油经酯交换反应后，获得的生物柴油基本与 0 号石化柴油相当。在世界石油日益紧张的今天，生物质能源的开发利用已成热点。本区种植油桐所产桐油，不仅能满足传统桐油市场之需，而且在生物柴油市场上，也大有用武之地。

（二）麻风树

麻风树为大戟科耐旱落叶灌木或小乔木，又名小油桐、小桐子、南洋桐、青桐木、假花生、臭油桐等。麻风树适于在贫瘠的边角地、半石山地栽种，栽植简单，省管理粗放，生长迅速，约3年可挂果投产、5年进入盛果期，种子含油率达40%~60%。四川省长江造林局、四川大学和四川省林科院，联合优选出的小油桐"高油1号"种子含油率达62%~65%。经加工生产后的麻风树油可用于各种柴油发动机，是制造生物柴油的良好材料。麻风树被生物质能源研究专家称之为"黄金树""柴油树"，是一种极具综合开发利用潜力的、国际上研究最多的可生产生物柴油的能源树种之一。

麻风树

2006年12月，国家发展和改革委员会批准了《小油桐规范化种植及产业化基地建设高技术产业化示范工程》（发改办高技〔2006〕2352号）。云南省从2006年开始，在金沙江、澜沧江等流域干热河谷区，开展麻风树原料林基地建设试点，种植面积已逾6.8万 hm²（102万亩），中石油、红河阳光等22家大型企业，也在云南开展了麻风树种植试验示范。四川省麻风树种植面积，也已达6.7万 hm²（100万亩）。

（三）光皮树

光皮树为山茱萸科落叶乔木，又称光皮梾木，是一种理想的多用途油料树种。光皮树广泛分布于黄河以南地区，集中分布于长江流域至西南各地的石灰岩区，垂直分布在海拔1000m以下。

光皮树喜光，耐旱，对土壤适应性较强，在微盐、碱性的沙壤土和富含石灰质的黏土中均能正常生长。光皮树树干挺拔、清秀，树皮斑驳，枝叶繁茂，深根性，萌芽力强，抗病虫害能力强，盛果期50年以上，寿命较长，超过200年以上。嫁接苗造林一般2~3年始果，结果早，产量高，树体矮化，便于经营管理。

光皮树

大树每年平均产干果 50kg，多可达 150kg，果肉和核仁均含油脂。果实（带果皮）含油率 33%~36%，出油率 25%~30%，盛果期平均每株产油 15kg 以上。全果精炼油，含不饱和脂肪酸 77.68%，其中油酸 38.3%、亚油酸 38.85%。

以光皮树油为原料，通过酯化反应制取的生物柴油，与 0 号石化柴油燃烧性能相似，是一种安全稳定（闪点 >105℃）、清洁环保（灰分 <0.003）的生物质燃料油。光皮树是一种理想生物柴油原料树种，可在本区大显身手。

（四）其他

包括木姜子、豆腐果、香叶树、绿玉树、西蒙德木等，也是前景看好的适宜在干热河谷区配置的生物柴油类植物。

木姜子　　　　　　　　　　　　　　　　　　豆腐果

香叶树　　　　　　　　　　　　　　　　　　绿玉树

二、可行性分析

从以下 4 方面来看，在长江上游干热河谷区，发展生物柴油类植物资源是可行的。

（1）干热河谷区为长江上游生态环境最为恶劣的地区，实施生态环境治理迫在眉睫。干热河谷区植被稀少，水土流失十分严重。虽然近年来实施退耕还林还草等工程，生态环境恶化的现象得到初步遏制，但要从根本上修复生态，还需要进一步加大水土保持植物措施配置力度。结合项目区的干热特点，可以推广种植耐干旱、耐高热、抗瘠薄，且具有经济价值的油桐、麻风树等植物，以期在较短的时间内，尽快绿化荒山，提高森林覆盖率，有效地遏制生态环境恶化，修复、再造生态环境，推动当地水土资源的合理利用及生产力的逐年提高。

（2）自然条件较为适合生物柴油类植物栽培，技术服务体系较为健全。油桐、麻风树等生物柴油类植物资源，较为适合干热河谷的自然条件。油桐、麻风树等植物，也是当地种植业的传统经济树种之一，其生产经营历史悠久，当地群众已经基本掌握了一般种植技术。一些地区农民一直有栽培油桐的习惯，群众有一定的认识，有的农户年收桐籽几万公斤，种植油桐是农民增收致富的一个渠道；桐油加工企业生产能力也有一定的提高，积累了一定的市场营销经验，逐渐形成了优质桐油品牌产品，这些都将为当地油桐等产业的发展，起到拉动作用。同时，区内技术服务体系健全，有关部门强化对油桐等生物柴油类植物资源种植技术研究，建立健全了省、市、县、乡4级技术服务体系，为发展生物柴油类植物资源基地建设，从技术上做了相应保证。

（3）区内农民还较为贫困，开展生物柴油类植物资源建设并进行开发，是实现农民增收的现实途径。油桐、麻风树等生物柴油类植物资源，产品多，产业链长，能够吸收更多的群众参与种植开发。种植这类植物，首先以生态治理为重点，群众通过种植可以获得一定收入；同时，通过果实采收、产品加工等，群众又可以得到植物资源出售和务工收入。这样，既能促进项目区加工企业发展，又能带动农民增收致富，解决群众后顾之忧，实现社会和谐稳定。

（4）随着化石能源的日益损耗，开展生物质能源建设、保障国家能源安全已成为当务之急。发展生物质能源基地建设，有利于保障生物柴油生产企业的正常运行，有利于国土资源开发。将国家能源安全与生态环境治理、西部老少边穷地区脱贫致富相结合，是国家发展清洁能源、循环能源，保障国家发展的战略需要，符合国家的产业导向。实施生物柴油类高效水土保持植物资源建设与开发项目，可带动当地农户高效种植水土保持植物，为生物柴油生产公司提供原料，可缓解当地机动车、工程机械、农用机械等对柴油的需求，为国家能源安全做出贡献。

三、位置和规模

主要依据本区水土流失治理的客观需要，适地适树的具体要求，以及国内外市场对植物资源产品的需求趋势，确定本区不同类型区适宜配置的植物种类及近中期面积。

（一）配置区域与植物

生物柴油类植物资源建设的主要配置区域，为干热河谷区，主要位于金沙江下游，其地域大致包括今天的四川省攀枝花市、凉山州、宜宾市，云南省昭通市、曲靖市、昆明市、楚雄市等行政区划区范围，主要位于西南岩溶区（Ⅶ）的二级区 – 滇北及川西南高山峡谷区（Ⅶ –2）内，主要布设在区内河谷坡面等立地类型。

本区配置植物共计9种，包括油桐、千年桐、麻风树、光皮树、绿玉树、木姜子、豆腐果、香叶树、西蒙德木，其中：配置重点植物为油桐、千年桐、麻风树等3种，特别是麻风树，应为首推当家树种。

（二）分种面积匡算

本区主要配置植物，按近期（2016—2025 年）、中期（2026—2035 年）分别匡算种植面积。

1. 油桐

包括千年桐。经测算，为满足国内市场，即从我国现年产桐油17万 t增加到25万 t水平，需净增加桐油8万 t。按油桐亩产50kg桐籽、20%的出油率匡算，8万 t桐油需要新增油桐种植面积约50万 hm²（750万亩）。根据本区现有宜林水土流失土地规模，以及全国其他区域栽培情况，安排本区近期油桐新增面积占全国的10%，即5万 hm²（75万亩）；中期从发展眼光考虑，再增加2万 hm²（30万亩）。本区共配置油桐7万 hm²（105万亩）。

2. 麻风树

根据本区现有宜林土地规模，以及目前生物柴油发展的初级情况，确定麻风树配置面积。区内近期按照在云南、四川新上2套6万 t/年生物柴油的中型工厂生产线来匡算，按照麻风树亩产种子300kg计，可折合为每年每亩可生产生物柴油 100kg 计，要满足这 2 条生物柴油生产线，至少要建设麻风树基地 8 万 hm² （120 万亩）；中期配置将现有生产能力提高一半，则要再建设麻风树 4 万 hm² （60 万亩）。据此配置本区麻风树面积 12 万 hm² （180 万亩）。

3. 光皮树

光皮树一般盛果期株产柴油 15kg，按幼龄期 5kg/ 亩、每亩 100 株计，每亩地可产生物柴油 500kg，按区内近期新上 2 套 6 万 t/ 年生物柴油的中型加工厂生产线匡算，至少要建设光皮树基地 1.6 万 hm²（ 24 万亩）；中期配置将现有生产能力提高一半，则要再建设光皮树基地 0.8 万 hm² （12 万亩）。据此安排本区光皮树面积 2.4 万 hm² （36 万亩）。

4. 其他

包括木姜子、豆腐果、香叶树、绿玉树、西蒙德木，安排本区种植面积 2 万 hm² （30 万亩），其中：近、中期均 1 万 hm² （15 万亩）。

本区配置生物柴油类植物资源 23.4 万 hm² （351 万亩），其中：近期 15.6 万 hm² （234 万亩），中期 7.8 万 hm² （117 万亩），详见下表。

长江上游干热河谷区生物柴油类植物资源配置与开发工程配置表

一级区	二级区	范围		配置树种	配置面积 / 万 hm²		
		省	市（县、区）		总面积	近期（2016—2025 年）	中期（2026—2035 年）
西南岩溶区（Ⅶ）	滇北及川西南高山峡谷区（Ⅶ -2）	四川	攀枝花市、凉山州、宜宾市	油桐	4	3	1
				麻风树	6	4	2
				光皮树	1	0.6	0.4
				其他	1	0.5	0.5
				小计	12	8.1	3.9
		云南	昭通市、曲靖市、昆明市、楚雄市等	油桐	3	2	1
				麻风树	6	4	2
				光皮树	1.4	1	0.4
				其他	1	0.5	0.5
				小计	11.4	7.5	3.9
		全　区		油桐	7	5	2
				麻风树	12	8	4
				光皮树	2.4	1.6	0.8
				其他	2	1	1
				合计	23.4	15.6	7.8

注　"其他"指木姜子、豆腐果、香叶树、绿玉树、西蒙德木。

　　在全国水土流失区分区域开展面上高效水土保持植物资源配置时，可于近中期（2016—2035 年），同步开展水土流失治理任务最为紧迫的 5 个区域的典型配置示范，即：东北黑土区耐寒浆果类植物资源配置、新疆山地盆地接壤区灌溉型果木类植物资源配置、黄土高原区高级油用类植物资源配置、滇黔桂山地丘陵区药用类植物资源配置、长江上游干热河谷区生物柴油类植物资源配置，以便更好地积累经验，推动面上高效水土保持植物资源配置工作。

本 章 参 考 文 献

［1］ 水利部，中国科学院，中国工程院．中国水土流失防治与生态安全·东北黑土区卷 [M]．北京：科学出版社，2010．

［2］ 水利部，中国科学院，中国工程院．中国水土流失防治与生态安全·西北黄土高原区卷 [M]．北京：科学出版社，
2010．

［3］ 水利部，中国科学院，中国工程院．中国水土流失防治与生态安全·西南岩溶区卷 [M]．北京：科学出版社，2010．

［4］ 国家药典委员会．中华人民共和国药典·二部 [M]．北京：中国医药科技出版社，2015．

第五章　高效水土保持植物资源开发利用

高效水土保持植物资源配置后，重要落脚点是"生态高效"和"经济高效"这两大方面。高效水土保持植物资源的开发利用，是实现"经济高效"最为重要的途径，是使"绿山"与"金山"合二为一[1]，既有保生态的"绿山"，也有保经济的"金山"，从而真正实现资源可持续利用、生态可持续维护、社会可持续发展。

第一节　开发利用主要部位

在绿色世界中，除了木材资源外，许多植物的枝、叶、花、果实、种子、皮、汁液（见左图），以及蕴藏的其他非木质性资源，都是食品、酿造、医药、轻工、化工、工艺美术等行业的重要原料。从水土保持角度出发：①对于植物资源的维护，林木不提倡皆伐，只可选用择伐或分期局部更新；②对于经济利用，只考虑枝、叶、花、果实、种子、汁液等地上部分，严禁利用根系。

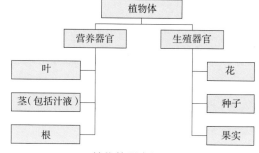

植物体器官组成

一、枝

枝包括茎、枝、皮等。每年整型、修剪等抚育管护措施，以及树木的自然整枝，都会产生大量茎、枝、皮等废弃物，可以进行开发利用，变废为宝。

一些植物，如接骨木、海南粗榧、鸡树条荚蒾、珍珠梅等，其茎或枝或皮，可用于药材。油楠、黑荆树、白桂木、印度榕、绒毛苹婆等一些树种，茎部含有树脂、树胶可供提取。有些树种如紫檀、降香黄檀等，其茎段能开发各类家具、摆设、玩品等。而大多数树木的茎枝段，可以截断或粉碎用作食用菌基料。

一些植物，如榕树、桑、构树、青檀、色木槭、毛竹等乔木，紫麻、水丝麻、石岩枫、山麻杆、青风藤等灌木，紫藤、葛藤、鸭腱藤、锡叶藤、五风藤、络石、木通等藤本，苎麻、剑麻等草本，芒萁、萝藦、络石、山橙等蕨类，其皮是很好的纤维原料。如青檀的茎皮、枝皮纤维，为制造驰名国内外的书画"宣纸"的优质原料。

鸡树条荚蒾

珍珠梅

油楠 　　　　　　紫檀 　　　　　　降香黄檀

二、叶

叶包括叶、芽。一些植物的叶及嫩芽，如茶、银杏、杜仲、山荆子、山楂、湖北海棠、沙棘、绞股蓝、苦丁茶等，可直接加工为茶叶；或可作为蔬菜食用，如香椿、李树、楤木、刺槐、槐树、刺五加等。一些植物如银杏、侧柏、荚蒾、金花茶、枸骨、麻黄、艾等，其叶具有药用价值；一些植物如新樟、团花新木姜、香桂、香叶子、蓝桉、窿缘桉等，其叶含有芳香油、鞣质等，可加工提取。

侧柏 　　　　　　　　　　　　枸骨

香桂 　　　　　　　　　　　　蓝桉

三、花

花包括全花、雄雌蕊、花粉等。刺槐、槐树、木槿花、核桃花序等可食用；桂花、玫瑰、茉莉花、栀子、含笑等花可做茶叶；金银花、莞花、醉鱼草、厚朴、玉兰、铁刀木、白刺花等可入药；啤酒花的雌花可用于啤酒酿造；油松、马尾松的花粉俗称"花黄"，是松树最精华的物质，含有蛋白质、氮基酸、脂肪、糖类、酶类、维生素、矿物质等营养成分，已广泛用于医药产品及食品工业，其花粉亦有药效，可燥湿、收敛止血。当然，蔷薇科、蝶形花科、忍冬科等许多科的植物花卉，还是很好的蜜源。

木槿花　　　　　　　　　　　　　桂花

油松　　　　　　　　　　　　　　马尾松

四、果实

许多植物的果实可直接食用，如苹果、梨、桃、李、猕猴桃、柑、橘、橙、柚子、菠萝等，还可加工为各类罐头、果脯等。华中五味子、木姜子、扁核木、山茱萸、代代花、栀子、槟榔等果实可药用；花椒、青花椒、胡椒、肉豆蔻、草豆蔻、白豆蔻、砂仁、草果等果实为辛香料。

华中五味子　　　　　　　　　　　扁核木（蕤核）

肉豆蔻　　　　　　　　　　　　　草果

五、种子

虽然对于被子植物而言，种子是果实的组成部分，但由于裸子植物只有种子，没有果实，故在此处将种子单列出来。利用种子的植物很多，香榧、核桃、山核桃、甜杏仁等可直接食用；有些需炒制成熟才能食用，如板栗、扁桃、阿月浑子、松子等；油茶、油桐、油橄榄、翅果油树、文冠果等种子，可压榨或萃取油品；有些种子，如中国粗榧、扁桃、马槟榔、鸦胆子等，可以入药。

香榧

山核桃

文冠果

杏

六、汁液

一些植物的枝干或其他器官，可以分泌出有特殊用途的汁液。如漆树的各器官均存在漆汁道，漆汁道可合成、分泌生漆，是我国传统的优质防腐涂料；松树树干具树脂道，可合成、分泌松脂这一用途广泛的化工原料；橡胶树表皮被割开时，会流出乳白色的汁液称为胶乳，再经凝聚、洗涤、成型、

橡胶割漆

白桦取汁

干燥后即得天然橡胶；糖槭树干流出的汁液可以制取食用糖料；桦树早春被割破茎皮后流出的汁液可制取饮料；椰子果实汁液可直接饮用。

第二节 开发利用主要方向

高效水土保持植物资源是近年来提出的一个新概念，其开发利用方向取决于其初步分类。下面对与此相接近的有关植物资源分类历史，做一简要回顾。

根据资源类别或经济用途来划分，这是植物最常用的分类方法。早在 1933 年，我国学者奚铭已就根据树种的用途将化工类树种分油料树、漆树、樟树、蜡料树、纤维料树、单宁料树、松脂料树、火柴梗树、木栓树、橡皮树等 10 大类[2]。

1948 年，前苏联学者 M.M. 伊里因将经济植物分为工艺植物部分和自然原料植物部分。工艺植物部分又划分为橡胶植物类、树脂植物类、树胶和糊料植物类、挥发油植物类、油脂植物类、蜡料植物类、鞣料植物类、染料植物类、纤维植物类、造纸植物类、木材植物类、木栓植物类、植物化学原料类等 13 大类；自然原料植物部分又划分为食用植物类、饲料植物类、纤维植物类、药用植物类、有毒植物类等 5 大类。以上 18 大类再细分为 68 小类。

1953 年，日本学者西川五郎将工艺作物（含经济树种）划分为纤维料类、油蜡料类、糖料类、淀粉及糊料类、嗜好料类、橡胶和树脂料类、芳香油料类、香辛料类、单宁料类、染料类、药料类等 11 大类[3]。

20 世纪 50 年代初，我国树木学家陈植将经济树种划分为油脂蜡类、药用类、香料（精油）类、嗜好（饮料）类、鞣酸（单宁）类、染料类、砂糖类、淀粉类、栓皮类、纤维类、果树类等 11 大类[4]。

1961 年，中华人民共和国商业部土产废品局、中国科学院植物研究所按原料类别将经济植物划分为纤维类、淀粉及糖类、油脂类、鞣料类、芳香油类、树脂及树胶类、橡胶及硬橡胶类、药用类、土农药类、其他类等 10 大类[5]。

1991 年，中国科学院黄土高原综合科学考察队将黄土高原的野生植物资源划分为 21 类：淀粉及含糖植物、油脂植物、植物色素原料植物、饲用植物、蜜源植物、食用藻菌类、含维生素类植物、药用植物、纤维植物、鞣料植物、芳香油植物、树脂及树胶植物、经济昆虫的寄主植物、保持水土植物、防风固沙植物、与微生物共生的固氮植物、绿化美化保护环境植物、环境监测和抗污染植物、珍稀濒危保护植物、植物种质资源、引种驯化的经济植物等[6]。

2005 年，张卫明等在综述前人植物分类的基础上，开展了辛香料资源、特种植物胶资源、色素植物资源、植物源功能性食品、植物源化妆品、药用植物资源、特种野果植物资源、特种野生蔬菜资源、能源植物资源等 9 类植物资源的初步开发利用研究[7]。

2006 年，胡芳名、谭晓风、刘惠民等将经济树种划分为果木类、油料类、药用类、淀粉及糖类、芳香油料类、饮料类、调料类、化工类、竹类和其他类等共 10 大类[8]。

2013 年，谭晓风将经济林资源主要划分为果品类、油料类、药用类、能源类、香料类、饮料类、蔬菜类、化工类（包括纤维类、树脂树胶类、鞣料类、农药类）、饲料类和其他类等共 10 大类[9]。

我国水土流失区高效水土保持植物资源分类，参照前述分类成果，结合水土保持工作的特殊性，按其开发利用方向主要划分为食用类、药用类、化工类和其他类等 4 大类，详见下图。

据此，对 596 种全国高效水土保持植物资源进行整理后，发现：

（1）食用类：有 263 种。

（2）药用类：有 432 种。

（3）化工类：有 388 种。

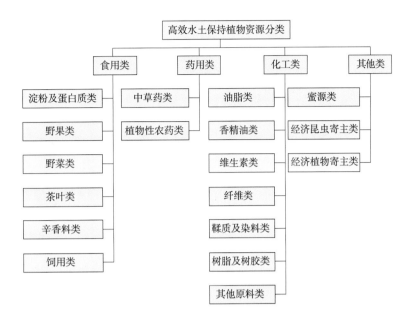

（4）其他类：有 145 种。

由于同一植物可能有不同的开发方向、同一植物可能分属几类，因此上述 4 大类的合计值，大于高效水土保持植物资源总数。

这一分类，涉及对植物资源初级产品的直接利用和加工利用两个方面。食用类、药用类植物是指对初级产品直接或稍加简单处理（如食用类的炒熟或干制等物理处理、药用类的炮制等）即可食用、药用的植物，这两类属于直接产品。而对以初级产品为原料，经过化学加工工艺过程获得次级产品的植物，则归入化工类。当然，加工利用方式又包括多层次加工利用，形成了产品系列链。蜜源类、经济昆虫寄主类、经济植物寄主类由于其特殊性，归为其他类。

全国高效水土保持植物资源，依不同开发利用方向的分类结果，详见附表 2。

下面按 4 大开发利用方向分述之。

一、食用方向

我国可用于食用开发利用方向的高效水土保持植物资源计 263 种。食用方向又可细划分为 6 个开发利用子方向，其中：淀粉及蛋白质类涉及 57 种，野果类涉及 115 种，野菜类涉及 33 种，茶叶类涉及 41 种，辛香料类涉及 16 种，饲草类涉及 45 种（同一种植物可能属于几个子方向，故子方向合计值有可能大于食用方向，下同）。

（一）淀粉及蛋白质利用

本类植物多为木本粮食树种，它们普遍含有淀粉、蛋白质等人类必需营养成分，通过采取果实、种子、枝叶等，替代或增加粮食。木本干果风味比较独特，营养丰富，污染小，食用安全，深受国人喜欢。

我国高效水土保持植物资源中，约 57 种植物器官中蕴藏着大量的淀粉，如银杏、榛子、板栗、茅栗、麻栎、栓皮栎等，是我国 20 世纪 50—60 年代木本粮油植物中"粮"的重要来源之一，其中：栗、枣、柿曾经被誉为我国"三大木本粮食树种"。植物资源以壳斗科植物所占较多。本类植物按科列名如下：

苏铁科：苏铁。

银杏科：银杏。

松科：红松、华山松、油松、马尾松。

红豆杉科：香榧。

买麻藤科：买麻藤。

蔷薇科：西北枸子、火棘、玫瑰、黄蔷薇、黄刺玫、扁桃。

苏木科：肥皂荚、皂荚、野皂荚。

蝶形花科：紫藤、木豆。

桦木科：白桦。

榛科：榛子。

壳斗科：水青冈、板栗、锥栗、茅栗、栲树、高山栲、石栎、多穗石栎、麻栎、蒙古栎、栓皮栎。

胡桃科：核桃、黑核桃、漾濞核桃、核桃楸、野核桃、山核桃、薄壳山核桃。

榆科：榆树。

山龙眼科：澳洲坚果。

葫芦科：罗汉果。

椴树科：破布叶。

梧桐科：苹婆、梧桐。

大戟科：蝴蝶果。

山榄科：紫荆木、海南紫荆木、锈毛梭子果。

橄榄科：橄榄。

漆树科：豆腐果、腰果。

槭树科：元宝槭。

七叶树科：七叶树。

木犀科：桂花、茉莉花。

夹竹桃科：面条树。

这些植物可进行淀粉及蛋白质方向的直接利用。

（二）野果利用

本类指对野生果木树种的直接利用。这类植物主要指果实可直接食用的高效水土保持植物，如刺梨、猕猴桃、酸枣、山葡萄、笃斯等，在我国约有 94 种，一般多可进行饮料或食品方向加工利用。饮料产品包括对核果、梨果、浆果类等的加工产品，植物资源以蔷薇科植物居多。本类植物按科列名如下：

番荔枝科：番荔枝。

五桠果科：五桠果、小花五桠果。

蔷薇科：山楂、野山楂、枇杷、花楸树、榅桲、木瓜、秋子梨、白梨、山荆子、湖北海棠、苹果、新疆野苹果、花红、楸子、刺梨、山刺玫、山莓、覆盆子、黑树莓、茅莓、樱桃、欧李、郁李、毛樱桃、李、杏、山杏、藏杏、桃、西藏桃、梅、西藏木瓜、扁核木、青刺果。

苏木科：酸豆。

醋栗科：刺李、黑果茶藨、红茶藨子、欧洲醋栗、水葡萄茶藨子。

山茱萸科：头状四照花。

忍冬科：荚蒾、鸡树条荚蒾、蓝靛果。

杨梅科：矮杨梅。

桑科：桑、波罗蜜、无花果、馒头果。

山龙眼科：广东山龙眼。

白花菜科：刺山柑。

西番莲科：鸡蛋果。

木棉科：猴面包树、瓜栗、榴莲。

金虎尾科：凹缘金虎尾。

蒺藜科：盐生白刺、白刺。

大戟科：余甘子。

猕猴桃科：中华猕猴桃、软枣猕猴桃。

越橘科：越橘、笃斯、乌饭树、苍山越橘。

山竹子科：岭南山竹子。

桃金娘科：桃金娘、番石榴、莲雾。

石榴科：石榴。

使君子科：费氏榄仁。

胡颓子科：胡颓子、沙枣、牛奶子、西藏沙棘、中国沙棘、蒙古沙棘、中亚沙棘、江孜沙棘。

鼠李科：枳椇、枣树、酸枣、滇刺枣。

葡萄科：山葡萄、葡萄。

紫金牛科：杜茎山、朱砂根、酸藤子。

柿树科：柿。

山榄科：星苹果、牛心果、牛油果。

芸香科：柠檬、柚、宜昌橙、甜橙、温州蜜柑、金橘、黄皮、酒饼簕。

橄榄科：乌榄。

楝科：兰撒。

无患子科：龙眼、荔枝、红毛丹。

漆树科：杧果、岭南酸枣、南酸枣、阿月浑子。

木樨科：油橄榄。

棕榈科：海枣。

这些植物可按野果类直接食用，或间接开发利用。

（三）野菜利用

传统意义上的野菜，指的是野生的可以食用的草本植物。野菜一般有着纯净的品质，是大自然的美妙馈赠，在灾荒年间常能救万民与饥肠辘辘。太平盛世，由于野菜无污染，营养丰富，清新可口，是绝佳的食材之一，不但登上了高级饭店的餐桌，也成了人们日常的保健食品，深受人们的青睐。

本类不仅指草本植物，而且主要指可作为野菜的乔灌木树种。本类高效水土保持植物资源约有33种。草本类中的黄花菜、石刁柏（芦笋）、长白楤木、紫花苜蓿等，木本类中的香椿、楤木、栾树、刺槐、槐树、花椒、刺五加等的嫩芽或枝叶，均是十分美味的野菜，而且营养价值很高，近年来成为人们猎食野菜食谱中的拿手菜。本类植物按科列名如下：

苏木科：酸豆。

木棉科：猴面包树。

榆科：榆树。

茄科：宁夏枸杞、枸杞、新疆枸杞。

蝶形花科：刺槐、槐树、紫花苜蓿。

五加科：刺楸、刺五加、五加、辽东楤木、长白楤木。

白花菜科：树头菜。

西番莲科：鸡蛋果。

锦葵科：木槿、白脚桐棉。

越橘科：乌饭树。

铁青树科：赤苍藤。

芸香科：花椒。

楝科：香椿。

无患子科：栾树。

芍药科：紫斑牡丹。

菊科：盐蒿、艾。

茄科：宁夏枸杞、枸杞、新疆枸杞、旋花茄。

唇形科：薄荷、香薷。

百合科：黄花菜、石刁柏。

露兜树科：露兜树。

禾本科：毛竹。

这些植物可按野菜方向，进行直接利用。

（四）茶叶利用

茶叶，传统概念上专指茶树的芽和叶，现在泛指可用于泡茶的所有植物的芽、叶（包括香草）、花蕾、种子、果实甚至全草等，以及用这些材料泡制的饮料。目前，茶的品种除常见的绿茶、红茶、乌龙茶、花茶等外，还有银杏茶、金银花茶、苦丁茶、沙棘茶等保健茶产品。当然这些都是传统的国货，饮料还应包括舶来品，如咖啡、可可等。可作为茶叶资源进行加工利用的高效水土保持植物约 41 种。本类植物按科列名如下：

银杏科：银杏。

买麻藤科：买麻藤。

木兰科：玉兰、含笑。

蔷薇科：山楂、野山楂、山荆子、湖北海棠、玫瑰、刺梨。

蝶形花科：葫芦茶。

忍冬科：忍冬、华南忍冬、茹腺忍冬、灰毡毛忍冬、细毡毛忍冬、黄褐毛忍冬。

杜仲科：杜仲。

葫芦科：绞股蓝、罗汉果。

山茶科：茶。

冬青科：苦丁茶。

鼠李科：枣树。

柿树科：柿。

无患子科：龙眼。

漆树科：黄连木。

木犀科：桂花、茉莉花。

夹竹桃科：罗布麻、白麻。

茜草科：栀子、大粒咖啡。

马鞭草科：柠檬马鞭草。

菊科：菊花。

茄科：宁夏枸杞、枸杞、新疆枸杞。

唇形科：鼠尾草、百里香、碎米桠（冬凌草）。

这些植物可按茶叶直接利用，或间接开发利用。

（五）辛香料利用

辛香料是食用香料植物的总称。食用香料植物含香味的部分，常集中于植物的特定器官，可以是果实、茎、叶、种子、树皮、花蕾等，一般可用干燥或调制的方法制成各种辛香料。辛香料可用于菜肴的烹调和食品加工，使食品呈现人们嗜好的香、辛或辣等味，还有呈色、抑菌、抗氧化和调节人体机能等作用。辛香料主要来源于唇形科、伞形科、姜科和百合科等植物。构成辛香料特征风味的主要物质是其所含的萜烯类、醇类、生物碱、酯类等物质[10]。

高效水土保持植物资源中的辛香料类植物约 16 种，包括我国大宗辛香料植物，如桂皮、八角、肉豆蔻、胡椒、花椒、青花椒等，资源丰富，产销量很大。本类植物按科列名如下：

芸香科：花椒。

八角科：八角。

五味子科：五味子。

樟科：山胡椒、肉桂、香桂。

肉豆蔻科：肉豆蔻。

芸香科：青花椒、野花椒、吴茱萸。

胡椒科：胡椒。

唇形科：鼠尾草。

姜科：草豆蔻、白豆蔻、草果、砂仁。

这些植物可按辛香料方向，直接利用（有些植物，如草果，可继续提取香气，用于高档香水生产，其归类则应为化工类）。

（六）饲草利用

牧草是能被草食动物所采食的所有植物资源，包括用于直接放牧和刈割后饲喂动物的青草和干草、青储饲料、草粉、灌木和半灌木、乔木枝叶等[11]。因此，所谓动物饲用的"牧草"，包括的范围很广，种类很多，不仅指草类，也包括其他植物资源。高效水土保持植物植物资源中，已经发现有饲用潜力的饲料植物有 45 种，包括蝶形花科、壳斗科、桑科、荨麻科、柽柳科、胡颓子科、蓼科、藜科、茄科等植物，可用于直接饲喂牲畜或作青储饲料。本类植物按科列名如下：

蝶形花科：刺槐、砂生槐、紫穗槐、葛藤、紫藤、木豆、骆驼刺、铃铛刺、胡枝子、紫花苜蓿、沙打旺、红豆草。

山茱萸科：毛梾。

五加科：刺楸。

忍冬科：水红木。

榛科：榛子。

壳斗科：麻栎、蒙古栎、栓皮栎。

榆科：榆树。

桑科：桑、葎草。

荨麻科：苎麻、水麻。

柽柳科：多枝柽柳、沙生柽柳、红砂。

西番莲科：鸡蛋果。

梧桐科：苹婆、可可。

锦葵科：海滨锦葵。

大戟科：肥牛树。

胡颓子科：胡颓子、沙枣、牛奶子、中国沙棘、蒙古沙棘、中亚沙棘、江孜沙棘。

蓼科：沙拐枣。

藜科：梭梭、木地肤。

紫草科：聚合草。

龙舌兰科：剑麻。

棕榈科：油棕。

这些植物可进行饲用方向的直接利用。

二、药用方向

我国有 432 种高效水土保持植物资源，占高效水土保持植物资源总数的 72.5%，可进行药用开发利用。药用方向又可细划分为 2 个开发利用子方向，其中：中草药类涉及 429 种，植物性农药类涉及 15 种。

（一）中草药利用

中药主要由植物药（根、茎、叶、花、果）、动物药（内脏、皮、骨、器官等）和矿物药组成。因植物药占中药的大多数，所以中药也称中草药。中草药是中医预防治疗疾病所使用的独特药物，也是中医区别于其他医学的重要标志。把各种药材相配伍而形成的方剂，数不胜数。

高效水土保持植物资源中的中草药类植物数量最为庞大，约有 408 种，占 68.5%，大部分自然分布或人工栽培在山丘区等水土流失地区。比如银杏、杜仲、山楂、接骨木、五味子、丁香、诃子、刺五加、枸杞、酸枣等，数不胜数。就连最为常见的臭椿都能治疗多种精神忧郁病，目前正被研究作为有潜力的治疗癌症的药物。这类植物资源中，杜仲、厚朴和黄檗曾被誉为我国"三大木本药材"。本类植物按科列名如下：

卷柏科：卷柏、江南卷柏。

水龙骨科：石韦。

苏铁科：苏铁。

银杏科：银杏。

松科：红松、华山松、油松、马尾松。

柏科：侧柏、叉子圆柏、圆柏、杜松。

罗汉松科：罗汉松。

三尖杉科：三尖杉、中国粗榧、海南粗榧。

红豆杉科：红豆杉、东北红豆杉、香榧。

麻黄科：中麻黄、草麻黄、木贼麻黄、单子麻黄。

木兰科：厚朴、荷花玉兰、玉兰、紫玉兰、望春玉兰、山玉兰、白兰、含笑。

八角科：八角。

五味子科：华中五味子、五味子。

番荔枝科：番荔枝。

樟科：山鸡椒、山胡椒、香叶树、肉桂、阴香、新樟、红润楠。

肉豆蔻科：肉豆蔻。

五桠果科：锡叶藤。

牛栓藤科：红叶藤。

蔷薇科：珍珠梅：灰栒子、火棘、山楂、野山楂、石楠、光叶石楠、枇杷、花楸树、楒梓、木瓜、西藏木瓜、白梨、湖北海棠、楸子、玫瑰、多花蔷薇、金樱子、黄刺玫、刺梨、山刺玫、山莓、覆盆子、茅莓、稠李、樱桃、欧李、郁李、毛樱桃、李、杏、山杏、山桃、蒙古扁桃、长柄扁桃、桃、西藏桃、梅、扁核木、青刺果。

腊梅科：山腊梅、腊梅。

苏木科：云实、肥皂荚、皂荚、铁刀木、翅荚决明、望江南、白花油麻藤、酸豆。

含羞草科：金合欢、黑荆树、鸭腱藤、围涎树。

蝶形花科：花榈木、槐树、白刺花、砂生槐、苦参、海南鸡血藤、鸡血藤、厚果崖豆藤、紫藤、紫檀、降香黄檀、槐蓝、紫穗槐、葛藤、骆驼刺、葫芦茶、小槐花、格木。

野茉莉科：白花树、白叶安息香。

山矾科：白檀。

伞形科：新疆阿魏、阜康阿魏。

山茱萸科：头状四照花、山茱萸。

五加科：常春藤、五加、三加、楤木。

忍冬科：早禾树、水红木、珍珠荚蒾、荚蒾、鸡树条荚蒾、接骨木、风吹箫、蓝靛果、金银忍冬、忍冬、华南忍冬、菰腺忍冬、灰毡毛忍冬、细毡毛忍冬、黄褐毛忍冬、盘叶忍冬、糯米条、六道木。

金缕梅科：枫香树、檵木。

黄杨科：黄杨、雀舌黄杨、野扇花。

西蒙德木科：西蒙德木。

交让木科：牛耳枫。

杨梅科：矮杨梅。

桦木科：白桦、黑桦、桤木。

榛科：榛子。

壳斗科：板栗、锥栗、麻栎、蒙古栎。

胡桃科：化香树、核桃楸。

榆科：榆树、异色山黄麻、油朴。

桑科：桑、构树、波罗蜜、榕树、无花果、地枇杷、啤酒花、葎草。

荨麻科：苎麻、水麻、紫麻。

杜仲科：杜仲。

胭脂树科：胭脂树。

大风子科：海南大风子、柞木。

沉香科：土沉香。

瑞香科：了哥王、荛花、河朔荛花、白瑞香、瑞香、黄瑞香、莞花、结香。

海桐科：柄果海桐。

白花菜科：树头菜、野香橼花、马槟榔、刺山柑。

柽柳科：柽柳、多枝柽柳、水柏枝。

西番莲科：鸡蛋果。

葫芦科：绞股蓝、罗汉果。

椴树科：破布叶、扁担杆。

梧桐科：苹婆、胖大海、梧桐、蛇婆子、可可。

木棉科：猴面包树、木棉、榴莲。

锦葵科：朱槿、木芙蓉、木槿、海滨木槿、海滨锦葵。

蒺藜科：盐生白刺、白刺。

大戟科：余甘子、算盘子、黑面神、石栗、油桐、麻风树、巴豆、蓖麻、粗糠柴、白背叶、野梧桐、乌桕、山麻杆、金刚纂、草沉香。

山茶科：山茶、金花茶。

猕猴桃科：中华猕猴桃、软枣猕猴桃。

越橘科：越橘、笃斯、乌饭树。

金丝桃科：金丝梅。

桃金娘科：岗松、桃金娘、番石榴、水榕、海南蒲桃、蒲桃、莲雾。

红树科：角果木、秋茄树。

石榴科：石榴。

使君子科：诃子、使君子。

野牡丹科：野牡丹。

冬青科：铁冬青、苦丁茶、枸骨。

卫矛科：卫矛、扶芳藤、灯油藤、南蛇藤、雷公藤。

铁青树科：赤苍藤。

胡颓子科：胡颓子、沙枣、牛奶子、西藏沙棘、中国沙棘。

鼠李科：圆叶鼠李、鼠李、冻绿、枳椇、马甲子、枣树、酸枣、滇刺枣。

葡萄科：葡萄、崖爬藤、爬山虎、白粉藤、四方藤。

紫金牛科：杜茎山、罗伞树、朱砂根、酸藤子、铁仔。

山榄科：人心果。

芸香科：代代花、柚、宜昌橙、温州蜜柑、枳、金橘、花椒、青花椒、野花椒、吴茱萸、黄皮、酒饼簕、黄柏、川黄柏。

苦木科：臭椿、鸦胆子。

橄榄科：橄榄、乌榄。

楝科：米仔兰、兰撒、苦楝、川楝、香椿。

无患子科：无患子、栾树、龙眼、荔枝、红毛丹、茶条木、文冠果、车桑子。

清风藤科：清风藤。

漆树科：腰果、杧果、南酸枣、清香木、阿月浑子、盐肤木、红麸杨、青麸杨、漆树、野漆树。

七叶树科：七叶树。

省沽油科：野鸦椿。

醉鱼草科：驳骨丹、密蒙花、醉鱼草。

马钱科：马钱子。

木犀科：白蜡树、连翘、茉莉花、女贞、暴马丁香。

夹竹桃科：罗布麻、白麻、山橙、鹿角藤、络石、杜仲藤、长春花、面条树。

萝藦科：牛角瓜、通光散、萝藦。

茜草科：钩藤、栀子、虎刺。

紫葳科：木蝴蝶。

马鞭草科：黄荆、荆条、蔓荆、单叶蔓荆、海州常山、过江藤、柠檬马鞭草。

木通科：木通、五风藤。

防己科：蝙蝠葛、千金藤、青风藤。

南天竹科：南天竹。

小檗科：十大功劳。

马兜铃科：木通马兜铃。

胡椒科：胡椒、海南蒟、细叶青篓藤、海风藤。

金粟兰科：金粟兰、草珊瑚。

蓼科：何首乌。

千屈菜科：虾子花、紫薇。

蓝雪科：白花丹、紫花丹。

菊科：茄叶斑鸠菊、艾纳香、羊耳菊、山蒿、盐蒿、黑沙蒿、白沙蒿、白莲蒿、茵陈蒿、菊花蒿、艾、菊花、蟛蜞菊。

茄科：宁夏枸杞、枸杞、新疆枸杞、黑果枸杞、旋花茄、刺天茄。

旋花科：丁公藤、飞蛾藤、白花银背藤、白鹤藤。

爵床科：小驳骨、大驳骨、鸭嘴花。

酢浆草科：阳桃。

唇形科：薄荷、留兰香、薰衣草、鼠尾草、香薷、百里香、碎米桠。

姜科：草豆蔻、益智、白豆蔻、草果、砂仁。

百合科：黄花菜、石刁柏。

龙舌兰科：剑麻。

棕榈科：槟榔、白藤。

露兜树科：露兜树。

禾本科：香茅。

这些植物可按中草药方向，进行直接利用。

（二）植物性农药利用

植物性农药，亦即土农药植物，属生物农药范畴内的一个分支，指利用植物所含的稳定的有效成分，按一定的方法对受体植物进行使用后，使其免遭或减轻病、虫、杂草等有害生物为害的植物源制剂。各种植物性农药通常不是单一的一种化合物，而是植物有机体的全部或一部分有机物质，成分复杂多变，但一般都包含在生物碱、糖苷、有毒蛋白质、挥发性香精油、单宁、树脂、有机酸、酯、酮、萜等各类物质中。从广义上讲，富含这些高生理活性物质的植物均有可能被加工成农药制剂，其数量和物质类别丰富，是目前国内外备受人们重视的第三代农药的药源之一。

植物性农药类计有 15 种，如马桑、木槿、算盘子、蓖麻、醉鱼草等，它们含有除虫菊素、植物碱、糖苷类等物质，有杀虫灭菌或除莠的功能。本类植物按科列名如下：

马桑科：马桑。

蔷薇科：桃。

胡桃科：核桃楸。

瑞香科：莞花。

锦葵科：木槿。

大戟科：算盘子、麻风树、蓖麻。

山茶科：油茶。

桃金娘科：大叶桉。

卫矛科：雷公藤。

胡颓子科：牛奶子。

芸香科：青花椒。

醉鱼草科：醉鱼草。

菊科：艾。

这些植物可按植物性农药方向，进行直接利用。

三、化工方向

我国有 388 种高效水土保持植物资源可用于化工方向的开发利用。化工方向又可细划分为 7 个开发利用子方向，其中：油脂类涉及 186 种，香精油类涉及 93 种，维生素类涉及 24 种，纤维类涉及 68 种，鞣质及染料类涉及 106 种，树脂及树胶类涉及 24 种，其他原料类涉及 40 种。

（一）油脂利用

木本油料产业是我国的传统产业，也是提供健康优质食用植物油的重要来源。油脂类高效水土保持植物资源约 186 种，其中：油茶、油桐、核桃、乌桕被誉为我国"四大木本油料树种"。红松籽、华山松子炒熟后可直接食用；油茶、油橄榄、蝴蝶果、油朴、槟木、文冠果等为很好的食用油源，其他多数为工业用油或生物柴油类植物。其中：可用于生物柴油的高效水土保持植物资源约 39 种，包括长圆叶新木姜、多果新木姜、杨叶木姜子、秦岭木姜子、木姜子、山鸡椒、江浙山胡椒、广东山胡椒、山胡椒、香叶树、红脉钓樟、黄脉钓樟、猴樟、樟树、云南樟、黄樟、卵叶桂、长柄扁桃、油楠、白花树、光皮树、牛耳枫、山核桃、油朴、海滨木槿、海滨锦葵、石栗、油桐、千年桐、麻风树、巴豆、蓖麻、石岩枫、粗糠柴、毛桐、野桐、乌桕、绿玉树、油茶、华南青皮木、黄连木等。

本类植物按科列名如下：

松科：红松、华山松、油松、马尾松。

柏科：侧柏、圆柏。

三尖杉科：三尖杉、中国粗榧、海南粗榧、东北红豆杉。

红豆杉科：云南榧树。

买麻藤科：买麻藤。

八角科：八角。

五味子科：华中五味子。

番荔枝科：番荔枝。

樟科：长圆叶新木姜、多果新木姜、杨叶木姜子、秦岭木姜子、木姜子、山鸡椒、江浙山胡椒、广东山胡椒、山胡椒、香叶树、红脉钓樟、黄脉钓樟、猴樟、樟树、云南樟、黄樟、卵叶桂、红润楠。

肉豆蔻科：红光树、肉豆蔻、琴叶风吹楠、滇南风吹楠、风吹楠。

五桠果科：五桠果。

马桑科：马桑。

蔷薇科：西北枸子、石楠、光叶石楠、木瓜、覆盆子、稠李、郁李、毛樱桃、扁桃、山桃、长柄扁桃、桃、青刺果。

苏木科：云实、肥皂荚、皂荚。

含羞草科：鸭腱藤。

蝶形花科：苦参、树锦鸡儿、紫穗槐、葛藤。

野茉莉科：白花树。

山茱萸科：灯台树、红瑞木、光皮树、梾木、毛梾。

五加科：刺楸、刺五加、辽东楤木。

忍冬科：水红木、珍珠荚蒾、荚蒾、鸡树条荚蒾、接骨木。

西蒙德木科：西蒙德木。

交让木科：牛耳枫。

桦木科：白桦、黑桦。

榛科：榛子。

壳斗科：水青冈。

胡桃科：核桃、漾濞核桃、核桃楸、野核桃、山核桃、薄壳山核桃。

榆科：榆树、油朴。

荨麻科：苎麻。

杜仲科：杜仲。

大风子科：柞木、山桐子。

沉香科：土沉香。

瑞香科：了哥王。

山龙眼科：澳洲坚果。

西番莲科：鸡蛋果。

杜英科：杜英。

梧桐科：梧桐、可可、瓜栗。

木棉科：木棉。

锦葵科：海滨木槿、海滨锦葵。

大戟科：余甘子、重阳木、石栗、油桐、千年桐、麻风树、巴豆、蓖麻、蝴蝶果、石岩枫、粗糠柴、毛桐、白背叶、野桐、野梧桐、乌桕、山麻杆、橡胶树。

山茶科：油茶、山茶、金花茶、茶。

山竹子科：铁力木、岭南山竹子。

卫矛科：卫矛、灯油藤、南蛇藤。

铁青树科：蒜头果、华南青皮木。

胡颓子科：翅果油树、肋果沙棘、西藏沙棘、中国沙棘、蒙古沙棘、中亚沙棘、江孜沙棘。

鼠李科：圆叶鼠李、鼠李、冻绿、马甲子。

葡萄科：山葡萄。

紫金牛科：朱砂根。

山榄科：紫荆木、海南紫荆木、锈毛梭子果、牛油果。

芸香科：柚、花椒。

苦木科：臭椿。

橄榄科：橄榄、乌榄。

无患子科：无患子、栾树、茶条木、文冠果、车桑子。

漆树科：豆腐果：腰果、岭南酸枣、厚皮树、黄连木、清香木、阿月浑子、盐肤木、红麸杨、青麸杨、漆树、木蜡树、野漆树。

槭树科：元宝槭、色木槭。

省沽油科：野鸦椿。

木犀科：连翘、桂花、油橄榄、女贞。

夹竹桃科：夹竹桃。

芍药科：紫斑牡丹。

木通科：木通、五风藤。

南天竹科：南天竹。

棕榈科：油棕。

这些植物可进行油脂方向的直接和间接开发利用。

（二）香精油利用

香精油亦称精油，化学和医药上称之为挥发油，商业上称之为芳香油。香精油指具特殊香气的挥发性油，从植物的花、果皮、茎、叶或全株等，采用水蒸气蒸馏、压榨或溶剂萃取等得到的芳香挥发性油状液体，可用于日化及食用香精或提取单离香料等多种用途。

香精油类高效水土保持植物资源有93种。木姜子、樟树、枫茅、夷兰等都是我国目前用于生产的香料植物；桂油、松节油、柏木油等产量居世界前列；国际贸易较大的还有花椒油、肉桂油、薄荷油、留兰香油、桉叶油、黄樟油、薰衣草油、茉莉浸膏等。本类植物按科列名如下：

柏科：柏木。

木兰科：厚朴、荷花玉兰、玉兰、紫玉兰、白兰、云南含笑、含笑。

番荔枝科：夷兰。

樟科：杨叶木姜子、秦岭木姜子、木姜子、山鸡椒、江浙山胡椒、广东山胡椒、山胡椒、香叶树、红脉钓樟、猴樟、黄樟、红润楠、团花新木姜、香叶子、华南桂、肉桂、香桂、阴香、新樟、滇润楠。

肉豆蔻科：肉豆蔻。

蔷薇科：玫瑰、多花蔷薇、黄蔷薇、黄刺玫、梅。

腊梅科：腊梅。

含羞草科：金合欢。

蝶形花科：紫藤。

野茉莉科：白花树。

五加科：五加。

忍冬科：忍冬。

金缕梅科：枫香树。

桦木科：香桦。

桑科：啤酒花。

半日花科：岩蔷薇。

沉香科：土沉香。

桃金娘科：岗松、柠檬桉、蓝桉、赤桉、细叶桉、大叶桉、窿缘桉。

芸香科：花椒、代代花、柠檬、枳、黄柏、川黄柏。

楝科：香椿。

漆树科：黄连木、清香木。

醉鱼草科：密蒙花、醉鱼草。

木犀科：桂花、茉莉花、暴马丁香。

夹竹桃科：络石。

茜草科：栀子。

马鞭草科：黄荆、荆条、单叶蔓荆、柠檬马鞭草。

胡椒科：海风藤。

金粟兰科：金粟兰、草珊瑚。

千屈菜科：散沫花。

菊科：白莲蒿、黄花蒿、艾、菊花。

唇形科：香柠檬薄荷、留兰香、丁香罗勒、薰衣草、鼠尾草、迷迭香。

姜科：益智、草果、砂仁。

露兜树科：露兜树。

禾本科：香茅、亚香茅。

这些植物可进行香精油方向的直接和间接开发利用。

（三）维生素利用

维生素又名维他命，通俗来讲，即维持生命的物质，是维持人体生命活动必需的一类有机物质，也是保持人体健康的重要活性物质。这类物质由于体内不能合成或合成量不足，所以虽然需要量很少，但必须经常通过食物来获取。维生素是人体代谢中必不可少的有机化合物。人体犹如一座极为复杂的化工厂，不断地进行着各种生化反应。其反应与酶的催化作用有密切关系。酶要产生活性，必须有辅酶参加。已知许多维生素是酶或者辅酶的组成分子。因此，维生素是维持和调节机体正常代谢的重要物质。可以认为，最好的维生素是以"生物活性物质"的形式，存在于人体组织中。

归入本类的高效水土保持植物资源24种。刺梨、沙棘、余甘子、青刺果、蔷薇等果实中含有丰富的维生素C；柑橘皮中的维生素E含量很高；一些植物的花和叶中含有大量的维生素B。这些植物维生素类与谷物、豆类、肉蛋奶一起，提供了人体所需的各类维生素，保障了肌体的正常运转。本类植物按科列名如下：

蔷薇科：木瓜、玫瑰、金樱子、黄刺玫、刺梨、山莓、郁李、毛樱桃、桃、青刺果。

胡桃科：山核桃。

金虎尾科：凹缘金虎尾。

大戟科：余甘子。

猕猴桃科：中华猕猴桃。

石榴科：石榴。

使君子科：费氏榄仁。

胡颓子科：肋果沙棘、中国沙棘、蒙古沙棘、中亚沙棘、江孜沙棘。

芸香科：柚、柠檬。

漆树科：腰果。

这些植物可进行维生素方向的直接和间接开发利用。

（四）纤维利用

植物纤维是广泛分布在种子植物中的一种厚壁组织。它的细胞细长，两端尖锐，具有较厚的次生壁，壁上常有单纹孔，成熟时一般没有活的原生质体，在植物中主要起机械支持作用[12]。

高效水土保持植物资源中的纤维类植物约 68 中，主要包括禾本科、棕榈科等单子叶植物的杆叶，榆、桑、苎麻、锦葵等的茎、皮部或果实的棉毛，用以纺织、造纸、编制等。瑞香科、桑科一些植物的韧皮纤维是制造特种纸张和高级文化用纸的最好原料；用来生产"葛布"的野葛、生产"夏布"的苎麻、罗布麻等均是很好的纺织用纤维材料；椴树科、梧桐科、桑科等的植物纤维可以纺织麻袋、绳索和帆布；棕榈科的黄藤、白藤，防己科的青风藤等，都是很好的纺织植物；木棉纤维是救生圈、枕芯等的优良填充料。本类植物按科列名如下：

果白科：芒萁。

买麻藤科：买麻藤。

五桠果科：锡叶藤。

含羞草科：鸭腱藤。

蝶形花科：紫藤、葛藤、海南鸡血藤、厚果崖豆藤、木豆。

忍冬科：鸡树条荚蒾。

胡桃科：化香树。

榆科：青檀、异色山黄麻。

桑科：桑、构树、榕树。

荨麻科：苎麻、水麻、紫麻、水丝麻。

胭脂树科：胭脂树。

瑞香科：了哥王、荛花、河朔荛花、北江荛花、白瑞香、莞花、结香。

椴树科：破布叶、扁担杆。

梧桐科：梧桐、绒毛苹婆、蛇婆子。

木棉科：猴面包树。

锦葵科：朱槿、木芙蓉、木槿、白脚桐棉。

大戟科：蓖麻、石岩枫、毛桐、白背叶、野桐、山麻杆。

卫矛科：卫矛、雷公藤。

胡颓子科：胡颓子。

漆树科：厚皮树。

槭树科：色木槭。

醉鱼草科：密蒙花。

夹竹桃科：络石、夹竹桃、罗布麻、白麻、山橙。

萝藦科：牛角瓜、通光散、萝藦。

茜草科：钩藤。

马鞭草科：单叶蔓荆。

木通科：木通、五风藤。

防己科：青风藤。

龙舌兰科：剑麻。

棕榈科：海枣、黄藤、白藤。

禾本科：毛竹。

这些植物可进行植物纤维方向的直接和间接开发利用。

（五）鞣质及染料利用

鞣质，又称单宁，是有机酚类复杂化合物的总称。栲胶是它的商品名称，指从含鞣质植物中浸提出的产品。鞣质广泛分布于植物之中，高效水土保持植物资源中含鞣质较多的植物有106种。如松柏科的油松、铁杉，胡桃科的化香树，壳斗科的栓皮栎，漆树科的盐肤木，红树科的角果木、秋茄树，蔷薇科的悬钩子、含羞草科的黑荆树等。鞣质本身也是染料和媒染剂，可做染料的植物有茜草科的栀子等。在织物染色行业回归自然的浪潮下，天然植物染料仍有着其特殊的地位。本类植物按科列名如下：

松科：铁杉。

樟科：樟树。

五桠果科：小花五桠果。

马桑科：马桑。

牛栓藤科：红叶藤。

蔷薇科：郁李、山莓、稠李、三裂绣线菊、灰栒子、山荆子、山刺玫、茅莓。

苏木科：云实、铁刀木、望江南。

含羞草科：金合欢、黑荆树、围涎树。

蝶形花科：苦参、槐蓝。

山茱萸科：灯台树、毛梾、头状四照花。

五加科：刺楸、常春藤。

忍冬科：水红木、金银忍冬。

金缕梅科：枫香树、檵木。

桦木科：白桦、黑桦、桤木。

榛科：榛子。

壳斗科：板栗、锥栗、茅栗、栲树、高山栲、石栎、栓皮栎、麻栎、蒙古栎。

胡桃科：化香树、核桃、核桃楸。

榆科：异色山黄麻。

桑科：榕树。

胭脂树科：胭脂树。

白花菜科：树头菜。

柽柳科：柽柳、沙生柽柳。

杜英科：杜英。

木棉科：木棉。

大戟科：余甘子、算盘子、黑面神、石栗、油桐、千年桐、蝴蝶果、粗糠柴、野梧桐、乌桕。

山茶科：油茶。

山竹子科：岭南山竹子。

桃金娘科：岗松、赤桉、细叶桉、大叶桉、窿缘桉、桃金娘、番石榴。

红树科：角果木、秋茄树。

石榴科：石榴。

使君子科：诃子。

冬青科：铁冬青。

卫矛科：卫矛。

铁青树科：赤苍藤。

鼠李科：圆叶鼠李、鼠李、冻绿、滇刺枣。

紫金牛科：铁仔。

山榄科：海南紫荆木。

芸香科：枳。

无患子科：栾树、荔枝。

漆树科：腰果、南酸枣、厚皮树、黄连木、阿月浑子、红麸杨、青麸杨、野漆树。

槭树科：色木槭、元宝槭。

七叶树科：七叶树。

省沽油科：野鸦椿。

醉鱼草科：密蒙花。

木犀科：暴马丁香。

蓼科：沙拐枣。

千屈菜科：虾子花。

棕榈科：槟榔。

这些植物可进行鞣质及染料方向的直接和间接开发利用。

（六）树脂及树胶利用

树脂是植物体分泌的一种碳氢化合物，在空气中易变为硬而脆的无定形固体或半固体；通常透明或半透明，淡黄色至褐色，具有一种特殊的光泽；能溶解于乙醚等有机溶剂，不溶于水；具有绝缘性。大多数植物树脂的化学成分由脂肪化合物、萜类化合物、芳香族化合物等组成，为重要的工业原料。中国树脂的重要产品有松脂、生漆、枫脂、冷杉树脂、络石树脂等。植物树脂被埋入地下成为化石后，被称为琥珀。

树胶是生物的分泌物，其化学组成均具有相似的半乳甘露聚糖结构，都有低浓度高黏度多糖胶的性质，能溶于水，广泛存在于植物果皮、种子等器官中，在食品、化妆品、医药及涂料等工业中有广泛的应用。

树脂及树胶类高效水土保持植物资源约 24 种，包括富含橡胶、硬胶、树脂、水溶性聚糖胶等的植物，如松科的铁杉，豆科的槐，杜仲科的杜仲，夹竹桃科的鹿角藤等，他们都能产各种胶脂。松脂是马尾松等松树树干流出物，每年产量很大，经提炼后生产脂松香和松节油，主要用于出口，在世界贸易中占有一定份额。树胶既可从树木中提取（如桃胶），也可从草本植物的种子中提取（如葫芦巴胶），都称"植物胶"，属于多糖类物质，水溶性好，在食品、化工、石油、冶金等行业得到大量使用。杜仲果皮、树叶、树皮等部位均含有丰富的杜仲胶，其中杜仲果内杜仲胶含量达 12%（果皮含胶率高达 17%），是世界上十分珍贵的优质天然橡胶资源。从杜仲中提取的胶类，已成为十分看好的解决橡胶资源的一个重大战略方向。但目前栽培的橡胶树，仍是国内橡胶的主要来源。本类植物按科列名如下：

松科：铁杉。

苏木科：野皂荚、油楠。

含羞草科：黑荆树。

蝶形花科：紫檀。

野茉莉科：白花树、白叶安息香。

桑科：白桂木、印度榕。

杜仲科：杜仲。

沉香科：土沉香。

梧桐科：绒毛苹婆。

木棉科：木棉。

大戟科：橡胶树。

猕猴桃科：中华猕猴桃。

越橘科：乌饭树。

桃金娘科：大叶桉。

胡颓子科：沙枣。

山榄科：人心果。

漆树科：杧果。

卫矛科：卫矛。

夹竹桃科：罗布麻、白麻、鹿角藤。

这些植物可进行树脂和树胶方向的直接和间接开发利用。

（七）其他原料利用

包括未列入以上开发方向的其他工业原料，如植物食用色素、甜味剂等，计40种。

目前，在发现合成色素对人体有害而逐渐被摒弃后，天然食用色素起来越受到人们欢迎。如山楂红色素、槟榔红色素、沙棘黄色素、栀子黄色素、多穗石柯棕色素等，已开发出了许多产品。许多植物果实中含有的胡萝卜素实际上是一种黄色素，现已发现有400多种胡萝卜化合物，其中β-胡萝卜素在人体内可转化为维生素 A，对人体十分有益。

传统上常用蔗糖作为甜味剂，但食用蔗糖可造成龋齿、肥胖、糖尿病和心脏病等病害，而合成的糖精对人体有害，许多国家已明令禁止，这就促使人们从植物中寻求更加安全、低能量、优质而廉价的新天然甜味剂。分布于山丘区的许多植物，如罗汉果、槟榔、多穗石柯等，甜味物质含量较高，有的已经在食品中得到广泛应用。

本类植物按科列名如下：

麻黄科：木贼麻黄。

蔷薇科：金樱子、黄蔷薇、黑树莓。

蝶形花科：紫檀、降香黄檀、格木。

忍冬科：六道木。

壳斗科：多穗石柯、栓皮栎。

胡桃科：核桃、黑核桃、核桃楸。

桑科：啤酒花。

沉香科：土沉香。

葫芦科：罗汉果。

大戟科：千年桐、乌桕、重阳木、橡胶树、绿玉树。

柿树科：柿。

漆树科：野漆树、漆树、木蜡树。

夹竹桃科：夹竹桃、杜仲藤。

萝藦科：牛角瓜。

茜草科：金鸡纳树。

马鞭草科：黄荆、荆条、蔓荆、海州常山。

菊科：艾纳香。

姜科：益智。

龙舌兰科：剑麻。

棕榈科：槟榔。

禾本科：柳枝稷、皇竹草、枫茅。

这些植物可进行食用色素、甜味剂等方向的直接和间接开发利用。

四、其他方向

我国可用于其他方面开发利用的高效水土保持植物资源计 145 种。其他方向又可细划分为 3 个开发利用子方向，其中：蜜源类涉及 114 种，经济昆虫寄主类涉及 22 种，经济植物寄主类涉及 16 种。

（一）蜂蜜利用

蜂蜜是蜜蜂从开花植物的花中采得的花蜜，在蜂巢中酿制的黄白色黏稠液体。蜂蜜是糖的过饱和溶液，低温时会产生结晶，生成结晶的是葡萄糖，不产生结晶的部分主要是果糖。

根据来源可将蜂蜜划分为天然蜜和甘露蜜。蜜蜂酿造蜂蜜时，它所采集的"加工原料"的来源主要是蜜源地花蜜，但在蜜源缺少时，蜜蜂也会采集甘露或蜜露，因此把蜂蜜分为天然蜜和甘露蜜。此外，还可根据蜜源植物多少，将蜂蜜划分为单花蜜和杂花蜜（百花蜜）。

中国大部分地区均有蜂蜜生产，以稠如凝脂、味甜纯正、清洁无杂质、不发酵者为佳。蜂蜜的主要成分为糖类，其中 60%~80% 是人体容易吸收的葡萄糖和果糖，主要作为营养滋补品、药用、加工蜜饯食品及酿造蜜酒之用，也可替代食糖作调味品。蜂蜜比蔗糖（砂糖的主要成分）更容易被人体吸收。所含的单糖，不需要经消化就可以被人体吸收，对妇、幼特别是老人更具有良好保健作用，因而被称为"老人的牛奶"。蜂蜜被誉为"大自然中最完美的营养食品"，古希腊人把蜜看做是"天赐的礼物"。中国从古代就开始人工养蜂采蜜，蜂蜜既是良药，又是上等饮料，可抗菌消炎，促进消化，提高免疫，延年益寿。

蜜源植物指所有气味芳香，或能制造花蜜以吸引蜜蜂，供蜜蜂采集花蜜和花粉的显花植物，它是养蜂的物质基础。根据泌蜜量的高低，分为主要蜜源植物和辅助蜜源植物。

主要蜜源植物：数量多、分布广、花期长、分泌花蜜量多、蜜蜂爱采、能生产商品蜜的植物，主要包括：粮食作物中的荞麦；油料作物中的油菜、向日葵、红花、芝麻；纤维作物中的棉花；蝶形花科牧草和绿肥中的紫花苜蓿、草木樨、红豆草、紫云英；果树中的柑橘、枣、荔枝、龙眼、枇杷；树木中的刺槐、椴树、桉树和荆条等；野草中的香薷、老瓜头、水苏，以及香料植物中的薰衣草、麝香草等，是蜂群周期性转地饲养的主要蜜源。

辅助蜜源植物：种类较多,能分泌少量花蜜和产生少量花粉的植物,如桃、梨、苹果、山楂等各种果树,以及一些林木、瓜类、蔬菜、花卉等。在主要蜜源植物开花期不相衔接时,可用以调剂食料供应,特别是在主要蜜源植物流蜜期到来前,可用以培育出大量青壮年蜂,为充分发挥主要流蜜期的优势,提高蜜蜂产品的产量和质量创造条件。

高效水土保持植物资源中的蜜源植物有114种,分布遍及全国。养蜂者故而根据南北方植物开花的时序,来迁徙放蜂采蜜。荆条花粉丰富,有利发展蜂群,一般亩产蜂蜜为20~50kg。刺槐花期短,丰富,一般亩产蜜为10~25kg。荔枝分早、中、晚3个品种,一般亩产蜜为20~50kg。椴树科的破布叶流蜜量较大,一般亩产为40~60kg,低山区有大小年现象。胡枝子流蜜不稳定,一般亩产蜜为10~40kg。乌桕流蜜量分大小年,一般亩产蜜20~40kg。龙眼流蜜分大小年,一般亩产蜜为10~30kg。桉树花期长,流蜜量大,一般亩产蜜为20~40kg,以窿缘桉、柠檬桉等流蜜好。还有许多草花,更为不同季节放蜂提供了便利条件。本类植物按科列名如下：

番荔枝科：番荔枝。

蔷薇科：三裂绣线菊、珍珠梅、灰栒子、西北栒子、火棘、山楂、野山楂、石楠、光叶石楠、枇杷、花楸树、榅桲、木瓜、秋子梨、白梨、山荆子、湖北海棠、苹果、新疆野苹果、花红、楸子、玫瑰、多花蔷薇、黄蔷薇、黄刺玫、刺梨、山刺玫、山莓、覆盆子、黑树莓、茅莓、稠李、樱桃、欧李、郁李、毛樱桃、李、杏、山杏、扁桃、山桃、蒙古扁桃、长柄扁桃、桃、扁核木、青刺果。

苏木科：铁刀木、翅荚决明、酸豆。

含羞草科：围涎树。

蝶形花科：刺槐、槐树、白刺花、砂生槐、紫藤、思茅黄檀、树锦鸡儿、紫穗槐、木豆、骆驼刺、铃铛刺、胡枝子、小槐花、紫花苜蓿、沙打旺、红豆草。

野茉莉科：白花树。

忍冬科：荚蒾、鸡树条荚蒾、接骨木、蓝靛果、忍冬。

桦木科：黑桦。

椴树科：破布叶。

大戟科：乌桕。

猕猴桃科：软刺猕猴桃。

桃金娘科：柠檬桉、赤桉、窿缘桉。

胡颓子科：翅果油树。

鼠李科：枣树、酸枣。

芸香科：代代花、柠檬、柚、宜昌橙、甜橙、温州蜜橘、枳、金橘、黄柏、川黄柏。

无患子科：龙眼、荔枝。

漆树科：南酸枣、盐肤木。

槭树科：元宝槭。

木犀科：暴马丁香。

夹竹桃科：罗布麻、白麻。

马鞭草科：黄荆、荆条。

蓼科：沙拐枣。

唇形科：薄荷、香柠檬薄荷、留兰香、丁香罗勒、薰衣草、尾草、迷迭香、香薷、百里香、碎米桠。这些植物可通过蜜蜂采集花蜜酿造蜂蜜,进而直接利用或间接开发利用。

（二）经济昆虫寄主产物利用

经济昆虫寄主植物，是指寄生昆虫（或饲喂昆虫）的分泌物或刺激产物，可作为人类开发利用原料的一类经济植物。高效水土保持植物资源中，各类经济昆虫寄主植物有22种，除桑养蚕、栓皮栎养柞蚕外，紫胶虫寄主植物有木豆、滇刺枣、酸豆、旋花茄等；五倍子蚜虫寄主植物有黄连木、红麸杨和盐肤木等；白蜡虫寄主植物有白蜡树、女贞等。本类植物按科列名如下：

番荔枝科：番荔枝。

樟科：黄樟。

苏木科：铁刀木、酸豆。

含羞草科：围涎树。

蝶形花科：木豆。

野茉莉科：白花树。

壳斗科：麻栎、蒙古栎、栓皮栎。

桑科：桑。

大风子科：柞木。

柽柳科：红砂。

大戟科：麻风树、蓖麻。

鼠李科：滇刺枣。

漆树科：黄连木、盐肤木、红麸杨、青麸杨。

木犀科：白蜡树、女贞。

茄科：旋花茄。

这些植物可进行经济昆虫分泌产品的直接和间接开发利用。

（三）寄生植物利用

寄生植物类计有16种，指以活的寄主有机体为食，从绿色的植物取得其所需的全部或大部分养分和水分的这一类植物。寄生植物大多寄生在山野植物和树木上，其中有些是药用植物；少数寄生植物寄生于农作物上，给农业生产造成较大危害。根据对寄主的依赖程度不同，寄生植物可分为两类：一类是半寄生植物，有叶绿素，能进行正常的光合作用，但根多退化，导管直接与寄主植物相连，从寄主植物内吸收水分和无机盐。例如，寄生在林木上的桑寄生、广寄生和槲寄生。另一类是全寄生植物，没有叶片或叶片退化成鳞片状，因而没有足够的叶绿素，不能进行正常的光合作用，导管和筛管与寄主植物相连，从寄主植物内吸收全部或大部养分和水分。例如，锁阳、肉苁蓉等。根据寄生部位不同，寄生植物还可分为茎寄生和根寄生。寄生在植物地上部分的为茎寄生，如桑寄生等；寄生在植物地下部分的为根寄生，如锁阳等。寄生植物对寄主植物的影响，主要是抑制其生长。草本植物受害后，主要表现为植株矮小、黄化，严重时全株枯死。木本植物受害后，通常出现落叶、落果、顶枝枯死、叶面缩小，开花延迟或不开花，甚至不结实。不过，寄生植物虽然影响了寄主生长，但自身的开发价值却普遍更大。

锁阳：多寄生在白刺属和红砂属等植物的根上。

肉苁蓉：多寄生于梭梭属根部。

列当：也称为草丛蓉，多寄生于蒿、桤木属植物的根部。

桑寄生、广寄生、槲寄生等：多寄生于一些树木的树干上，对树体影响大，在此不予推荐。

阿魏菇：寄生在阿魏根部。

本类植物按科列名如下：

伞形科：新疆阿魏、阜康阿魏。

桦木科：桤木。

柽柳科：多枝柽柳、沙生柽柳、红砂。

蒺藜科：白刺。

藜科：梭梭。

菊科：山蒿、盐蒿、黑沙蒿、白沙蒿、白莲蒿、茵陈蒿、黄花蒿、艾。

第三节　开发利用主要工艺

我国幅员辽阔，气候多样，植物资源非常丰富，特别是植物产品的加工系列多，产品链很长。茶油、桐油、苍子油、樟油、桉叶油等，都是初级加工利用产品，还可以再度对初级产品进行深加工，得到附加值更高的深加工产品。如茶油经过深加工，可以提炼生产保健品、化妆品等；桐油可经过深加工，生产高档油漆、树脂等；苍子油、樟油、桉叶油等芳香油，可经深加工，精制出各种高级香料、香精等。以下只是对高效水土保持植物资源加工利用工艺的初步介绍。

一、食用方向产品开发工艺

本类首先应做好原料的采收、分级和储藏，尽量减少原料数量损耗、质量下降，然后再进行开发利用。

（一）淀粉及蛋白质

此类基本上指木本粮食植物，包括对淀粉及蛋白质类植物的直接或间接开发利用。

1. 淀粉

淀粉主要存在于植物果实中，此外一些植物的茎干、叶片等中亦含有一定量的淀粉。淀粉在果实中含量，以未熟青果中较多，在后熟时，由于淀粉酶作用，淀粉常被转化为可溶性糖。因此，基于糖开发利用目的，可在果实采收后，进行储藏催熟，以增加糖的含量。

淀粉类植物，如栎类、榆树、面条树等，一般对其可食器官进行分拣、去皮、粉碎后，与面粉一样食用；或将果实去皮后，如对银杏、板栗、松子等，直接对果仁烹调利用。

如拟提取植物淀粉，则利用淀粉不溶于水、在冷水中易沉淀的特性，在加温至55~66℃时，淀粉膨胀而变成带黏性半透明凝胶或胶体溶液，而进行提取。

2. 蛋白质

蛋白质是生物体所必需的生物大分子物质，是细胞中含量最丰富，功能最多的大分子物质，在各种生命活动过程中发挥着重要作用，是维持生命的物质基础。植物蛋白质的利用成本相对较低，加工利用植物蛋白质，是我国目前解决蛋白质供应不足的主要措施。

从人体吸收利用率来说，植物蛋白质较动物蛋白质低，但经过加工后的植物蛋白质，不仅更容易被人体所吸收，而且由于植物蛋白质几乎不含胆固醇和饱和脂肪酸，所以较动物蛋白质更加健康养生。植物蛋白质具有良好的加工特性，经过加工后，具保水性和保型性，使其制品有耐储藏等较好的品质。植物蛋白质，可以单独制成各种食品，同时也可与蔬菜、肉类等相组合，加工成各种各样的食品。在追求营养、健康、安全饮食的今天，经加工而成的植物蛋白饮料、蛋白粉等，也受到越来越多人们的青睐。

蛋白质植物主要利用方式与淀粉相同，即对植物有关器官的直接烹调利用。

目前采用的从植物中提取蛋白质的方法主要有两种：碱溶酸沉淀法和反胶束萃取法。其中碱溶酸沉淀法，酸碱用量大，对环境的污染严重。因此，一般选用萃取条件温和、蛋白不易失活的反胶束萃取法[13]，同时它还具有溶剂可循环利用、成本较低的经济性优点。主要作用原理是：将表面活性剂溶解到有机溶剂中，加溶一定量水，形成反胶束溶液，同时从植物油料中萃取油和蛋白，油脂萃溶至有机溶剂中，蛋白或绿原酸加入萃入反胶束的极性内核中，在提取出绿原酸后萃取出蛋白质，最后用离子强度大的溶液反萃出来，经过脱盐干燥制得蛋白质产品。但该方法也有一定的局限性，在提取过程中，由于使用溶剂较多，溶剂容易残留在制成的蛋白质产品中。因此，反胶束萃取法，不适用于提取相对分子质量较大的蛋白质。下例为从核桃中提取蛋白质的工艺流程。

植物蛋白质能够提供营养而廉价的蛋白质。越来越多的植物蛋白类产品的出现，都标志着植物蛋白已经是生活中不可缺少的一类蛋白质；它的巨大开发前景，也将随着生产技术和设备的完善，被人们逐渐所认识。世界各国正积极开发植物蛋白资源，以解决蛋白质资源不足的现状。目前，植物蛋白资源的开发途径主要是，通过高新技术对植物蛋白资源的应用研究，并对传统产品进行改造。但植物蛋白的提取和加工的发展，还受到一定的限制，主要是由于加工过程中，营养成分的损失，以及加工后的废物处理等问题。逐步解决目前存在的问题，才能充分利用植物蛋白源，提高其利用效率，使其更好地为人类所利用。

（二）野果

本类包括仁果类、核果类、坚果类、浆果类、柑果类等[14]（见下图）。产品除直接供应市场销售食用外，多通过食品干制、糖制、罐藏及饮料等方式[15]，进行加工利用。

1. 果品干制

干制果品营养丰富，重量减轻，体积缩小，不易变质，便于运输，食用方便，是国民喜食的方便食品之一。果品干制要求的设备可简可繁，加工技术较易掌握。我国常见的干制食品有杏干、红枣、葡萄干、柿饼、龙眼干、荔枝干等，都是享誉国内外的著名特产。

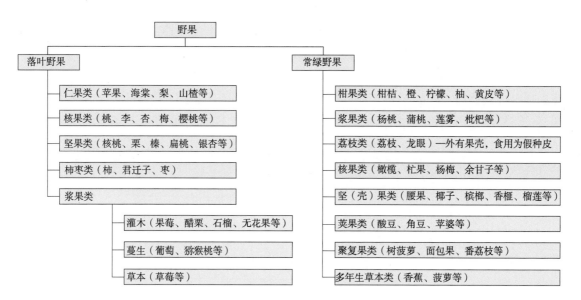

果品干制,在于减少食品原料中的水分,将可溶性物质浓度增高到微生物不能利用的程度,同时果品本身所含酶的活性也受到抑制,产品能够较长时期保存。果品干制方法有两大类:自然干制和人工干制。

(1)自然干制是一种利用太阳辐射热、热风等自然环境条件,干制果品的传统方法。

自然干制的主要设备为晒干用具,如晒盘、席箔、运输工具等,以及必要的建筑物,如工作室、储藏室、包装室等。晒场要向阳,能有充分的太阳照射,位置宜选择交通方便、气流通畅的地方,坚决避开污染源。干制时,常用做法是,将果品直接放置在晒场暴晒,或放在席箔上晒制,并经常翻动以加速干燥过程。

(2)人工干制是一种人工控制条件下,即在常压或减压环境中,以传导、对流和辐射传热方式,或在高频电场内加热的人工控制工艺条件下,干制果品的方法。

人工干制传统设备,按热作用方式分为3类:借热空气的对流式干燥设备、借热辐射加热的热辐射式干燥设备和借电磁感应加热的感应式干燥设备,并有间歇式烘干室和连续式通道烘干室、低温干燥式和高温烘干室之别。所用载热体有蒸汽、热水、电能、烟道气等。主要设备有烘灶、烘房、人工干制机等,其中,人工干制机是一种功效较高的热空气对流式干燥设备,可根据需要控制干燥空气的温湿度和流速,因此干燥时间较短,干制品质量较高。

此外,新的干制技术有冷冻升华干燥、微波干燥、远红外干燥、太阳热干燥等新型技术。

2. 果品糖制

糖制果品是以食糖的保藏作用为基础的加工保藏法。糖制品利用高浓度糖液所产生的高渗透压,析出果品中大量水分,具有很高的防腐能力,除有些霉菌外,一般微生物难以生长活动。果品糖制,即将新鲜果品制成果脯蜜饯和果酱两大类。

(1)果脯蜜饯:糖制是果脯蜜饯加工的重要工序,主要有腌制和煮制两种方法。腌制适用于质地柔软的果品;而煮制适用于质地坚实的果品。不管哪一种方法,目的都是使糖分充分而均匀地渗透到原料各部位的组织中,并使原料保持其应有的形态。

糖腌果脯蜜饯法也称为蜜制。这类制品在糖制过程中不需要加热,原料不经高温煮制。对肉质柔嫩、高温处理易使肉质破烂,不能保持一定形状,和加热后变色、变味等原料,适用该法。产品有糖青梅、糖杨梅、糖樱桃及大多数的凉果。糖腌的特点是,在腌制期间,分次加糖,逐渐提高糖的浓度,保持糖充分均匀的渗透到果肉组织中去,可保持新鲜果品原有的色、香、味,果块完整、饱满,质地松脆,无金属沾污所引起的变色、变味现象。

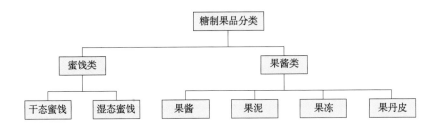

糖煮是一种常用果脯蜜饯生产方法,其关键在于糖液迅速均匀地渗入原料中,而使原料内的水分和空气尽快排出,从而确保制品吸糖饱满而富于弹性,色泽明亮,质地酥软。糖煮依其工艺条件不同,又可分为一次煮成法、多次煮成法、快速煮制法和真空煮制法等。果品蜜饯煮制到终点的判断,一般是根据糖液最后浓度为依据,即糖液中可溶性固形物的含量控制在65%~75%,这时的糖分含量约60%~65%。生产中判断的方法,一是凭仪器如波美计、折光计、锤度表等,另外凭操作者的感官鉴定,常用的有所谓挂片法和稠度感官法。

蜜饯类经糖制后，仍保持果实和果块原来的形态，含高糖但不一定含高酸；而果酱类不保持完整的块形，含高糖高酸。依加工时加入香料和调味料与否，蜜饯类又包括加料蜜饯和非加料蜜饯。前者加入香料、调味或中草药等，如陈皮梅、香草话梅、药果等。

下面介绍几种常用的果脯蜜饯类产品制作工艺技术：

苹果脯：

山杏脯：

蜜橘饼：

菠萝脯：

（2）果酱：果酱类的制品，主要有果酱、果泥、果丹皮、果冻等，多用新鲜果品抽取，也可用果品加工的下脚料。果酱系用果肉加糖、调酸煮制而成，中等稠度，无需保持果块原来形状，呈较好的凝胶状态的制品。果泥是筛滤后的果肉浆液（加糖或不加糖）、果汁和香料，煮制成质地均匀，呈半固态、稠度大、质地细腻均匀一致的制品。果丹皮是果泥的半固态脱部分水，摊于玻璃上烘干成薄片状，包装成卷的制品。果冻是果汁和食粮浓缩到冷却后，能胶凝成冻，具光泽透明的外观、鲜果原有的风味和香味的制品。果冻也可以直接用果胶、食糖和食用酸来制。

果酱制作的工艺流程如下：

果泥制作的工艺流程如下：

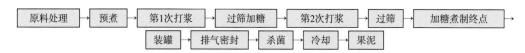

果丹皮制作的工艺流程如下：

果冻制作的工艺流程如下：

3. 果品罐藏

罐藏果品，即先将整理好的果品与辅料（盐水、糖液），密封于气密性的容器中，以隔绝外界空气和微生物，再行加热杀菌，使内容物达到"商业无菌"状态，借以获得在室温下较长时间的储藏。

缸藏容器包括金属和非金属两大类。金属罐使用最广泛的是镀锡薄钢板罐（又称马口铁罐），此外还有铝罐、镀铬薄钢板罐等。非金属罐主要为玻璃罐，此外还有塑料罐、纸质罐、陶瓷瓶罐等。

罐头的装罐有人工和机械两种方法。罐藏果品的生产过程，由原料的预处理、装罐、排气密封和杀菌冷却等工序组成。近年来运用高温短时杀菌越来越普遍，其理论依据是，温度每增加 10℃，对微生物的破坏力增加 10 倍，而对产品中的化学反应速率只增加 1 倍。下面是两种比较先进的杀菌技术：

无菌装罐法：

火焰杀菌法：

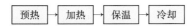

下面介绍几种常用罐头产品加工工艺流程：

糖水橘子罐头：

糖水桃子罐头：

糖水板栗罐头：

糖水柿子罐头：

糖水猕猴桃（片形）罐头：

4. 饮料加工

饮料包括含醇饮料、无醇饮料（软饮料）两大类。含醇饮料，是指经过一定程度发酵，使之含有少量酒精的饮料，其中有酒度较低的，如啤酒、香槟酒等，酒精含量为 3%~4%（重量比）；有酒度较高的，如葡萄酒等各种果酒，酒精含量在 10%~20%；有含二氧化碳的香槟酒及各种人工充气的果酒，除此之外还有用人工配制的含酒精饮料，即汽酒和小香槟。无醇饮料，为不含醇或含醇量低于 0.5% 的饮料，包括果蔬汁饮料、碳酸饮料、矿泉水饮料、蛋白饮料、保健饮料、发酵饮料、茶类饮料、咖啡可可类饮料、固体饮料等，其中发展最快的就是水果饮料。

果汁按照加工方法和果汁状态特征，可分为原果汁、浓缩果汁、加糖果汁、带肉果汁（果浆）等。各种果汁加工工艺大同小异，总的加工原则是，尽量保存原果实的色、香、味和营养成分。下面是不同果汁的一般工艺过程：

原果汁：

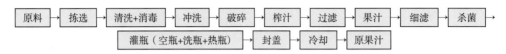

混浊果汁：

澄清果汁：

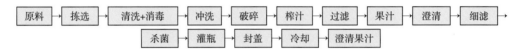

浓缩果汁：

带肉果汁：

加糖果汁：

果酒的一般工艺流程如下：

（三）野菜

山珍野菜多是植物产品，经一定加工后干制而成，一般具有悠久的生产历史，独特的地方风味，和特有的营养价值，是我国用于出口创汇的重要土特产。野菜采集，要选择好季节和具体时间，及时采收。

植物蔬菜，如香椿、栾树、刺槐、花椒等嫩芽，刺五加、紫花苜蓿等嫩叶，木槿、槐花等花卉，可以不加处理，直接用于烹调。

有时为了短期防止叶菜、芽菜、茎菜发生萎蔫、失绿、脆性下降并纤维化，常采用钙离子法保脆；采用小苏打水法、抗坏血酸法等保绿；采用比久法、食盐水法、苯甲酸钠法等保鲜[16]。

不过由于植物产品的季节性，产品供应过于集中，需要通过干制、腌制、罐藏等手段进行处理[17]，以延长植物蔬菜的供应期。

1. 野菜干制

野菜干制包括自然和人工两种干燥法。自然干燥法，是利用太阳辐射除去蔬菜水分，或利用寒冷天气，使蔬菜中水分冻结，再通过冻融循环，除去蔬菜水分的方法。人工干燥，除烘房、干燥机等传统方法外，冷冻、微波、减压、超声波等现代技术已广为应用。干制的一般工艺如下：

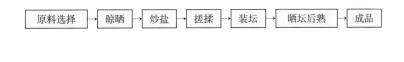

2. 野菜腌制

利用食盐及其他物质，添加渗入到蔬菜组织内，大大降低水分活度，有选择地控制有益微生物活动和发酵，抑制腐败菌生长，从而防止蔬菜变质，保持其食用品质。腌制品因蔬菜原料、辅料、工艺条件及操作方法不同，可生产出各种风味不同的产品。一般有盐渍菜类、酱渍菜类、糖醋渍菜类、盐水渍菜类、清水渍菜类、菜酱类等。以下是几种腌制工艺：

盐渍类：

酱菜类：

泡菜类：

3. 野菜罐藏

将野菜进行预处理后装罐，经排气、封罐、杀菌等措施，制成密封、真空、无菌的产品。其主要工艺流程如下：

下面是几种野菜罐头的工艺流程：
蕨菜罐头：

清水笋罐头：

芦笋罐头：

（四）茶叶

本类不仅仅指植物叶、嫩芽，而且还包括对植物花、果等器官的茶用。

1. 叶用茶叶

叶用茶叶，包括茶、苦丁茶、绞股蓝、银杏、沙棘等。可加工为各类茶叶，其简单制作过程如下：

绿茶：

红茶：

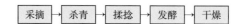

黑茶：

白茶：

黄茶：

乌龙茶：

| 采摘 | → | 晒青（或加温萎凋） | → | 凉青 | → | 摇青（做青） | → | 晴青 | → | 炒青 | → | 揉捻 | → | 复炒 | → | 复揉 | → | 烘干 |

2. 花用茶叶

花用茶叶，包括金银花、玫瑰、茉莉、玉兰、含笑、桂花、栀子等。金银花、玫瑰等在干燥后可直接用作茶；而桂花、玉兰等用于窨制花茶。要注意，桂花必须烘干才能留住香味，晒干的桂花是没有香味的。

3. 果用茶叶

果用茶叶，包括咖啡、可可、枸杞、山楂、红枣、桂圆、罗汉果等，其中，咖啡、可可打磨后饮用；枸杞等直接冲泡饮用。

4. 保健茶叶

一些高效水土保持植物资源开发的茶，除了各类传统茶叶外，多以保健茶为主。保健茶横跨茶饮料、保健品、药茶3大黄金行业，既能保健，又可养生。保健茶因富含茶叶营养成分、药效成分，加以配佐原料特定成分相结合，又同现今国际上回归大自然的思潮吻合，因而受到相当人群的欢迎。特别对当今人们用脑过度、体力透支等出现亚健康状态，有一定保健作用。

我国市场上常见的保健茶[1]如下所述：

杜仲茶：杜仲叶，绿茶。

绞股蓝茶：野生绞股蓝，绞股蓝皂甙，绿茶。

全松茶：松针提取物，绞股蓝提取物，人参，淡竹叶，绿茶。

柠檬茶：柠檬一颗。

山楂茶：山楂 10g。

陈皮茶：陈皮 4g。

---

❶ 百度百科 . 保健茶 . http://baike.baidu.com/link?url=ovXYxTqXkBaAK66-uj6g0ueTfm8wlK6p8_OPklrLsQa96JiYEprPZOPzXbiPonTP-lHTp Z8d_lmBWuLlyb7rBK#8_L.

荷叶茶：荷叶 3g、炒决明子 6g、玫瑰花 3g。

玫瑰花茶：玫瑰花 5g。

桑叶茶：桑叶、山楂、槐花、葛根、菊花、决明子。

罗布麻茶：罗布麻茶嫩叶、罗布麻鲜花。

下面还有一些植物茶之间搭配，能更好地发挥保健作用：

普洱茶 + 迷迭香：迷迭香在西方是一种香料，用于烹调调味。用迷迭香来泡茶，能消除因进食过多油腻食品，而导致的胃气胀、腹胀等问题，还是一款很不错的减肥茶。而普洱茶更是女性的福音，含有丰富的维生素 C，具有养颜美容的功效，可调节生理机能，维持身体健康。

菊花茶 + 柑橘或陈皮：柑橘类水果及其果皮，其芳香成分能舒缓压力，放松身心，减轻精神紧张，与消脂的菊花茶配合，更能发挥其强大的解毒抗辐射功效。

荷叶茶 + 玫瑰花茶：玫瑰花茶香气十足，除了养颜减肥，还能缓解压力，特别适合上班一族，促进胃肠功能，化解油腻，长期饮用还能促进新陈代谢；与荷叶茶搭配，口感清新味甘，可缓解食品的油腻感。

金银花茶 + 扶桑花茶：扶桑花茶具浓郁的深红色，口味带点酸，与味甘的金银花茶搭配，能促进消化，其富含的维生素 C 与柠檬酸，能促进热量的代谢。

薏仁 + 决明子茶：决明子茶不但能促进消化系统的机能，缓解妇科病，还具有神奇的消水肿功效，能消除面部或下身等的多余水分；而薏仁利尿、美容，能促进新陈代谢。

枸杞茶 + 薄荷茶：薄荷茶香气清新，味道微甜，可清心宁神，加速新陈代谢，恢复精神；与同样香气十足的枸杞茶结合，能快速地回复肠胃，缓解过食带来的负担。

下面附几种茶的加工工艺：

绞股蓝养生茶：

绞股蓝决明子降脂茶：

沙棘袋泡茶：

沙棘茶饮料：

（五）辛香料

在现代食品工业中，辛香料的使用可谓无所不至。在饮料、乳制品、酿造品、快餐食品等的增香调味中，辛香料发挥了重要作用。在人们越来越崇尚天然的今天，各种合成香精的安全性普遍受到怀疑，为天然来源香料的走俏，打开了一扇窗口。辛香料的使用方式主要有以下几种：

简单加工或直接使用：一般是将辛香料去除不必要部位，自然干燥或粉碎后，直接进入流通领域。

辛香料精油：辛香料的香气大部分来自具挥发性的精油。传统提取精油的方法是，采用水蒸气蒸馏法。

辛香料油树脂：油树脂是用有机溶剂浸提辛香料、除去溶剂后，得到的一类黏稠状液体，主要成分为精油、辛辣成分、色素、树脂，有时也可能含有挥发性油脂和糖类物质。油树脂呈味物质浓度约为原料的 10 倍，基本保留了原料里各种香味物质。

此外，还有辛香料微胶囊、超微辛香料、专用复配辛香料、乳液等产品。

辛香料的加工技术，包括二氧化碳超临界萃取技术、分子蒸馏技术、杀菌技术、粉碎技术、干燥技术等。

（六）饲用

用于动物饲喂的植物，除了禾本科、豆科等牧草外，许多树木嫩枝叶也是优良的饲用资源。

1. 牧草饲料

植物饲用原料包括青草和干草两大类。青草除在野外直接供牲畜类食用外，还可通过刈割，带回畜棚，供短期舍饲利用。北方越冬用的饲草，多用调制干草等办法，以解决冬季无青草的问题。调制好的干草，以其具有良好的饲用价值，制作原料丰富，调制方法简便等优点，在畜牧业生产中，起着最广泛和最重要的作用[18]。

（1）干燥调制：牧草干燥调制的方法，根据干燥过程中能源的不同，主要分为两类：自然干燥法和人工干燥法。

自然干燥法，利用太阳能和风力实现干燥，其特点是不需要特殊的设备，调制技术简单，成本低廉，应用广泛；但干燥时间较长，牧草营养成分损失大。自然干燥法有田间干燥法、草架干燥法、塑料大棚调制干燥法等之分。

人工干燥法，利用燃料能、机械能或电能达到干燥，其特点是需要特殊设备，成本较高，应用有局限性，但干燥时间短，营养物质损失少，生产效率高。人工干燥法，主要有（鼓风机）常温鼓风干燥、（烘干机）高温快速干燥等。

（2）青贮牧草调制：青贮牧草是把鲜牧草切碎，填装在地窖、壕、塑料袋或塔里，经过一系列的发酵过程，而制成的多汁、营养物质丰富和含水分较高的牧草（多汁饲料）。青贮牧草在畜牧业生产中地位十分重要，可解决冬夏季饲养条件的差异，保证饲料平衡供给，增进畜体健康，提高畜产品产量和质量。

青贮程序包括以下 4 步：

第一步：青贮牧草刈割。根据家畜种类确定。牛及一般大家畜，在牧草抽穗 – 开花期刈割；幼畜及猪等，在抽穗 – 开花前期刈割。

第二步：铡切。牧草运送到青贮窖旁后，利用铡草机或铡刀铡切。粗硬茎秆牧草，切碎长度 2~3cm；细而柔软牧草，切至长 5~6cm 即可；矮小禾草及含叶量多的柔嫩牧草，可不铡切，采取整株青贮。

第三步：装窖或壕。把铡切后的碎草，用权分层平摊在窖内，每层厚约 15~30cm，中央略突起，然后用小型拖拉机或人工反复碾压踩实，直到看不到明显下陷为止。再将窖的四角及靠墙壁处，用木桩夯紧实，这才算一层装毕。如此一层一层反复装填，直到装满全窖。装窖时间不易太长，最好当天完成，大窖应在 2~3 天完成。

第四步：封口。窖装满后，可在上面再加 30~50cm 厚的一层草，以补填青贮料由于重力作用而逐渐下陷所造成的空位，有效利用窖容。然后用塑料布或草席覆盖，最后再上压一层土，并使中间突起成拱形。在有可能淹水时，应在窖四周挖上适当的排水沟。当覆土由于青贮料下陷而出现裂缝时，应及时增加覆土密封。

（3）半干青贮饲料调制：为难以用一般青贮方法调制的含蛋白质高的饲料作物，提供的一种新的青贮方法。特别是可解决大面积种植生产紫花苜蓿，又难以调制干草的地区。半干青贮饲料，几乎保存了青饲料的叶片和花序，与一般青贮饲料相比，养分损失较少，并且干物质含量高，采食量高。特别是，用同样原料调制成半干青饲料，较干草和一般青贮饲料质量高，饲喂效果好。但调制半干青贮料的关键所在是，青绿饲料刈割后，需要预干，为了保证半青干饲料的质量，预干时间亦越短越好，因此，其制作受气候条件的限制较大。

牧草刈割后，晾晒风干至含水量40%~55%时，干草的细胞渗透压可达到55~66个大气压，因而使附着在植物体上的腐生菌、发酵菌、产生挥发性酸类的细菌以至于一些乳酸菌等，由于得不到植物体细胞供给的水分，而造成生理干燥，其生命活动将受到有效限制。而要使发霉的真菌受到生理干燥抑制，需要植物体内渗透压高达250~300个大气压才可，这只有在干草含水量小于17%时有可能，这对半干贮料来说永远达不到。为此，需要从另外的途径，即真菌生活所必需的送料、水分、温度和空气4大生活条件去着手解决，这4大条件缺一，即可抑制真菌的生命活动。在生产过程中，前3个条件较难解决，唯有造成缺空气的生活环境，最易办到。因此，在牧草装窖或装袋时压紧挤实，力争少留空隙，就可造成相当缺氧的环境，抑制真菌生长繁殖活动，减少营养成分损失。

2. 林木饲料

林木饲料包括树叶粉饲料和糖化、发酵饲料[19]等。

（1）树叶粉饲料。很早以前，人们就利用阔叶树嫩枝叶作动物饲料，如杨树、柳树、泡桐、白榆、槐树、刺槐、银合欢、沙棘、荆条等树木嫩枝叶。树木嫩枝应保持原有的新鲜绿色，变色发黄的树叶和没有木质化的嫩枝，按规定不允许超过总量的10%，不允许掺有发霉和腐烂的嫩枝叶。树木嫩枝叶机械组成为：鲜叶数量不低于60%，树皮与木材数量不高于30%，有机杂质数量不高于10%，无机杂质数量不高于0.2%。机械加工的树木嫩枝叶，用气动分选机分选，可降低树木嫩枝叶中木质粒子数量，提高树木嫩枝叶原料的质量。

1）针叶维生素粉：一种新型的畜禽补充饲料，它的原料，主要来源于松林抚育和采伐丢弃在林地上的枝丫、梢头、嫩枝、绿叶等废料。也可以使用云杉、冷杉嫩枝叶做原料。

2）槐树叶粉指刺槐树叶加工的叶粉。青干叶是猪的好饲料，枯黄叶可做牛羊饲料。选择适当季节，合理采集树叶，经晾干、晒干或烘干，粉碎成粉末，或压制成果料备用。这种树叶最大的特点是，蛋白质含量高，一般达20%~25%。经空气干燥、粉碎后的叶粉，可直接代替部分粮食饲料，大约1t叶粉可代替1t谷物。在粮食和蛋白质饲料短缺的地区，值得推广。

3）杨树叶粉。从抚育和采伐地上，收集带有新鲜树叶的枝丫，用人工或机械方法脱叶。将脱离下来的树叶进行干燥，约3t鲜叶加工1t干叶粉成品。干燥的杨树叶，用粉碎机粉碎成叶粉，或再加工成颗粒状。

（2）糖化、发酵饲料。树皮、树叶、锯屑、木材边材废料、果渣、果壳、制浆废纤维等，是面广量大的可再生资源，可应用糖化和发酵技术，将其转化为饲料。

1）糖化饲料。各种木质纤维原料（包括竹、森林采伐和加工剩余物），经过化学法、物理法、生物法，或上述几种方法相结合处理后，均可将其中所含的纤维素、半纤维素，转变为单糖（糖化），而这些糖化物大多具有饲料价值。常用的糖化方法，有酸法糖化、生物法糖化、（水解）爆碎法糖化等。

2）发酵饲料。饲料经微生物发酵，可提高糖分、蛋白质、维生素等营养成分含量，或使其色、香、味得到改善。其机理在于，有些植物原料，由于纤维素、半纤维素等难消化糖类含量高，蛋白质含量较少，缺乏动物所需的维生素，口感粗硬，味道欠佳，而不适于作为饲料；而有些微生物，可在这类原料中生长繁殖，通过其生命活动产生的酶类，将难以消化的多糖，转变成易消化的单糖类，同时合成其菌体蛋白质、维生素、色素、有机酸、醇、酯类等营养物质或呈味剂，改变了原料的组成和性质，使其易于为动物食用和消化，成为较好饲料。由于发酵过程是微生物生命活动的过程，所以制备发酵饲料，需要微生物的菌种，及创造适宜微生物生长繁殖的必要条件，如温度、湿度和空气等。微生物菌种不同、发酵原料不同、发酵条件不同，生产的发酵饲料风味也不同。发酵饲料有木质、叶类和其他林产品 3 类。叶类发酵饲料的工艺流程如下：

3）青贮饲料。富含汁水的新鲜植物饲料，比干饲料营养价值高，适口性好。但受气候影响，有些季节不能得到新鲜植物饲料，为此，可以通过青贮手段来加以解决。把新鲜的植物原料切碎、密封进行青贮时，植物体内活细胞及带进的好氧微生物，还在进行呼吸作用，消耗储存空间里的氧气，放出二氧化碳及热量，在不太长的时间内，形成缺氧条件；在缺氧条件下，厌氧微生物大量繁殖，将糖类变成乳酸及醇类，使所贮饲料的 pH 值下降至 3~4 时，青贮饲料处于缺氧状态，而使微生物不能繁殖，达到不变质的储藏目的。由于产生酸、醇得以形成特有香味，可提高牲畜的食欲，加之某些成分的分解，饲料变软，能改善适口性。因此，使用青贮饲料，可促进家畜的生长繁殖及肉奶的产量。

4）其他饲料：林副产物中还有很多种类，如油饼类（茶籽饼、山苍子饼、橡胶种子油饼、沙棘果渣）、培养食用菌后的培养料（菌渣）、花果废渣（茉莉花渣、越橘果渣）、木片加工物等，能直接或进一步加工，作为饲料应用。

二、药用方向产品开发工艺

包括中草药和农药两大类产品的开发，前一类用于人、畜、禽治病，后一类用于杀死害虫、杂草等。

（一）中草药

中草药用植物，指医学上用于防病治病的植物，其植株的全部或一部分可供药用，或作为制药工业的原料。事实上，药用植物多数都将根作为主要药材的来源，但由于水土保持要求，高效水土保持植物资源不提倡挖掘根系，因此，中草药植物专指除根以外其他部位利用的植物。

采收方法包括 3 大类：摘取法、割取法和剥取法。摘取法为木本植物常用采收方法，适用于花类（金银花等）、果实类（枸杞等）、叶类（桑等）等。割取法适用于全草利用的草本及小灌木。剥取法适用于木本植物（杜仲、厚朴等）树皮的块状剥取，注意控制剥取面积不能太大，剥后严禁用手触摸树干剥面，并迅速用塑料薄膜或纸张包扎剥面，以促进形成层愈合、分化和新皮再生。

1. 药材炮制后直接利用

中药炮制是按照中医药理论，根据药材自身性质，以及调剂、制剂和临床应用的需要，所采取的一项独特的制药技术。药材凡经净制、切制或炮炙等处理后，均称为"饮片"；药材必须净制后，方可进行切制或炮炙等处理。饮片是供中医临床调剂及中成药生产的配方原料。2015 版《中华人民共和国药典》[20] 规定的各饮片规格，系指临床配方使用的饮片规格。制剂中使用的饮片规格，应符合相应品种实际工艺的要求。炮制用水，应为饮用水。除另有规定外，应符合下列有关要求。

（1）净制即净选加工。可根据具体情况，分别使用挑选、筛选、风选、水选、剪、切、刮、削、剔除、酶法、剥离、挤压、辉、刷、擦、火燎、烫、撞、碾串等方法，以达到净度标准。

（2）切制。切制时，除鲜切、干切外，均须进行软化处理，其方法有：喷淋、清水洗、浸泡、润、漂、蒸、煮等。亦可使用回转式减压浸润罐、气相置换式润药箱等软化设备。软化处理应按药材的大小、粗细、质地等分别处理。分别规定温度、水量、时间等条件，应少泡多润，防止有效成分流失。切后应及时干燥，以保证质量。

切制品有片、段、块、丝等。其规格厚度通常为：

片：极薄片 0.5mm 以下，薄片 1~2mm，厚片 2~4mm。

段：短段 5~10mm，长段 10~15mm。

块：8~12mm 的方块。

丝：细丝 2~3mm，粗丝 5~10mm。

其他不宜切制者，一般应捣碎或碾碎使用。

（3）炮炙。除另有规定外，常用的炮炙方法和要求如下：

1）炒。炒制分单炒（清炒）和加辅料炒。需炒制者应为干燥品，且大小分档；炒时应火力均匀，不断翻动。掌握加热温度、炒制时间及程度要求。

单炒（清炒）：取待炮炙品，置炒制容器内，用文火加热至规定程度时，取出，放凉。需炒焦者，一般用中火炒至表面焦褐色，断面焦黄色为度，取出，放凉。炒焦时易燃者，可喷淋清水少许，再炒干。

麸炒：先将炒制容器加热，至撒入麸皮即刻烟起，随即投入待炮炙品，迅速翻动，炒至表面呈黄色或深黄色时，取出，筛去麸皮，放凉。

除另有规定外，每 100kg 待炮炙品，用麸皮 10~15kg。

砂炒：取洁净河砂置炒制容器内，用武火加热至滑利状态时，投入待炮炙品，不断翻动，炒至表面鼓起、酥脆或至规定的程度时，取出，筛去河砂，放凉。

除另有规定外，河砂以掩埋待炮炙品为度。

如需醋淬时，筛去辅料后，趁热投入醋液中淬酥。

蛤粉炒：取碾细过筛后的净蛤粉，置锅内，用中火加热至翻动较滑利时，投入待炮炙品，翻炒至鼓起或成珠、内部疏松、外表呈黄色时，迅速取出，筛去蛤粉，放凉。

除另有规定外，每 100kg 待炮炙品，用蛤粉 30~50kg。

滑石粉炒:取滑石粉置炒制容器内，用中火加热至灵活状态时，投入待炮炙品同，翻炒至鼓起、酥脆、表面黄色或至规定程度时，迅速取出，筛滑石粉，放凉。

除另有规定外，每 100kg 待炮炙品，用滑石粉 40~50kg。

2）炙法是待炮炙品与液体辅料共同拌润，并炒至一定程度的方法。

酒炙。取待炮炙品，加黄酒拌匀，闷透，置炒制容器内，用文火炒至规定的程度时，取出，放凉。

酒炙时，除另有规定外，一般用黄酒。除另有规定外，每 100kg 待炮炙品，用黄酒 10~20kg。

醋炙：取待炮炙品，加醋拌匀，闷透，置炒制容器内，炒至规定的程度时，取出，放凉。

醋炙时，用米醋。除另有规定外，每 100kg 待炮炙品，用米醋 20kg。

盐炙：取待炮炙品，加盐水拌匀，闷透，置炒制容器内，以文火加热，炒至规定的程度时，取出，放凉。

盐炙时，用食盐，应先加适量水溶解后，滤过，备用。除另有规定外，每 100kg 待炮炙品，用食盐 2kg。

姜炙：姜炙时，应先将生姜洗净，捣烂，加水适量，压榨取汁，姜渣再加水适量重复压榨一次，合并汁液，即为"姜汁"。姜汁与生姜的比例为 1 : 1。

取待炮炙品，加姜汁拌匀，置锅内，用文火炒至姜汁被吸尽，或至规定的程度时，取出，晾干。

除另有规定外，每 100kg 待炮炙品用生姜 10kg。

蜜炙：蜜炙时，应先将炼蜜加适量沸水稀释后，加入待炮炙品中拌匀，闷透，置炒制容器内，用文火炒至规定程度时，取出，放凉。

蜜炙时，用炼蜜。除另有规定外，每 100kg 待炮炙品用炼蜜 25kg。

油炙：羊脂油炙时，先将羊脂油置锅内加热溶化后去渣，加入待炮炙品拌匀，用文火炒至油被吸尽，表面光亮时，摊开，放凉。

3）制炭。制炭时应"存性"，并防止灰化，更要避免复燃。

炒炭：取待炮炙品，置热锅内，用武火炒至表面焦黑色、内部焦褐色或至规定程度时，喷淋清水少许，熄灭火星，取出，晾干。

煅炭：取待炮炙品，置煅锅内，密封，加热至所需程度，放凉，取出。

4）煅。煅制时应注意煅透，使酥脆易碎。

明煅：取待炮炙品，砸成小块，置适宜的容器内，煅至酥脆或红透时，取出，放凉，碾碎。

含有结晶水的盐类药材，不要求煅红，但需使结晶水蒸发至尽，或全部形成蜂窝状的块状固体。

5）蒸。取待炮炙品，大小分档，按各品种炮制项下的规定，加清水或液体辅料拌匀、润透，置适宜的蒸制容器内，用蒸汽加热至规定程度，取出，稍晾，拌回蒸液，再晾至六成干，切片或段，干燥。

6）煮。取待炮炙品大小分档，按各品种炮制项下的规定，加清水或规定的辅料共煮透，至切开内无白心时，取出，晾至六成干，切片，干燥。

7）炖。取待炮炙品按各品种炮制项下的规定，加入液体辅料，置适宜的容器内，密闭，隔水或用蒸汽加热炖透，或炖至辅料完全被吸尽时，放凉，取出，晾至六成干，切片，干燥。

蒸、煮、炖时，除另有规定外，一般每 100kg 待炮炙品，用水或规定的辅料 20~30kg。

8）煨。取待炮炙品用面皮或湿纸包裹，或用吸油纸均匀地隔层分放，进行加热处理；或将其与麸皮同置炒制容器内，用文火炒至规定程度取出，放凉。

除另有规定外，每 100kg 待炮炙品，用麸皮 50kg。

（4）其他。

1）燀。取待炮制品投入沸水中，翻动片刻，捞出。有的种子类药材，燀至种皮由皱缩至舒展、易搓去时，捞出，放入冷水中，除去种皮，晒干。

2）制霜（去油成霜）。除另有规定外，取待炮制品碾碎如泥，经微热，压榨除去大部分油脂，含油量符合要求后，取残渣研制成符合规定要求的松散粉末。

3）水飞。取待炮制品，置容器内，加适量水共研成糊状，再加水，搅拌，倾出混悬液。残渣再按上法反复操作数次，合并混悬液，静置，分取沉淀，干燥，研散。

4）发芽。取待炮制品，置容器内，加适量水浸泡后，取出，在适宜的湿度和温度下使其发芽至规定程度，晒干或低温干燥。注意避免带入油腻，以防烂芽。一般芽长不超过 1cm。

5）发酵。取待炮制品加规定的辅料拌匀后，制成一定形状，置适宜的湿度和温度下，使微生物生长至其中酶含量达到规定程度，晒干或低温干燥。注意发酵过程中，发现有黄曲霉菌，应禁用。

2. 药用成分提取与分离

药用植物所含成分比较复杂，一般含有生物碱、萜类、糖苷、黄酮、香豆素等。如从青蒿（实为黄花蒿）中提取的青蒿素，是很好的抗疟药物；从苦木中提制的苦木内脂甲，具有降低血压的作用；用苦参（苦豆子）制成的"苦豆草片"，和从三颗针中提炼出的黄连素，为治疗菌痢的药品；从银杏叶中提取的银杏提取液，为疏通心脑血管的有效药物。提取与分离出植物有效成分，是进行国"准"字号药品研发、中药走向世界的基础。

常用的植物化学成分提取方法：溶剂提取法、水蒸气蒸馏法、分馏法、吸附法、沉淀及盐析法、升华法、萃取法、结晶和重结晶法、膜分离法等。下面是一些药用植物的重要成分提取信息。

（1）松花粉。来源于松科植物油松、马尾松等植物的花粉。松花粉主要含脂肪油和色素，以粒细、质轻、色黄、无杂质、不粘成块为好。花用松花粉于5月开花时采收，采取雄花放入盒内，晒干，过筛，收集细粉，再晒至全干，装袋，储于干燥处。药用作润滑剂、赋形剂及吸收剂等；又可作创伤止血药；还可制小儿夏季爽身粉，以防治汗疹；用松花粉做汤菜，味鲜美，也是做糕点的好配料。

（2）黄连素。来源较广，大约有4科10属内发现有小檗碱，如三颗针、小檗、华南十大功劳等。药材原材料碎片用0.3%硫酸渗滤，渗滤液加石灰乳调至pH值为10~12，过滤，滤液加浓盐酸至pH值为1~2，再加食盐达6%~10%，放置，析出沉淀。加约50倍水煮沸沉淀近溶解，趁热过滤，滤液冷却、放置、结晶，用少量水洗到至中性，抽干，80℃以下干燥，得盐酸黄连素。黄连素有较好的抗菌作用，对菌痢、百日咳、猩红热、小儿肺炎、各种急性化脓性感染、急性外眼炎症及化脓性中耳炎等症有效。供药用的多为小檗碱的盐酸盐。有研究发现，黄连素可阻断促癌物质对具有潜在发生癌变细胞的作用，从而使这种细胞不能进一步转变为真正的癌细胞，起到防癌效果。另外，黄连素不仅有抗心律失常、降血糖、血脂的药理作用，而且具有极好的降压效果。

（3）紫杉醇。从红豆杉中提取的紫杉醇，是当前上乘的抗癌药物。研究表明，10-去乙酰基巴卡亭Ⅲ（10-DAB）是合成紫杉醇的前体物质。以红豆杉枝叶为原料，生产紫杉醇合成前体物质有两种工艺：有机溶剂提取工艺、水提工艺。

（4）银杏黄酮和萜内酯。银杏叶含有黄酮类、萜类、多烯醇类、烃基酚类，其中黄酮类和萜内酯是银杏叶发挥多方面独特药理活性的主要药用成分。从银杏叶提取有效成分的方法主要有：丙酮提取法、乙醇提取法、酮类提取-氢氧化铅沉淀法、醇类提取-硅藻土过滤法、酮类提取-氨水沉淀法、醇提取-色谱分离法、醇提取-萃取-反相色谱分离法等。

（5）杜仲绿原酸。绿原酸广泛分布于忍冬科、蔷薇科、木樨科、杨柳科、蝶形花科、槭树科、杜仲科、桑科、梧桐科、小檗科、金缕梅科、胡颓子科等植物中，尤以金银花、杜仲中含量较高。常用的绿原酸分离与提取方法有：石硫醇法、异戊醇法、铅沉法、醇沉法、丙醇-乙酸丁酯提取法等。

（6）安息香。来源于安息香科植物安息香。干品为微扁圆的泪滴状物或块状。常温下质坚脆，加热则软化，气芳香，味微辛，升华后得幼小的杆状结晶（苯甲酸）。本种树脂称为香树脂，又因主要成分为苯甲酸和苯甲酸酯，并含有少量香兰素，又称安息香树脂。于夏秋两季，选择5~10年的树干，凿口流汁法采集。香树脂以最先流出而凝固者品质为最佳。药用，有开窍、辟恶、行定血之功效。主治中风昏厥、产后血晕及心腹诸痛。

（7）喜树碱。喜树碱及其衍生物，除具有广泛的抗肿瘤活性外，还具有抗病毒和治疗皮肤等多方面的作用。喜树碱的天然提取法，主要包括有机溶剂法、碱法、柱层析法和树脂吸附法等。

（二）植物性农药

植物性农药属生物农药范畴内的一个分支，有别于化学农药，以其绿色、无污染、无公害、无抗药性而著称。

1. 特性

植物性农药，指利用植物所含的稳定的有效成分，按一定方法对受体植物进行使用后，使其免遭或减轻病、虫、杂草等有害生物危害的植物源制剂。各种植物性农药通常不是单一的一种化合物，而是植物有机体的全部或一部分有机物质，成分复杂多变，但一般都包含在生物碱、糖苷、有毒蛋白质、挥发性香精油、单宁、树脂、有机酸、酯、酮、萜等各类物质中。从广义上讲，富含这些高生理活性物质的植物，均有可能被加工成农药制剂，其数量和物质类别丰富，是目前国内外备受人们重视的第三代农药的药源之一。

由于植物性农药物质性质的特殊性，有害生物难以对其产生抗药性；另外，植物性农药相对于化学农药来说，对受体植物更不容易造成药害，而且也容易与环境中其他生物相协调。植物性农药是非人工化学结构的天然化学物质，一般在自然界，有天然的微生物类群对其进行自然分解，在保护生态平衡方面，大大优于化学农药，特别是在无公害农产品的生产，和保证农业的可持续发展中，扮演着重要角色。

植物农药的普遍应用，将为我国农产品出口创造十分有利的条件，大大增强我国农产品出口的竞争力。美国要求，凡在该国出售的蔬菜、水果，必需标明农药残留物的含量。事实证明，越来越严厉苛刻的残留限量标准，正成为国际间食品、农产品留易的"绿色壁垒"。我国传统农产品的出口，正遭到严重的要挟和挑战。从出口创汇产品看，我国的茶叶、蔬菜、水果等拳头产品中，由于农药残留超标，而不断减少了出口，或不能出口，使我国经济贸易遭受到了很大影响。就茶叶来说，假设运用植物农药替代合成化学农药，就可确保茶叶无农药残留污染，增加出口数量。

2. 配制

下面是常用的一些植物性农药配制方法：

（1）除虫菊及除虫菊蚊香。采白花除虫菊，晒干磨成粉末，每100g加水约19kg，过滤后加入少量中性粉拌匀后喷雾，可防治蚜虫、叶蝉、菜青虫、金花虫等。将除虫菊蚊香点燃后挂植株上，并用塑料薄膜密封15min左右，熏杀粉虱。

（2）鱼藤。常用3%鱼藤粉50g，中性洗衣粉26g，加水16~26kg配制。先用温水将洗衣粉化开，再将装在布袋内的鱼藤粉放入其中，然后充分揉搓布袋，再加足水到稀释倍数，即可喷雾。可防治蚜虫、红蜘蛛、粉虱、叶蝉、军配虫、天蛾、银纹夜蛾以及其他毛虫类害虫等。

（3）茶子饼。将茶子饼磨碎用开水浸泡1昼夜，过滤后加水稀释20~30倍喷洒，可防治蚜虫及蜗牛、蛞蝓等；加水稀释约100倍液喷洒，对锈病有一定防治效果。

（4）蓖麻。取蓖麻种子450g捣碎，加水0.5kg浸泡3~4h，另加少量中性洗衣粉，再加水36~50kg，边加水边搅拌，过滤后喷洒，可防治金龟子、蚜虫、叶蝉虫等。将蓖麻叶、秆晒干，碾成粉末施入土中，可防治蛴螬地下害虫。

（5）银杏。将银杏叶及树皮切碎晒干，碾成细末施入土中，可防治金针虫、蛴螬等。取银杏叶片450g切碎，加水1.5kg浸泡1.5h，反复揉搓后过滤喷洒，可防蚜虫等害虫。

（6）桃叶。取桃树叶片450g切碎，加水25kg，煮0.5h，过滤后喷洒，可防治叶蝉、粘虫、尺蠖及其他软体动物。将桃叶切碎晒干，碾成细粉施入土中可防治蛴螬、蝼蛄等地下害虫。

（7）苦参。取茎叶450g，加水4.5kg，煮1h，过滤后喷洒，可防治蚜虫、夜蝉、菜青虫、烟青虫、舟蛾等，并能抑制锈菌孢子萌发。

（8）金银花。将金银花茎、叶450g切碎，加水1.5kg煮沸，过滤后喷洒，可防治地老虎、金针虫等。

三、化工方向产品开发工艺

本类包括7个亚类，大部分系采用化学方法，将高效水土保持植物资源所含的有效成分，进行分离、提取，而得到丰富多彩的多层次开发利用产品，附加值很高，前景很好。

（一）油脂

油脂，既与人们生活息息相关，又是重要的工业原料和新能源原料。近年来，我国食用植物油消费量持续增长，需求缺口不断扩大，对外依存度明显上升，食用植物油安全问题日益突出。因此，除了常规的油菜、亚麻、花生等油料作物外，要加强对油茶、油桐、乌桕、核桃等重要木本植物的开发利用，特别是鼓励企业利用新技术、新工艺，开展对木本植物油脂的精深加工和副产品开发。

油料采收后，需要先进行预处理，包括净化、剥壳、破碎、软化、轧胚与蒸炒等工序，然后进行提取。

1. 油脂初提

该法包括压榨法和浸出法。

（1）压榨法。这种制油是一种古老传统的油脂提取方法，包括一次压榨法和预榨－浸出法。

一次压榨法适用于多数油料植物，其工艺流程如下：

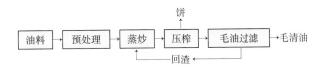

预榨－浸出法适用于多数高油分油料植物，其工艺流程如下：

（2）浸出法。浸出法是选择某种能够溶解油脂的有机溶剂，使其与经过预处理的油料进行接触（浸泡或喷淋），使油料中油脂被溶解出来的一种制油方法。这种方法使溶剂与它所溶解出来的油脂，组成一种溶液—混合油，然后利用选择溶剂与油脂的沸点不同，对混合油进行蒸发、汽提，蒸出溶剂，留下油脂亦即毛油。被蒸出来的溶剂蒸汽，经冷凝回收，再循环使用。其工艺流程如下：

由此得到的毛油，根据用途不同，其处理方法亦不同。如用于工业用油或生物柴油，则按其具体要求，继续进行提纯或变性。如果用于食用，则要进行精制和加工。

2. 食用油脂精制

采用压榨法和浸出法制取的油中，均含有不同数量的非甘油酯杂质，如游离脂肪酸、磷脂、蛋白质、色素、蜡质和水分等，这些杂质影响油脂的色泽、气味、滋味、透明度、稳定性等。为了提高油的品质，延长保存期，必须把油脂中的杂质除去，这就是油脂的精制和加工。其主要工序包括：

（1）机械精制。用过滤法、沉淀法、离心过滤法及压榨机过滤法等，除去油脂中的油饼碎屑、植物纤维、尘土和水分。

（2）水化脱胶。脱除毛油中胶溶性杂质。即把一定数量的水盐溶液，或稀酸溶液，加入毛油中，使毛油中的胶体杂质吸水膨胀，凝聚成粒，密度增大，从而可进一步采用沉降或离心法，将其分离除去。

（3）油脂脱酸。去除毛油中的游离脂肪酸，以及毛油中残存的少量胶质、色素和微量金属物质。工业生产上应用最广泛的是碱炼脱酸法（化学精炼法），其次是水蒸气蒸馏脱酸法（物理精炼法）。

（4）油脂脱色。使毛油中的色素变成无色或浅色物质。将精制油加热并与吸附剂（漂白土、活性土、活性炭等）相混合，通过过滤，除去有色物质及吸附剂。

3. 生物柴油加工

生物柴油是指以油料作物、野生油料植物和工程微藻等水生植物油脂，以及动物油脂、废餐饮油等为原料，通过酯交换工艺，制成的甲酯或乙酯燃料。

我国富含油脂的高效水土保持植物资源较多，其中有的含油率很高，如樟科木姜子的种子含油率达 66.4%，黄脉钓樟的种子含油率高达 67.2%。大戟科植物如油桐、千年桐、乌桕、余甘子、蓖麻、麻枫树、蝴蝶果等，山茱萸科的光皮树、毛梾等，漆树科的黄连木等，交让木科的牛耳枫等，大风子科的山桐子等，都是很好的可用于研发生物柴油的植物 [21]。

由于植物油的碳链较长，含不饱和的双键多或含支链多等原因，使得其黏度过高，如果直接使用会带来许多问题，以操作性和持久性问题最为突出。操作性主要是指燃烧特性：即存在失火、低温启动性能差及点火延迟等现象。持久性主要是指燃烧不完全现象：即炭沉积、燃油喷嘴堵塞、润滑油稀释或变质等。针对这些问题，目前生物柴油的制备方法主要有 5 种：稀释、微乳化、热解、酯交换及生物技术方法 [22]。

（1）稀释法。利用石化柴油来稀释植物油，从而降低植物油的黏度和密度。该方法工艺简单，但制备出来的生物柴油质量不高，长期使用易出现喷嘴和结焦现象。

（2）微乳化法。利用乳化剂，将植物油分散到黏度较低的溶剂中，以降低植物油的黏度，来满足生物燃料油的要求。此方法与环境有较大关系，环境变化可造成破乳现象。

（3）热解法。通过高温，将高分子有机化合物变成简单的碳氢化合物。此法工艺复杂，成本过高，但此法所得生物柴油与普通柴油的性质非常接近。

（4）酯交换法。利用甲醇、乙醇等醇类物质，将植物油中的甘油三酸酯中的甘油取代下来，形成长链的脂肪酸甲酯，从而降低碳链的长度，增加流动性和降低黏度。这是一种常用的方法。

（5）生物技术法。利用脂肪酶，将长链的高分子降解成短链的碳氢化合物。

（二）香精油

香精油是植物体内的一种次生代谢物质，它在植物的特殊器官油腺和腺毛中形成，并由这些器官分泌出来。香精油含量和成分，随植物生长发育、株龄的变化而不断发生变化；生态地理条件与栽培条件，对香精油含量与组成也可造成影响。因此，在提取时，要根据各类植物的含油特点，采用不同的方法。

古代，人类在生活实践中，早已认识到香精油植物的利用，受到季节性的限制；也发现花朵采摘下来后会枯萎，香气会散失，故采取了一些办法来保存香气。三四千年前已有原始蒸馏器，现陈列在巴基斯坦的塔黑拉博物馆里。大约在公元 8—9 世纪，波斯曾生产玫瑰水以医治眼疾，后来成为水蒸气蒸馏法的先驱。至 13 世纪，蒸馏知识已在欧洲传播；到 16 世纪，蒸馏技术才趋完善。为保持鲜花香气，地中海的古老国家，将鲜花朵放在脂肪油上进行吸附，这是最初的冷吸法。采用挥发性溶剂提取香精油是近代才开始的 [23]。

植物器官不同，所提取出的香精油称呼不同：从花或花蕾提取的，有茉莉花浸膏、桂花浸膏、玫瑰油等；从叶提取的，有桉叶油、芳樟叶油等；从枝干提取的，有檀香油、柏木油、樟脑油等；从树皮提取的，有桂皮油等；从果皮或籽提取的，有山苍子油、甜橙油等。

为了在加工中取得更好效果，对原料必须有一定要求，或作适当的预处理。计有对鲜花鲜叶的保养和保存、浸泡处理、破碎处理和发酵处理等方法，以尽量保持原料在采集时的精油含量和质量，以加快加工过程，获得最佳的加工效果。目前香精油植物加工提油常用的生产方法有：

水蒸气蒸馏法：含水中蒸馏法、水上蒸馏法、直接蒸气蒸馏法（减压法，加压法）。

浸提法：即挥发性溶剂浸提法。

压榨法：有碎散皮螺旋压榨法、整果磨皮法。

吸附法：包括温浸法、吹气吸附法、水中精油吸附回收法、冷吸法。

从香精油植物中提取的香精油中，含有单萜、倍半萜（指萜烯）等，因不饱和，往往容易氧化和树脂化，从而产生不良的气息，影响产品质量。为此，根据用途，有时有必要进行浓缩、除单萜、除萜和脱色等处理。

以下为两种香精油的加工工艺流程：

香茅油：是香茅草在常压下，直接蒸汽蒸馏，或水中蒸馏，所得的一种精油，油得率为 1.2%~2.4%，主要化学成分为香茅醛、香茅醇、香叶醇、柠檬醛、丁香酚、萜烯等。我国产量约占世界总产量的 1/3~1/2，主要用来单离出香茅醛和香叶醇，进而合成一系列香料化合物。用香茅醛为原料，可生产羟基香茅醛，这是一种具有铃兰菩提花、百合花香气，清甜有力，在百合、铃兰、玉兰、水仙、玫瑰等日用香精中，起主香剂或协调剂作用；也可用于柑橘、樱桃等食品香精中的香料工业常用大宗商品。其工艺流程如下：

丁香油：桃金娘科植物丁子香，别称丁香，主产于我国广东、广西，花蕾含油量 20%~30%，含酚量最高达 95%，非酚部分含 10%~15%。丁香油世界年产量 2000t 左右。工业上除利用丁香油调配香精外，还单离出丁香酚，供进一步合成香料之用。用丁香酚可制成各类衍生物，如各类醚、酯等具有优雅的康乃馨香气、丁香香气、鸢尾香气，是很好的香原料。用丁香酚为原料制取的香兰素，具有香荚豆独特的芳香，为重要的食品赋香剂之一，是香草香精的主要原料，既可作定香剂，也可作调香剂或变调剂使用，广泛用于化妆品、烟草、糖果、糕点及冰淇淋中。香兰素还具有脱臭和掩盖作用，所以在服装、橡胶制品、纸、塑料制品中广泛应用，是一个很有经济效益和出口创汇价值的精细化工产品。用丁香酚制取香兰素的生产工艺如下：

（三）维生素

维生素是一类性质个别的低分子有机化合物。它们之所以归为维生素，并不是根据它们的化学性质，而是根据它们的生物功能。维生素是食物的构成部分，它们都是天然有机化合物，在生物体的生命活动中，具有十分重要的作用，是维持人体正常生理生化功能，不可缺少的营养物质。

维生素分为脂溶性和水溶性两大类。它们在不同的生物样品中的含量，相差悬殊。它们有些是单一化合物，而大部分则是具有不同程度生物活性的几种相近的化合物。最初，维生素是按照它们被发现的次序，以英文字母 A、B、C、D 等进行命名的。后来发现有的维生素命名重复，有的化合物不是维生素。如维生素 F，后来证明只是一种脂肪酸，即为亚麻酸或亚油酸，因此该名称取消；维生素 P 实际上是黄酮类化合物，名称也已废掉。各种维生素具有自己独特的性状和理化功能，详见下页表。

一些维生素的特性和主要功用

类别	名称	特 性	主要功用
脂溶性	维生素A	溶于脂肪,不溶于水,不受热影响,在高温时容易被氧化,植物性食物中胡萝卜素可在人体内转为维生素A,可在肝脏内储存	促进眼球内视紫质的合成或再生,维持正常视力,防治夜盲症。维持上皮组织健康,增加对传染病抵抗力,促进生长
	维生素D₂	溶于脂肪和脂肪溶剂,耐热,不易被氧化	增进磷、钙在小肠内吸收,调节磷、钙正常代谢,促进牙齿、骨骼正常生长
水溶性	维生素B₁	溶于水和酒精,不溶于油脂溶剂,在酸性溶液中稳定,在中性或碱性溶液中及遇热条件下容易破坏	是构成脱羧辅酶的主要成分,使身体充分利用碳水化合物。防止体内丙酮酸中毒,防止神经炎脚气病,增加食欲,促进生长
	维生素B₂	溶于水和酒精,形成黄色荧光液,不溶于油脂溶剂,易被日光破坏,在碱性溶液中易被破坏,遇热较稳定	是构成脱氢酶的主要成分,为活细胞中氧化作用所必需,促进生长,维持一般健康
	维生素B₁₂	溶于水,在中性或酸性溶液中较稳定	促进红细胞的成熟
	维生素C	溶于水和酒精,极易被氧化,在酸性溶液中较稳定,在碱液中、铜质容器中极易被破坏,大部分在烹调中损失	为形成连接组织、牙齿、结缔组织中细的黏结物所必需。维持牙齿、骨骼、血管、肌肉正常功能,促进外伤愈合
	维生素PP	溶于水和酒精,耐热,不易被氧化和破坏	是辅酶Ⅰ、Ⅱ组成部分,促进细胞呼吸作用,维持皮肤神经健康,防止癞皮病,促进消化系统功能

下面是各类维生素的介绍、一些传统的提取方法[24],及一些新工艺的简单介绍。

1. 维生素A

维生素A亦称抗干眼维生素、抗感染维生素、视黄醇。包括维生素A₁、A₂、A₃。维生素A是脂溶性物质,容易氧化,对热、酸不稳定,在紫外光照下分解,但在惰性气体中加入适当的抗氧化剂,如维生素E、对苯二醌等,则可提高其稳定性。维生素A主要存在于动物肝脏中,植物体中不含维生素A,但含有维生素A前体胡萝卜素。

维生素A传统上用皂化法和直接法提取。

天然β-胡萝卜素的生产方法,有植物提取法、盐藻培养法及微生物发酵法。植物提取法得到的产品是α-、β-和γ-胡萝卜素的混合物,β-胡萝卜素的含量只有达70%~85%,不仅提纯困难、成本高,还受原料来源限制。盐藻培养法生产条件要求苛刻,不但受产地和季节限制,从盐藻中甘油和蛋白质分离高纯度产品难度很大。从最近研究进展来看,理想的产业化生产方法是,用三孢布拉霉菌发酵生产天然β-胡萝卜素[25]。

2. 维生素D

这是一群类似的化合物,都是类固醇的衍生物。化学上有11种类固醇具有维生素D的活性,其中最重要的是维生素D₂(麦角钙化醇)、D₃(胆钙化醇)。维生素D为无色结晶,不溶于水,易溶于乙醇等有机溶剂,在光和氧的作用下容易分解,但它比维生素A要稳定一些。维生素D的活性形式,在自然界分布不广,最丰富的维生素D来源,是鱼的肝脏和动物体的内脏。麦角甾醇是维生素D₂前体,广泛存在于真菌类植物中。

维生素D与维生素A的提取方法类似,传统上先用乙醇-氢氧化钾,将样品皂化,然后用有机溶剂,提取其中的不皂化物。提取时,可加入抗坏血酸作为抗氧化剂。

下面是麦角甾醇的一些提取工艺流程[26]:

酵母发酵玉米秸秆产麦角甾醇工艺流程:

玉米秸秆 → 粉碎 → 蒸汽爆破 → 纤维素(半纤维素) → 稀酸水解 → 六碳糖(五碳糖) → 发酵 →
离心 → 皂化 → 提取 → 浓缩 → 麦角甾醇结晶

葡萄糖母液生产高麦角甾醇工艺流程：

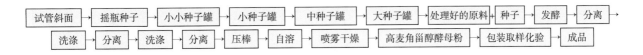

3. 维生素E

维生素E又称生育酚，共有8种，其中4种为α、β、γ和δ，在化学结构上，生育酚类为苯骈二氢吡喃的衍生物。维生素E的各种异构体，均为黄色的黏油状物，不溶于水，溶于有机溶剂。酸、碱、氢化过程及高温，均不会破坏维生素E，但是它容易氧化，在空气中会缓慢被氧化，在腐败的脂肪或在铁盐存在下，会被迅速氧化；紫外线照射，也可使其分解。维生素E可用来保护其他易被氧化的物质（如维生素A及不饱和脂肪酸等），使其不被破坏，所以它是极有效的抗氧剂。维生素E的醋酸盐，也具有相似的生物活性，并且性质比较稳定。许多植物，还有牛奶、蛋、人造奶油、肝中，都含有维生素E。植物油中维生素E的含量较高。

提取维生素E的传统方法有二：一是皂化法。样品经乙醇-氢氧化钾溶液皂化后，维生素E存在于不皂化物中，再用乙醚或其他有机溶剂提取不皂化物。维生素E容易氧化，皂化过程中，最好要通氮以隔绝空气，同时要加入适当的抗氧化剂，如维生素C等，皂化时间应尽可能短。二是直接提取法。样品可以不经皂化，而用有机溶剂直接提取，然后在低温下进行浓缩结晶，除去脂类，将维生素E提取出来。

色谱分离技术生产高纯度维生素E的新工艺[27]，在原分子蒸馏工艺的基础上，以分子蒸馏的产物为原料，继续采用色谱分离法，做进一步的提纯：

新型工艺，还有异植物醇法、酶法、凝胶过滤法等[28]。

4. 维生素K

维生素K被称为抗出血维生素，它是一组（K₁、K₂、K₃、…、K₇），具有抗出血作用的醌类化合物。K_1、K_2为天然存在，K_3、K_4、…、K_7为合成物质。天然存在的维生素K为脂溶性物质，对热、氧及水分的作用很稳定；但在碱性环境下，受阳光照射会分解。维生素K广泛地分布于自然界中，绿叶蔬菜中含量较多，瘦肉、猪肝、牛肝等动物性食品，也是维生素K的丰富来源。另外，许多细菌，包括某些正常的肠道菌，也能合成人体需要的维生素K。

维生素K的传统提取方法：鉴于维生素K易于受碱分解，一般都采用有机溶剂直接提取，而不采用皂化的办法。它受紫外线照射易于分解，故所有的操作都应避免强光的照射。植物材料在提取前，一般需要预先用干燥器、真空或冷冻干燥装置进行干燥，然后用有机溶剂，如乙醚、丙酮或轻油进行提取。将样品与这些有机溶剂混合剧烈振荡，使维生素K被提取出来。

5. 维生素B

维生素B种类挺多，包括B_1、B_2、B_5、B_6、B_{12}、B_c等。

（1）维生素B_1又称硫胺素，通常使用的是它的盐酸盐。这是一种白色的结晶状化合物，易溶于水，在干燥状态下对热稳定，但在溶液中，特别是在碱性溶液中，对热不稳定。维生素B_1广泛存在于自然界中，含量较多的除猪肉、蛋品、酵母、土豆、豆荚外，一般植物的核果、果皮及胚中，含量较多。特别需要指出的是，糙米中含量较高，而精制大米中含量甚微。

维生素 B_1 的传统提取方法，是对于含游离维生素 B_1 的样品，采用酸化加热提取法；对于含有焦磷酸硫胺素的样品，采用酶解提取法。

（2）维生素 B_2 又称核黄素。这是一种橙黄色结晶体，280℃时熔化分解，对空气、热、酸稳定，对光敏感，受光照射易分解，易溶于酸。维生素 B_2 广泛存在于许多食物中，蔬菜、茶叶、粗面粉、牛肉、瘦肉、鱼、蛋等食品中含量较高。

维生素 B_2 易溶于酸，传统上采用酸性溶液加热提取。在提取过程中应保持溶液 pH 值小于 7，不要受到光线的照射，以免维生素 B_2 分解。

（3）泛酸旧称维生素 B_5。广泛存在于动植物体中。它的游离酸是一种褐黄色的黏稠油状物，易溶于水和乙醇中，对酸、碱、热不稳定。泛酸具有旋光性，只有右旋型才具有维生素活性。通常都是将它制成钙盐–泛酸钙使用。泛酸钙是一种白色固体，易溶于水，味苦，易为酸碱所水解；在中性溶液中及食物中，对热稳定。所有动植物组织中，均含有泛酸，酵母、肝脏中泛酸含量十分丰富。

天然材料中的泛酸及人工合成的泛酸钙，均易溶于水，传统上可用热水，很方便地将它们从样品中提取出来。

（4）维生素 B_6 又称抗皮炎维生素，包括 3 种结构相似的物质，即吡哆醇、吡哆醛和吡哆胺。这 3 种物质均易溶于水，微溶于丙酮及醇中，不溶于醚及氯仿中，在酸性及碱性溶液中，对热稳定。吡哆醛、吡哆胺在高温时易分解，它们在碱性溶液中，受射线照射时则被破坏，但在酸性溶液中对光照很稳定。所有这 3 种物质，均易受氧化剂破坏。这 3 种物质的盐类是无色的结晶体，易溶于水、酮及醇中，对热稳定，溶点为 204~206℃，在碱性溶液中易被紫外线分解。这 3 种形式的维生素 B_6，都广泛存在于动植物组织中。有的以游离的形式存在，有的以结合的形式存在。在肝脏、瘦肉、鱼肉、谷物、酵母、牛奶、蛋黄、莴苣、蔬菜、香蕉、麦片及核果等食物中，都含有较高的吡哆醇类物质。

维生素 B_6 可采用稀盐酸置于蒸汽压力锅中，于 121℃下酸解提取。

（5）维生素 B_{12} 亦称钴胺素。这是一种易吸潮的结晶物质，呈深红色，易溶于水和醇，但不溶于丙酮、乙醚、氯仿等有机溶剂，在受强碱、强酸和光照的作用下，易于分解。当有其他维生素（如维生素 C、B_1 及其分解产物）存在时，会降低其稳定性。烟酰胺的存在，也可降低它的稳定性。维生素 B_{12} 存在于动物性食品中，在高等植物中几乎不存在这种维生素。

维生素 B_{12} 易溶于水，传统上可采用热的稀酸溶解提取。

（6）叶酸。即维生素 M、维生素 B_c，是一组化合物的名称，它的纯化合物定名为蝶酰单谷氨酸。叶酸为一橙黄色的结晶化合物，微溶于冷水，溶于热水，无味，无臭。不溶于醇及乙醚等有机溶剂，在中性或微碱性溶液中对热稳定，但在酸性溶液中易于分解，并且对光敏感。叶酸存在于绿叶蔬菜中，动物的肝脏和肾脏中含有较丰富的叶酸，甘蓝、蚕豆、黄豆、甜玉米、甜菜、香蕉、全麦等食物，蛋类食品也含有较多的叶酸。

叶酸是利用其易溶于热水、稀碱液的性质来提取的，传统上常用稀的氢氧化铵溶液加温来提取。

6. 维生素 C

维生素 C 又称抗坏血酸，包括 L- 抗坏血酸和 L- 脱氢抗坏血酸。两种抗坏血酸在一定条件下，可以可逆地相互转化。无色结晶体，易溶于水，微溶于丙酮，在乙醇中溶解度更低，其水溶液具有显著的酸性。结晶抗坏血酸在空气中稳定，它的水溶液则易被空气和其他氧化剂氧化，生成脱氢抗坏血酸，这一反应是可逆的，但是后者再进一步氧化成 L- 酮基古罗糖后，则成为不可逆的无抗坏血酸活性的物质。抗坏血酸的氧化，受到碱、热、光及微量重金属离子的催化而加速，特别是铜、铁离子的催化。维生素 C 广泛存在于绿色蔬菜、柑橘类水果以及许多植物果实中。同一类型食物中，维生素 C 的含量也随品种、产地、成熟度等条件不同，而有很大的差异。

维生素 C 易溶于水、酸，可采用 1% 的草酸、三氯乙酯或偏磷酸提取；也可采用 5%~6% 的偏磷酸－醋酸混合液提取。

7. 烟酸

烟酸又称尼克酸、抗糙皮病因子、维生素 PP。当其分子中的 OH 基被 NH_2 基取代时，则为烟酰胺。烟酰胺也具有相似的生物活性。因此，在使用烟酸名称时，往往是指的这一组化合物。烟酸和烟酰胺都为白色的晶体，是维生素中最稳定的一种。它们对酸、碱、热、光及弱氧化剂都很稳定；微溶于冷水中，易溶于热水及乙醇中。酵母菌、肝脏、瘦肉、禽类、全谷类食品、鱼类食品等，都含有烟酸。

利用烟酸易溶于热水、对酸碱稳定的性质，传统上用稀酸在蒸发压力锅中进行提取。

目前维生素多用化学合成方法制成，而各类植物类维生素，以被人类直接取食植物而加以吸收利用。维生素类植物资源在运输、贮存等过程中，一定要根据维生素的特征，采取相应办法以减少损失，详见下表。

维生素在运输、储存及加工中的特性

类别	名称	特　性
脂溶性	维生素 A	对光和氧气是敏感的，因此食材在加工过程中会受到一定的损失。但维生素 A 原一类胡萝卜素在加工时稳定性较好，其在沸水加工中只损失 1% 左右
	维生素 D	在空气中有抗氧化作用，因此在贮存和加工过程中，一般不会发生变化
	维生素 E	对氧气很敏感，在油脂烹调过程中可损失 70%~80%
	维生素 K	对酸、碱、氧化剂、光和紫外线照射很敏感
水溶性	维生素 B_1	在碱性条件、氧、氧化剂、紫外线及射线下易被破坏，但在酸性条件下稳定、耐热
	维生素 B_2	对光敏感，但在暗处，尤其在酸性环境下几乎不发生损失
	维生素 B_6	对热、氧、酸稳定
	维生素 B_{12}	在纯溶液中受到光和紫外线的破坏，用水漂洗也能引起大量损失
	维生素 PP	对氧、酸、光和热稳定
	维生素 C	易被氧化。浆果类在 20℃ 下储藏 1~2 天，维生素 C 损失率达 30%~40%；苹果在 3 个月内，维生素 C 含量减少 1/3。绿色蔬菜在室温下储存，只需几天维生素 C 会丧失殆尽

对于采购或收集到家的植物食材：一是要尽量食用新鲜食材，不要储存食材；二是食材在加工过程中，尽量减少水洗水漂的重复工序；三是食材在烹调时，最好采用高温快速烹调或少烹调。

（四）纤维

根据其在植物体中分布位置的不同，植物纤维大致可分为木质部外纤维与木质部纤维两大类。木质部外纤维，亦称非木质纤维，包括韧皮纤维、皮层纤维和围绕维管束的纤维，是纺织工业主要面向的纤维。木质部纤维又称木纤维，是木材工业的主要原料之一（在此不做介绍）。非木质纤维与人类生活的关系极为密切，是日常生活必需的纺织品、绳索、包装、纺织等的重要原料。

非木质纤维包括禾本科纤维、韧皮纤维（麻类和桑、构、檀等树皮）和叶部纤维（菠萝、香蕉）等，多是纤维形态优良纺织用料。用于纺织工业的纤维原料，必须先要进行脱胶处理。

脱胶就是利用微生物发酵，或用化学药品来处理，使野生植物中所含的纤维素以外的大部分杂质如单宁、果胶等，经过微生物发酵作用，或化学药品的化学变化，变成可溶于水的物质，经过充分水洗，就剩下纤维素和一小部分杂质。这种纤维已经基本上互相分离，成为一束束的纤维。但因为这样脱胶后的纤维中，还含有一部分胶质、半纤维素和木质素，所以把这类脱胶称为初步脱胶。经过初步脱胶后的纤维，因为它已经有一定的长度和强力，所以就可供纺织工业上做原料用了。有些野生植物（如椴树皮等）原来单纤维的长度很短，如把胶质全部去掉，就要成为很短的纤维不能纺织利用了，所以不继续脱胶，直接用于麻袋、麻布、打麻绳等用。还有一些纤维，如南蛇藤、罗布麻、苎麻等，虽然经初步脱胶后成为麻状束纤维，也可以用于织麻袋，但因这种单纤维很长，把它再进一步脱胶，就可以得到一根根有一定长度的单纤维用于纺纱，价值增加很多，这种进一步脱胶称为精制脱胶。

1. 初步脱胶

脱胶的方法很多，从脱胶原理上可分为3大类：第一类是利用微生物来破坏果胶质，达到脱胶目的；第二类是利用化学方法，如热碱液来溶解各种杂质，达到脱胶目的；第三类是物理方法，目前还不十分成熟。植物纤维脱胶方法如下图所示。

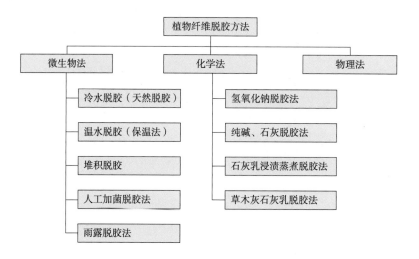

（1）微生物脱胶。利用附着在植物纤维和存在于水中的微生物，经过在河道、水池子中浸泡，在一定温度下，将纤维中所含有的可溶性物质（如单宁、碳水化合物、色素等）溶解到水中去，其中一部分溶解于水的物质，可以供给微生物作为养料。纤维上和水中的微生物在一定的温度下，得到了充分的养料，就可以快速繁殖。纤维中溶出物越多，细菌也就繁殖地越快，发酵脱胶过程速度也随之加快。浸泡纤维溶解出一些物质，同时还可使纤维组织被水浸入，纤维组织逐渐膨胀而分裂，产生许多细小孔隙，水中微生物随之通过孔隙侵入纤维内部，进行发酵并大量繁殖，就可以破坏纤维的胶质、半纤维素、木质素等物质，而产生各种气体、有机酸、酯类等。到这一阶段纤维层就逐渐松开，至成网状，说明发酵已好，可以取出漂洗。如不及时漂洗，则微生物可继续将肉状纤维分离至单纤维，使纤维上的果胶质、木质素完全去掉，就使纤维变得很短、强力很低，或没有强力，这样的纤维将不能用于纺织工业。

微生物脱胶包括冷水脱胶（天然脱胶）、温水脱胶（保温法）、堆积脱胶、人工加菌脱胶和雨露脱胶等方法。其中冷水脱胶的主要工艺流程如下：

（2）化学脱胶。利用化学药品（碱、酸等）来处理植物纤维，经过水洗，除去它含有的部分杂质，使其能供纺织工业上应用。化学药品很多，但过程却都相似，都是先用碱煮（也可以酸浸一次再碱煮），然后捶打、水洗等。

化学脱胶的主要生产流程如下：

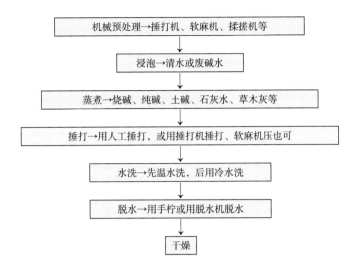

2. 精制脱胶

有些植物纤维较长,细而较韧,强力较好,可以和棉、毛混纺或纯纺。这类纤维虽然经过了初步脱胶,但在纤维中还含有一小部分多缩戊糖、木质素、果胶质等,如不用化学药品将其清除,则纤维在纺纱、染色等后续过程中,麻烦很多。多缩戊糖要完全除掉,需酸碱轮番处理；木质素要先用漂白氧化处理,再用碱液蒸煮处理等。所以,对这些品质好的纤维,还要经过精制脱胶这一过程。

精制脱胶工艺过程如下：

3. 纺纱织布

纺纱织布包括纺纱、织布两道工序或生产线。

（1）纺纱。根据纺纱工程所采用的纤维种类不同,可分为棉纺、麻纺、绢纺、毛纺和化学纤维纺等。除此之外,还可采用两种或两种以上的纤维进行混纺。

各种纤维的纺纱工程,虽然具有其自己独有的特点,但其纺纱的基本原理则是一致的：一般都需经过平行、牵伸、加拈和卷曲等4个基本工序,即：

1）把所采用的纤维原料,经过整理、疏松、混合和清除杂质后,使纤维平行制成条状。

2）将所制成的纤维条,经过并合和牵伸,使其达到所需要的细度。

3）在纤维牵伸同时,进行加拈,使纤维成为具有一定强度的纱。

4）将纺织成的纱,绕成绞状或球状,以便于织造工程使用。

（2）织布。早期的织布机,都是依靠人力带动的织布机。无梭织布机技术,自19世纪起就着手研究；到20世纪50年代起,逐步推向国际市场。自20世纪70年代以来,许多新型的无梭织机陆续投入市场,有剑杆织机、片梭织机、喷气织机、喷水织机、多相织机、磁力引纬织机等。

从国际无梭织机的技术发展和纺织工业的需求看,喷气织机高速化、宽幅化、系列化方面的进步较快,除在量大面广的棉织行业广泛应用外,在色织、提花等织物应用日益广泛；而剑杆织机的品种适应性、织物花色品种变化、适织范围更广泛等方面具有优势,这两种织机成为纺织工业应用数量最多的两类机型。

梳织布厂工艺流程如下：

坯布：

下单 → 整经 → 浆纱 → 自接 → 织布 → 坯检 → 成品坯

色织：

下单 → 整经 → 染纱 → 浆纱 → 穿综 → 上机 → 织布 → 坯检 → 色织

（五）鞣质及染料

鞣质可作为染料，故归为一大类。下面分开叙述。

1. 鞣质

鞣质是从富含单宁的植物性物料，如树皮、木材、果壳、叶等，经浸提、浓缩等过程，制成的浓缩的产品，为棕黄到棕褐色的固体（粉状、粒状或块状）或浆状体。下面用其商品名"栲胶"。栲胶能使裸生皮变成皮革，故被广泛用来鞣制底革、工业用革、箱包用革、箱包革和打光鞋面革等。植物鞣革具有成革组织紧密、坚实饱满、延伸性小、成型性好等独特的优点，因此，至今植物鞣法仍然是生产重革的基本鞣法。由于栲胶的良好填充性，生产轻革时，也常用其进行复鞣或填充。随着科学技术的发展，其使用范围还呈逐渐扩大的趋势，目前还被应用于锅炉防垢除垢剂、泥浆减水剂、污水处理剂、胶黏剂、涂料、燃料、电池、电极添加剂、气体脱硫及医药等方面。近年来，还用栲胶研制出了一些工程防渗加固的化学灌浆材料、新型铸造辅料等。

（1）原料采收。栲胶原料种类很多，采集时间、方式不尽相同。

落叶松树皮，是在抚育间伐、修枝后，人工剥皮；木麻黄和黄荆树的树皮，在秋季抚育间伐、修枝后，人工剥皮。毛杨梅树皮，在初夏树液流动时，人工局部剥皮。余甘子树皮，最好于5~6月，对立木人工剥皮，即在树干留1~3cm的树皮营养带，按上下直切，然后分段横切（约20cm），再将树皮撬开剥下，这样再经1年可再生出新树皮，以保护植物资源。

栎类植物果实，于秋季成熟后收集，晒干备用。

剥下的树皮，应尽快送到工厂加工，可提高栲胶产量和质量。

（2）原料储藏。新鲜原料含抽出物多，颜色浅，可生产出质量好、产量高的栲胶，所以应尽量使用新鲜原料，避免使用陈料。但由于各方面条件制约，通常在原料收购期使用新料，在其他时期使用陈料是不可避免的。为了保证正常生产需要，一般再至少要储存半年生产需要的原料。

原料储藏要求：原料质量应尽量少降低；储存足够数量；原料易燃，应注意防火等。

原料储存方式：包括简单仓库储存、简易棚储存和露天储存。

（3）加工工艺。栲胶的质量首先决定于原料。靠近原料基地的栲胶厂，容易得到新鲜原料。原料随采、随运、随生产，所生产的栲胶色浅、易溶，质量最好。长期储存的原料，必须是气干的。

栲胶的加工工艺流程如下：

原料 → 计量 → 粉碎 → 浸提 → 过滤 → 蒸发 → 亚硫酸盐处理 → 干燥 → 栲胶

2. 染料

天然染料包括矿物染料和植物染料。植物染料以其来源广、少污染、无毒害、防虫杀菌、利于保存等优良特性，而独树一帜，在人们崇尚自然潮流中，显得异常重要。利用植物不同器官，提取出的五颜六色，是很好的染料资源。国产染料通常有如下几类：

蓝色染料：靛蓝（菘蓝、蓼蓝、马蓝、木蓝、苋蓝）。

红色染料：茜草、红花等。

黄色染料：槐花、姜花、栀子、黄檗等。

紫色染料：紫草、紫苏等。

棕褐染料：薯莨等。

黑色染料：五倍子、苏木、栎实、柿叶、冬青叶、乌柏叶等。

一般植物的叶、皮、花、果等器官中，都含有一定量的色素。从植物器官中提取天然染料的方法，主要有：捣碎过滤法、常规水浸法、有机溶剂浸出法、超声波提取法、微波提取法、酶法及超临界CO_2提取法等。

对五倍子选用上述方法并进行优化[29]的结果表明：在五倍子染料提取各方法中，水浸法所需时间最长（120min），温度要求最高（90℃），相对应的料液比要求也比较大，对酸碱度（指相对调节前的变值）的要求相对较低，但提取效率低；超声波法的时间（60min）相对水浸法大幅下降，温度（50℃）也低很多，料液比和酸碱度基本一致，提取效率高；微波法所用时间最少，酸碱度变化稍微大一些，料液比有所减少，提取效率高；超临界CO_2法时间（105min）比较长，温度较小，压力要求中等，提取效率较高。在五倍子染料提取液的染色中，水浸法提取液所染织物的耐日晒牢度较佳，但耐摩擦牢度和水洗牢度一般；超声波法提取液所染的织物，具有较高的耐摩擦牢度，日晒牢度和水洗牢度较佳；微波法提取液所染的织物的耐摩擦牢度较佳；超临界CO_2法提取液所染织物的耐日晒牢度较好，但耐摩擦牢度较差。在植物染料的提取中，水浸法设备要求较低，但耗时耗能；超声波法虽然设备有特殊要求，但因时间、温度要求较低，可大幅节约时间和资源；微波法的时间效率高，相对来说可以节约水资源，但处理时安全问题需倍加注意；超临界CO_2法最为绿色、环保，且提取效率高，但其设备造价较高，条件要求高。4种方法各有千秋，可根据条件分别加以选用。

（六）树脂及树胶

树脂与树胶分属两大类物质，前者不溶于水，后者易溶于水，但却都是树木分泌的不规则固形物，都是重要的工业原料。

1. 松脂

松脂是松属植物的分泌物，呈无色、透明的黏性液体，聚集于松树的树脂道中，具有松树的香气和苦味。松脂是天然树脂的一种，经蒸馏初加工，可得到脂松香和脂松节油。松香和松节油经深度加工，可得到用途广泛、品种繁多的精细化学品，应用于数十个工业部门[30]。

松香的各类衍生物和改性产品，可用来制造各种涂料、印刷油墨、表面活性剂、光学拆分剂、缓蚀剂、增塑剂、造纸纸张施胶剂、合成橡胶乳化剂、电子工业助焊剂、各种黏合剂以及食品添加剂等。

松节油可以合成樟脑、冰片及各类合成香料、增黏剂、甜味剂等。

目前，我国松脂加工方法，主要有直接火法和蒸汽法。直接火法又有单甑滴水法和双甑滴水法。蒸汽法按加工过程的先进方式，可分为间歇法与连续法；按照蒸馏方式，又可分为常压蒸馏与真空蒸馏。

2. 冷杉树脂

冷杉树脂是冷杉林木在生长发育过程中，形成的次生代谢产物，广泛存在于幼枝、树皮、针叶、球果树脂道中，具有许多可贵的性质和特殊的用途，是一种很重要的林产化工原料。

冷杉树脂的生产工艺流程如下：

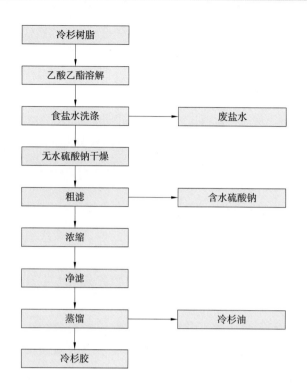

3. 生漆

采收生漆是漆树栽培的主要经济目的。生漆是一种珍贵的天然涂料，素有"涂料之王"之称，它是从漆树韧皮部割口流出的乳白色乳状液体，当接触空气后，其色泽因氧化由浅逐渐变黑，并凝结成一层黑亮而有弹性的漆膜。生漆含有漆酚、水、糖类物、含氮物、挥发性有机化合物、氨基酸、油和漆酶等[31]，因能抵抗强酸、强碱及大多数有机溶剂的腐蚀，具有耐热、耐水、绝缘及防辐射的优良特性，广泛应用于轻工、化工、机械、国防等部门。

生漆可以直接用作涂料，但经过加工（精制）或改性后，应用更为广泛。生漆精制后，可以生成滤漆、棉漆、明光漆、推光漆、广漆、瓷光釉、色漆等。生漆改性产品，常见的有各种精制大漆、各种油性或油基大漆、漆酚清漆、漆酚缩甲醛清漆、漆酚环氧防腐漆、漆酚树脂烘漆等。

4. 桃胶

桃胶来源于蔷薇科李属植物（桃、李、杏、樱桃等）的树干渗出物，是较早被利用的一种植物胶。在我国古代种植桃树较多，且分泌胶液也多，因此俗称桃胶。但天然桃胶难溶于水，尤其是桃胶的局部结晶度越高，越难溶于水中。如果通过物理改性方法，来降低桃胶大分子局部结晶度，则可明显提高其在水中的溶解度。此外，加入一定数量的添加剂于桃胶中，也能改善桃胶的成膜柔软韧性。试验表明，国产桃胶在食品、化妆品、医药及涂料等工业中，可以代替进口的阿拉伯胶使用。

桃胶生产工艺流程如下：

5. 阿拉伯胶

阿拉伯胶来源于含羞草科金合欢属的阿拉伯胶树、多刺金合欢等多种植物的树干渗出物。4000 年前，古埃及人就开始使用阿拉伯胶，将其加入香料中。因为该胶最早的贸易起源于阿拉伯地区，古称阿拉伯胶。

阿拉伯胶有手拣及普通级原始胶块，也有再经过工业化的去杂，用机械粉碎加工成胶粉型，或加工成更方便溶化的破碎胶。目前更多的加工工艺，采用将原始胶溶解后去杂，批量混合、过滤、漂白、杀菌、喷雾干燥后，获得可以直接用于食品及制药工业的精制阿拉伯胶粉。

6.罗望子多糖胶

罗望子多糖胶（TSP）是从一种热带生长的高大常绿乔木—（甜）酸角（又称酸豆或罗望子）种仁所提，这是一种非纤维碳水化合物，由 D-半乳糖、D-木糖、D-葡萄糖以 1：3：4 的重复单元，组成的一种中性多聚糖，还有少量游离的 L-阿拉伯糖。其提取工艺如下：

（七）其他原料

包括食用色素、甜味剂等其他工业原料，天然绿色，普遍应用于化妆品、食品添加剂等。

1.食用色素

食用色素与人们的日常生活息息相关。在食品加工、储藏过程中，往往容易褪色和变色；有些食品本身就缺乏诱人的色泽。因此，在食品中添加各种食用色素，补正食品的色泽显得十分重要。

（1）越橘红色素提取工艺流程：

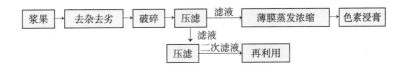

（2）栀子黄色素提取工艺流程：

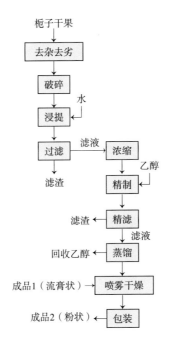

（3）多穗石柞（甜茶）棕色素提取工艺流程：

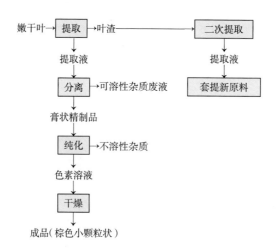

（4）蓝靛果红色素提取工艺流程：

2. 甜味剂

甜味剂包括天然甜味剂和不产生热量的人工合成甜味剂。天然甜味剂中，蔗糖、果糖、葡萄糖等具有较高营养价值，属于食品原料，不作为食品添加剂来限制。我国食品添加剂允许使用的甜味剂，包括人工合成的糖精及其钠盐、环己基氨基磺酸钠、天门冬酰苯丙氨酸甲酯。从罗汉果、槟榔、多穗石柞（甜茶）等中，可以提取到天然甜味剂。

（1）罗汉果：果中含有果糖，非糖甜味物质主要是三萜皂甙。采用膜技术提取三萜皂甙的工艺流程[32]如下：

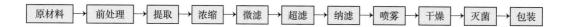

最佳工艺条件为：用水提取 2 次，每次用 3 倍量水，过截留相对分子质量为 40 000 的超滤膜，然后再经过纳滤、干燥。

（2）多穗石柞（甜茶）：嫩叶浸泡后有很高的甜味，因而亦被称为甜茶。研究表明，其甜味来自根皮苷和三叶苷等二氢查耳酮类成分（黄酮化合物）。采用膜分离技术，可提取其甜味剂。

四、其他方向产品开发工艺

包括未列入上面各利用方向的，如蜂蜜、昆虫寄主分泌物、寄生植物等的开发工艺。

（一）蜂蜜

蜂蜜因蜂种、蜜源、环境之不同，其化学组成有很大差异。蜂蜜主要成分是果糖和葡萄糖，两者含量合计约占 70%，此外尚含少量蔗糖、麦芽糖、糊精、树胶以及含氮化合物、维生素、有机酸、挥发油、色素、蜡、天然香料、植物残片（特别是花粉粒）、酵母、酶类、无机盐等。蜂蜜的颜色从水白色到深琥珀色，差别较大，因为蜜源植物的品种不同，蜂蜜具有不同花的特殊颜色和芳香。新鲜成熟的蜂蜜为黏稠的透明或半透明胶状液体，有的槐花蜂蜜，可以用报纸包起来，有的蜂蜜在较低的温度下放置，可以逐渐凝结成晶体。蜜的比重为 1.401~1.443g/cm³。

蜂蜜是一种营养丰富的食品，蜂蜜中的果糖和葡萄糖易被人体吸收，成熟蜂蜜的发热量为 3280kJ/kg。吃蜂蜜以新鲜为好，因新鲜蜜一般色、香、味口感较好。蜂蜜对某些慢性病还有一定的疗效，常服蜂蜜对于心脏病、高血压、肺病、眼病、肝脏病、痢疾、便秘、贫血、神经系统疾病、胃和十二指肠溃疡病等，都有良好的辅助医疗作用；蜂蜜外用，还可以治疗烫伤、滋润皮肤和防治冻伤。

1. 人工放养蜂

人工养蜂分移动养蜂和固定养蜂两种。固定养蜂是在一个地方，按植物花期，一个接一个的采集开放的花的花蜜。移动养蜂则是从春天到夏天再到秋天，按特定的花的花期，从南向北、从低向高移动。

植物花期的顶峰并不会太长，蜜蜂为集中收集一个地方的花蜜，会只采集特定花的花蜜。

因各地气候不同，固定养蜂的年间日程安排，与自然条件密切相关，但也会根据养蜂地方的花期不同，而有所变化。

2. 蜜蜂酿蜜

蜂蜜原材料，包括来源于植物的花内蜜腺或在外蜜腺的花蜜，以及植物的叶或茎上采集蜜露，或昆虫代谢物—甘露。

（1）采集花蜜。蜜蜂经侦查发现蜜源之后，会飞回蜂箱，用跳"8字舞"或"圆圈舞"的方式，来告诉同伴方向和距离，这样工蜂可以被动员，集中到蜜源的位置，采回花蜜。储藏员会优先接待带回含糖分高蜂蜜的工蜂，带回含糖分低的工蜂则要等待。

蜜蜂每采集一次花蜜需要 20~40min，然后飞回蜂巢，在巢内大约交接需要 4min，等到交接完后，再次出勤，流蜜盛期一天出勤十几至二十多次。蜜蜂采集时，将花蜜一滴滴吸入囊中，每次采集量一般为 40~60mg，和体重相当。每酿造 1000g 蜂蜜，需要进行几万只次的采集飞行，采访几百万乃至上千万朵鲜花。

（2）酿造蜂蜜。采集蜂返巢后，将蜜汁吐给内勤蜂，或自己分散至几个巢房内，由内勤蜂继续加工。内勤蜂在加工中，先把蜜汁吸到自己的胃里和转化酶进行混合，然后再吐出去，再吸进来，如此轮番吞吞吐吐，要进行 100 多次。

酿制结束后，工蜂把蜜暂时存放在巢房里，蔗糖转化及蜜汁浓缩过程继续进行。直至蜂蜜成熟，蜜蜂用蜡将巢房封上盖，这就完成了从花蜜到成熟蜂蜜的整个流程。

3. 人工取蜜

到了 19 世纪，取得蜂蜜的方法，简单到只要从蜂巢中取出巢板。1853 年，美国人 L.L.Langstroth 在《巢与蜂蜜》著作中，阐述了人工饲养蜜蜂及取得蜂蜜的技术，发明了具有活动巢板的巢箱，及用于分离蜂蜜的离心机，确立了现代养蜂业。直到现在，养蜂的这一方法还得以延续。

活动蜂箱是进行养蜂的工具，在立方体的箱子中，并排放入 8~10 枚称为巢框的厚板。像自然形成的蜂巢一样，蜂框也是以垂直平行方式排列的，蜂框作为形成巢脾的基础，形状为纵横比 1：2 的长方形的中空的木框，壁面的一边以蜂蜡与石蜡制成厚纸状的平台，上面刻以六角形，作为蜜蜂制作蜂巢的基础。

在通常情况下，蜂蜜储藏在巢板的上部，下部作为孵化蜂卵、培育幼虫的区域，也可用来储藏花粉。蜜蜂在六角柱形巢洞储存蜂蜜后，会用蜂蜡密封巢洞。

在秋季结束到春季的这一段时间，北方几乎没有什么花存在，蜜蜂会消耗所储藏的蜂蜜。春初幼虫孵化的时候，是蜂蜜存量最少的时期，如蜂蜜不够用时，应人工加入熬稀的糖液。从此之后，蜂蜜的存量，随着花的开放开始回复。夏季随着花的减少，蜂蜜的存量亦会减少。秋花开放时蜂蜜存量会再次增加。

4.蜂蜜保存

蜂蜜保存宜放在低温避光处，最好放入冰箱内低温保存，不宜阳光直射，通常保质期为18个月。由于蜂蜜是属于弱酸性的液体，能与金属起化学反应，在储存过程中接触到铅、锌、铁等金属后，会发生化学反应。因此，应采用非金属容器，如陶瓷、玻璃瓶无毒塑料桶等容器，来储存蜂蜜。蜂蜜在贮存过程中，还应防止串味、吸湿、发酵、污染等。

（二）经济昆虫产物

这类植物包括养蚕植物、紫胶虫寄主植物、白蜡虫寄主植物、五倍子蚜虫寄主植物等，其所寄生昆虫（或饲喂昆虫）分泌物或刺激产物，是很好的工业原料，可以进行后续开发利用。

1.蚕丝

桑蚕，习称蚕，又称家蚕，是一种具有很高经济价值的吐丝昆虫，以桑叶为食料，茧可缫丝。蚕丝是珍贵的纺织原料，主要用于织绸，在军工、交电等方面也有广泛用途。蚕蛹、蛾和蚕粪也可以综合利用，是多种化工和医药工业的原料，也可以作为植物养料。中国是世界上最早养蚕、织丝的国家。桑蚕取食桑叶后，吐丝结茧，然后钻出茧壳羽化为蛾子。茧壳浸湿后，可以拉出长长的银色丝缕，丝缕再捻成线，也可织成绸。

桑蚕

中国除桑蚕外，还有柞蚕、樟蚕、樗蚕、天蚕等。柞蚕俗称野蚕，主要生活在北方地区，它由人工放养在野外柞林之中，以柞叶为食。和桑蚕丝相比，柞蚕丝的颜色比较深，纤维较粗，其本色为黑灰色，需要漂白之后，才能制作成为消费者所接受的蚕丝。虽然柞蚕丝成品外观与桑蚕丝相似，二者的质量、价格却有很大差距。

新鲜的蚕茧腔内的活蚕蛹和寄生蝇卵，经一定时间便化蛾出蛆，钻出茧壳，使茧层损伤而无法缫丝，必须及时利用热空气或电磁波等，将蛹和蛆杀死，并去除适量的水分，使蚕茧干燥，不致霉烂变质，便于储藏。蚕茧的干燥过程，又称烘茧。干燥的蚕茧称为干茧。为了防止干茧发霉变质，在蚕茧储藏中，要加强温、湿度控制和采取防虫、防鼠的措施。桑蚕茧一般采用干茧缫丝。柞蚕茧鲜茧茧丝的离解，比半干茧和干茧好，所以北方在冬天和春天都采用鲜茧缫丝，到4月以后即蛹变蛾前，把杀蛹干茧装入茧笼露天保管，或烘干后入库储藏。南方由于气温较高，鲜茧不宜缫丝，与桑蚕茧一样烘干后储藏。

制丝工艺过程，包括混茧、剥茧、选茧、煮茧、缫丝、复摇、整理、检验等工序。煮茧是制丝的重要工序之一。利用水和热的作用，有时也添加化学助剂，把茧丝外围的丝胶适当膨润、软和，使丝间的胶着力小于茧丝的湿润强力，以便在缫丝时，茧丝能连续不断地依次离解。桑蚕茧丝胶组成中，

柞蚕

难溶性物质少，在热水中易溶解、膨润、软和。而柞蚕茧丝胶常与大量草酸钙混在一起，煮茧时不易溶解、膨润和软和。因此桑蚕茧经煮茧后即可缫丝，而柞蚕茧还必须经过化学药品处理，称漂茧。缫丝是制丝工程中的主要工序。根据生丝规格要求，集合若干粒煮熟茧的茧丝，顺序离解、卷绕，并不断补充新的煮熟茧，缫成生丝。

以蛋白质为主要成分的蚕丝，除了在服装领域，发挥其优质的纤维功能外，还通过各种化学或物理处理方法，开发出各种新的功能性材料，拓宽了蚕丝的新用途。特别是从 2000 年以来，在返璞归真、回归自然绿色革命的倡导下，蚕丝越来越受到人们的关注和追捧。从昂贵的蚕丝被，到蚕丝枕、蚕丝内衣，再到医学界的蚕丝医用缝合线、丝蛋白人工皮肤等，蚕丝的作用越来越大。如今，美容界更是掀起了一股蚕丝美容风潮，以蚕丝为原料，研制而成的丝素化妆品，成为了无数爱美女性的护肤首选。

在医疗领域，作为构成绢丝成分的丝素和丝胶，通过浓硫酸处理，能获得与肝磷脂相同的物质，具有抗凝血活性、延缓血液凝固时间的作用，可开发血液检查用器材，或抗血栓性材料。用同样方法，改变若干加工条件，可将富于吸水与保水性能的绢丝，加工成高级水性材料，或其他生理保健用品。此外，将绢丝通过高分子化学合成处理，使钙或磷与绢丝凝聚，可开发出骨科治疗上的"接骨材料"。同样通过化学处理之后，也可开发人工肌腱，或人工韧带。以绢丝为原料的丝素膜，还可制成治疗烧伤或其他皮伤的创面保护膜。

在工业领域，加工成微粒的丝粉，除用于化妆品或保健食品的添加剂外，还可制成含丝粉的绢纸、食品保鲜用的包装材料以及具有抗菌性的丝质材料。丝素膜除用于加工隐形眼镜片外，还可将细至 $0.3\mu m$ 的丝粉与树脂混合，开发出被称为"丝皮革"的新产品。将丝粉调入某些涂料中制成的高级涂料，用来喷涂家具用品，能增加器物的外观高雅与触感良好的效果，广泛用于各种室内装潢。

在美容领域，天然蚕丝织物面膜，引领美容新趋势。天然蚕丝的结构与人体肌肤极相似，故又有人体"第二皮肤"的美称。蚕丝蛋白粉可以消除皮肤黑斑，治疗化脓性皮炎。蚕丝的蛋白质含量大大高于珍珠，其中含氮量高 37 倍，主要氨基酸含量高达 10 倍以上。这些氨基酸能直接为人体毛发、皮肤吸收与吸附，在人体表皮的外层更容易渗透，加速皮肤的新陈代谢，抑制皮肤中黑色素的生成。

2. 紫胶

紫胶是紫胶虫吸取寄主树树液后，分泌出的紫色天然树脂，又称虫胶、赤胶、紫草茸等。主要含有紫胶树脂、紫胶蜡和紫胶色素。紫胶首先是用作药材，其次用作工业原料。

从树上采集下的胶块，除去树枝等杂质后称紫胶原胶。原胶含树脂 70%~80%，蜡质 5%~6%，色素 1%~3%，水分 1%~3%，其余为虫尸、木屑、泥沙等杂质。虫尸和树脂中都含有色素。原胶粉碎、筛选后，在洗桶中加水搅拌和漂洗，后期再加入少量助洗剂。洗净后，离心脱水，用干燥机烘干，成为半成品粒胶。粒胶可加工成各种产品，如片胶、紫胶色素、紫胶蜡。

紫胶虫

虫胶

（1）片胶。将虫胶溶于碳酸钠溶液中，经活性炭脱色（由此制得者，称脱色紫胶片或脱色白虫胶）；或用次氯酸钠漂白（由此制得者，称漂白紫胶或漂白虫胶），再用稀硫酸使之沉淀（如需脱蜡，则先冷却并过滤）、分离，然后干燥成粒状或片状成品。

片胶

紫胶树脂

（2）紫胶树脂是羟基脂肪酸和羟基倍半萜烯酸构成的脂和聚脂混合物。紫胶树脂中能溶于乙醚的称软树脂，约占30%；不溶于乙醚的称硬树脂，约占70%。紫胶树脂黏着力强，光泽好，对紫外线稳定，电绝缘性能良好，兼有热塑性和热固性，能溶于醇和碱，耐油、耐酸，对人无毒、无刺激，可用作清漆、抛光剂、胶粘剂、绝缘材料和模铸材料等，广泛用于国防、电气、涂料、橡胶、塑料、医药、制革、造纸、印刷、食品等工业部门。

（3）紫胶蜡又称虫胶蜡，主要由C28到C34的偶数碳原子脂肪醇和脂肪酸组成，其含量相应为77.2%和21%，说明其中有不少游离醇存在，蜡中的少量碳氢化合物主要是C27和C29烷。黄色，硬质，硬度大，光泽好，对溶剂保持力强，可作为巴西棕榈蜡的代用品，用于电器工业、抛光剂和鞋油等。

（4）紫胶色素：一种鲜红无毒粉末，可作为优质食用红色素。

3. 白蜡

白蜡虫俗称蜡虫，为昆虫中的一种介壳虫，雌雄异形。雌虫发育成熟后，营固定生活；雄虫有一对翅，但生命短促，在野外不易发现。分泌蜡主要靠白蜡虫幼虫，一龄雌幼虫全不泌蜡，二龄雌幼虫能分泌微量蜡粉；一龄雄幼虫能分泌微量蜡丝；白蜡虫产蜡以来自二龄雄幼虫为主。白蜡（也称虫白蜡）实即白蜡虫的分泌物，为我国特产。我国放养蜡虫，始于公元9世纪前，宋、元间已有翔实的文献记载，

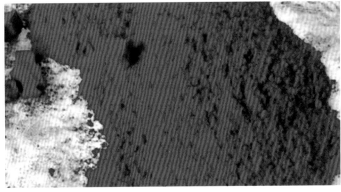

紫胶蜡 紫胶红色素

白蜡虫 虫白蜡

至明时大盛，川滇、湖广、江浙均有养殖。

（1）蜡花采摘。雄虫上树经过约 100 天，到处暑、白露节前后，当白蜡条上开始出现白色蜡丝（放箭）时，表明发育快的雄蛹已羽化为成虫，即将飞出，大多数雄虫已进入前蛹或真蛹阶段，不再泌蜡，应及时采收。可摘蜡花一块，放在手中揉碎，视其蜡花和虫蛹，如蛹呈淡褐色，即蜡花已成熟，应及时采收；如蛹带青灰色，说明蜡花嫩不宜采收；如蛹焦黄色是蜡花已老，要抓紧采收。收蜡时间，以阴天、小雨天最好，易剥下剥净。若在晴天采收，应在早晨露水未干时进行。若遇久晴，可喷洒清水然后采收，以免蜡花破碎造成浪费。采摘时一般用刀砍下蜡枝，再用手剥取蜡花，立即送至熬蜡房及时加工，以免蜡花堆沤中发臭、变色，影响白蜡质量。

（2）蜡花加工。蜡花采收后，放在沸水锅内熬煮，每 50kg 蜡花，加水 20kg 左右，待蜡花全部溶化，蛹浮在水面时立即熄火，降低温度，用瓢将浮在水面的蜡脂舀入蜡盆内，冷却后即成头蜡。取锅内剩下的蜡米子，装入布袋，用清水漂洗数次，放在锅内木制十字架上，再渗水继续熬煮，用木棒不断挤压，使袋内蜡米子破碎，再溶解一部分蜡脂，舀入盆内，冷却后称为二蜡。成品蜡的提制，一要配料恰当，二要激水适时。配料一般按头蜡 60%~70%，二蜡 30%~40% 的比例配好，打成碎块，每 50kg 蜡渗入清水 20kg 熬煮，先大火后用微火，待溶化后除去杂质，注意掌握火候，将蜡脂舀入盆内冷却后，即成"米心白蜡"。"马芽蜡"是用头、二蜡共 50% 左右，熬煮而成。米心、马牙白蜡两种规格，每件 50kg，用麻袋或蔑包装，外套竹筐。

4. 五倍子

我国倍蚜虫有十多种，分别寄生在漆树科盐肤木属的盐肤木、红麸杨、青麸杨等的树叶上。蚜虫刺激叶组织细胞增生、膨大而产生虫瘿，这些虫瘿统称为五倍子。五倍子在世界上仅分布于东亚的中国、朝鲜、日本及中南半岛，而以中国的五倍子产量最多、质量最好，在国际上被誉为"中国五倍子"。从清代开始，已成为我国传统出口商品。我国五倍子产地分布在近20个省区，主产地位于四川、贵州、湖北、陕西、云南，其产量约占全国总产量的90%。

五倍子又称为百虫仓，可提炼出单宁酸、没食子酸和焦性没食子酸等化工原料。我国使用五倍子已有2000多年的历史，主要是应用于医药上。其性寒、味酸咸，具有收敛止咳、涩肠止泻、敛汗止血的功能，同时兼具消肿、解毒、抗魄镇痛、避孕等功效。随着医学科学的发展，应用没食子酸和单宁酸为原料制作的药品，对治疗冠心病、心绞痛、心肌梗塞等心血管疾病，疗效明显。以五倍子为原料，提取的单宁酸、没食子酸和焦性没食子酸，在医药、饮料、纺织、制革、石油、钻探、冶金、稀有金属的提炼、航海、橡胶等工业领域，都得到广泛的应用，是重要的工业原料。

倍蚜虫（切开虫瘿后）

五倍子

（三）寄生植物

各类寄生植物多直接用作中药材，或进一步提取精华成分供制药之用。

1. 锁阳

采集除去花序的肉质茎供药用，能补肾、益精、润燥，主治阳痿遗精、腰膝酸软、肠燥便秘，对瘫痪和改善性机能衰弱有一定的作用。

2. 肉苁蓉

采集除去花序的肉质茎供药用，能补肾阳、益精血、润肠通便，用于阳痿、不孕、腰膝酸软、筋骨无力、肠燥便秘等。

3. 列当

药用，以条粗壮、密生鳞叶、质柔润者为佳，能补肾、强筋、润肠通便，治肾虚、腰膝冷痛、阳痿、遗精等。

我国地大物博，幅员辽阔，气候多样，高效水土保持植物资源较为丰富，植物产品种类更是多种多样，以此开展开发利用，可以得到琳琅满目的系列产品，在国民经济中起到不可替代的独特作用。高效水土保持植物资源的开发，普遍具有技术密集度高、附加值大等特点，可以在不同区域、按不同植物种类、根据不同的开发利用方向、采取不同工艺技术，进行多层次、无废料、综合开发利用，解决农民后顾之忧，培育地方龙头企业，挖掘深度经济效益，为我国经济全面腾飞作出突出贡献。

本 章 参 考 文 献

[1] 胡建忠 . 我国生态文明建设的辩证思考——以高效水土保持植物资源配置与开发为例 [J]. 中国水土保持，2015（5）：23-27.

[2] 奚铭已 . 工业树种植法 [M]. 上海：商务印书馆，1933.

[3] 西川五郎 . 工艺作物学 [M]. 东京：农业图书株式会社，1953.

[4] 陈植 . 主要经济树木——其二特用树种 [M]. 上海：商务印书馆，1952.

[5] 中华人民共和国商业部土产废品局，中国科学院植物研究所 . 中国经济植物志 [M]. 北京：科学出版社，1961.

[6] 中国科学院黄土高原综合科学考察队 . 黄土高原地区植被资源及其合理利用 [M]. 北京：中国科学技术出版社，1991.

[7] 张卫明，等 . 植物资源开发研究与应用 [M]. 南京：东南大学出版社，2005.

[8] 胡芳名，谭晓风，刘惠民 . 中国主要经济树种栽培与利用 [M]. 北京：中国林业出版社，2006.

[9] 谭晓风 . 经济林栽培学 [M].3 版 . 北京：中国林业出版社，2013.

[10] 张卫明，等 . 植物资源开发研究与应用 [M]. 南京：东南大学出版社，2005.

[11] 王贤 . 牧草栽培学 [M]. 北京：中国环境科学出版社，2006.

[12] 樊金拴 . 野生植物资源开发与利用 [M]. 北京：科学出版社，2013.

[13] 郭珍，陈复生，李彦磊，等 . 反胶束萃取技术及其在植物蛋白质提取中的应用研究进展 [J]. 食品与机械，2013，29（1）：240-242.

[14] 河北农业大学 . 果树栽培学总论 [M]. 北京：农业出版社，1980.

[15] 邓毓芳 . 林产食品加工工艺学 [M]. 北京：中国林业出版社，1995.

[16] 于新，李小华 . 野菜的加工、食用与药用 [M]. 北京：化学工业出版社，2010.

[17] 尹明安 . 果品蔬菜加工工艺学 [M]. 北京：化学工业出版社，2010.

[18] 甘肃农业大学草原系 . 草原学与牧草学实习实验指导书 [M]. 兰州：甘肃科学技术出版社，1989.

[19] 贺近恪，李启基 . 林产化学工业全书：第 3 卷 [M]. 北京：中国林业出版社，2001.

[20] 国家药典委员会 . 中华人民共和国药典·二部 [M]. 北京：中国医药科技出版社，2015.

[21] 胡建忠 . 我国生物质能源开发的主要途径及适用植物探讨 [J]. 西部林业科学，2008，37（4）：96-101.

[22] 李昌珠，蒋丽娟，程树棋 . 生物柴油——绿色能源 [M]. 北京：化学工业出版社，2005.

[23] 《中国香料植物栽培与加工》编写组 . 中国香料植物栽培与加工 [J]. 北京：轻工业出版社，1985.

[24] 聂洪勇，黄伟坤，唐英章，等 . 维生素及其分析方法 [M]. 上海：上海科学技术出版社，1987.

[25] 王普善 . 维生素行业现状与发展建议（二）[J]. 精细与专用化学品，2007，15（6）：11-15.

[26] 南春辉 . 麦角甾醇的研究进展 [J]. 中国新技术新产品，2009（10）：6.

[27] 赵国志，刘喜亮，刘智锋 . 高纯度维生素 E 产品生产新技术 [J]. 粮油食品科技，2008，16（3）：28-30.

[28] 汪多仁 . 天然维生素 E 的开发与应用进展 [D]. 第九届全国化学工艺学术年会论文集，2005：489-494.

[29] 孙向阳 . 天然植物染料的提取研究 [D]. 长春工业大学硕士学位论文，2012.

[30] 伍忠萌 . 林产精细化学品工艺学 [M]. 北京：中国林业出版社，2002.

[31] 贺近恪，李启基 . 林产化学工业全书：第 2 卷 [M]. 北京：中国林业出版社，2001.

[32] 蒋明廉 . 罗汉果提取物提取工艺研究 [J]. 中国药业，2008，17（19）：40-41.

附　录

全国高效水土保持植物资源主要自然分布范围或栽培区域

附表 1

序号	科名	中文名	拉丁名	形态	主要分布或栽培区域（自治区）	备注
1	卷柏科	卷柏	*Selaginella tamariscina*	多年生蕨	河北、河南、湖北、广西及西南各省（自治区）	九死还魂草
2	卷柏科	江南卷柏	*Selaginella moellendorfii*	多年生蕨	中部、南部及西南、陕西、甘肃	
3	水龙骨科	石韦	*Pyrrosia lingua*	多年生蕨	华东、中南、西南等	
4	果白科	芒萁	*Gleichenia linearis*	多年生蕨	华东、中南、华南等	
5	凤尾蕨科	蕨菜	*Pteridium aquilinum* var. *latiusculum*	多年生蕨	全国	
6	苏铁科	苏铁	*Cycas revoluta*	常绿乔木	全国	
7	银杏科	银杏	*Ginkgo biloba*	落叶乔木	除青藏高原外全国大部分地区	
8	松科	红松	*Pinus koraiensis*	常绿乔木	长白山区及小兴安岭	
9	松科	华山松	*Pinus armandii*	常绿乔木	陕甘宁、晋、湖北、四川、云南、贵州	
10	松科	油松	*Pinus tabulaeformis*	常绿乔木	陕西、山西为分布中心、青海、甘肃、宁夏、内蒙古、河北、北京、辽宁等	
11	松科	马尾松	*Pinus massoniana*	常绿乔木	淮河以南	
12	松科	铁杉	*Tsuga chinensis*	常绿乔木	浙江、安徽、福建、江西、湖南、两广、贵州等	
13	柏科	侧柏	*Platycladus orientalis*	常绿乔木	除青藏高原外全国大部分地区	
14	柏科	柏木	*Cupressus funebris*	常绿乔木	长江以南中亚热带地区	
15	柏科	叉子圆柏	*Sabina vulgaris*	常绿灌木	新疆、内蒙古、青海、宁夏、甘肃、陕西	
16	柏科	圆柏	*Sabina chinensis*	常绿乔木	全国	
17	柏科	杜松	*Juniperus rigida*	常绿小乔木	东北 3 省、内蒙古、华北、陕甘宁	
18	罗汉松科	罗汉松	*Podocarpus macrophyllus*	常绿大乔木	南方大部分地区	
19	三尖杉科	三尖杉	*Cephalotaxus fortunei*	常绿乔木	南方各省及陕甘南部	
20	三尖杉科	中国粗榧	*Cephalotaxus sinensis*	常绿小乔木	甘陕南部、河南及南方大部分地区	钙质土指示植物

序号	科名	中文名	拉丁名	形态	主要分布或栽培区域	备注
21	三尖杉科	海南粗榧	*Cephalotaxus hainanensis*	常绿乔木	海南、两广、云南、西藏	
22	红豆杉科	红豆杉	*Taxus chinensis*	常绿乔木	甘陕南部、四川、云南、贵州、两湖、广西北部及安徽南部	
23	红豆杉科	东北红豆杉	*Taxus cuspidata*	常绿乔木	黑龙江、吉林	
24	红豆杉科	香榧	*Torreya grandis*	常绿乔木	浙江、安徽、江西、福建、湖南、贵州等	
25	红豆杉科	云南榧树	*Torreya yunnanensis*	常绿乔木	云南西北部	
26	麻黄科	中麻黄	*Ephedra intermedia*	常绿灌木	辽宁、内蒙古、河北、山西、山东、陕西、甘肃、青海、新疆	
27	麻黄科	草麻黄	*Ephedra sinica*	常绿草本状灌木	吉林、辽宁、内蒙古、河北、山西、河南西北部、陕西等	
28	麻黄科	木贼麻黄	*Ephedra equisetina*	常绿小灌木	河北、山西、内蒙古、陕西西部、甘肃、新疆	荒漠化地
29	麻黄科	单子麻黄	*Ephedra monosperma*	常绿草本状灌木	西北、华北、东北及四川、西藏	耐盐碱
30	买麻藤科	买麻藤	*Gnetum montanum*	常绿木质藤本	云南南部北纬25°以南，及广西、广东、海南	
31	木兰科	厚朴	*Magnolia officinalis*	落叶乔木	陕甘南部、四川、贵州北部、湖北、湖南、江西、广西、浙江、安徽南部	
32	木兰科	荷花玉兰	*Magnolia grandiflora*	常绿乔木	长江以南	
33	木兰科	玉兰	*Magnolia denudata*	落叶乔木	北京、河北、黄河流域及以南	
34	木兰科	紫玉兰	*Magnolia liliflora*	落叶灌木	长江流域各地、华北、西北、山东、贵州、广西	
35	木兰科	望春玉兰	*Magnolia biondii*	落叶乔木	甘陕南部、两湖、河南	
36	木兰科	山玉兰	*Magnolia delavayi*	常绿乔木	云贵川	
37	木兰科	白兰	*Michelia alba*	常绿乔木	福建南部、广东、海南、广西、云南	
38	木兰科	云南含笑	*Michelia yunnanensis*	常绿灌木	云南中南部	
39	木兰科	含笑	*Michelia figo*	常绿灌木	华南各省区	
40	八角科	八角	*Illicium verum*	常绿乔木	主产广西、云南南部、广东西部、福建南部也栽培	
41	五味子科	华中五味子	*Schisandra sphenanthera*	落叶木质藤本	陕甘南部、山西、云贵川、两湖、河南、安徽、江浙	
42	五味子科	五味子	*Schisandra chinensis*	落叶木质藤本	东北、华北	
43	番荔枝科	依兰	*Cananga odorata*	常绿乔木	福建、两广、云南、四川有栽培	原产菲律宾等地

续表

序号	科名	中文名	拉丁名	形态	主要分布或栽培区域	备注
44	番荔枝科	番荔枝	*Annona squamosa*	落叶小乔木	福建南部、广东南部、海南、广西南部、云南南部有栽培	原产于美洲热带地区
45	樟科	长圆叶新木姜	*Neolitsea oblongifolia*	常绿乔木	海南、广西	耐瘠薄
46	樟科	多果新木姜	*Neolitsea polycarpa*	常绿乔木	云南东南部	
47	樟科	团花新木姜	*Neolitsea homilantha*	常绿小乔木	云南、西藏	石灰岩
48	樟科	杨叶木姜子	*Litsea populifolia*	落叶小乔木	四川、云南东北、西藏东部	
49	樟科	秦岭木姜子	*Litsea tsinlingensis*	落叶小乔木	甘肃南部	
50	樟科	木姜子	*Litsea pungens*	落叶小乔木	河南南部、山西南部、陕西、甘肃、浙江南部、广东北部、两湖、广西、云贵川、西藏	
51	樟科	山鸡椒	*Litsea cubeba*	落叶小乔木	南方各省及西藏	山苍子
52	樟科	江浙山胡椒	*Lindera chienii*	落叶小乔木	江苏南部、浙江、安徽中南部、河南南部、湖北南部	
53	樟科	广东山胡椒	*Lindera kwangtungensis*	常绿乔木	广东、海南、广西、福建、江西、贵州、四川	
54	樟科	山胡椒	*Lindera glauca*	落叶小乔木	甘肃南部、河南南部、山东及南方地区	耐瘠薄
55	樟科	香叶树	*Lindera communis*	常绿乔木	甘肃南部及南方地区	
56	樟科	红脉钓樟	*Lindera rubronervia*	落叶小乔木	河南南部、安徽南部、江苏南部、浙江、江西、湖北部	
57	樟科	黄脉钓樟	*Lindera flavinervia*	落叶乔木	云南西部、西藏东南部	
58	樟科	香叶子	*Lindera fragrans*	常绿小乔木	甘肃南部、湖北西部、滇黔桂川	岩石沟谷
59	樟科	猴樟	*Cinnamomum bodinieri*	常绿乔木	贵州、四川、两湖、云南	石灰岩
60	樟科	樟树	*Cinnamomum camphora*	常绿乔木	福建、两广、两湖、江西、浙江、云南	
61	樟科	云南樟	*Cinnamomum glanduliferum*	常绿乔木	云、贵、川、藏	
62	樟科	黄樟	*Cinnamomum porrectum*	常绿乔木	两广、海南、福建、江西、湖南、贵州、云南	
63	樟科	卵叶桂	*Cinnamomum rigidissimum*	常绿乔木	广西、海南	
64	樟科	华南桂	*Cinnamomum austro-sinense*	常绿乔木	两广、福建、江西、浙江南部	
65	樟科	肉桂	*Cinnamomum cassia*	常绿乔木	两广、海南、云南、江西和湖南南部	抗寒性弱
66	樟科	香桂	*Cinnamomum subavenium*	常绿乔木	云贵川、湖南、两广、安徽南部、浙江、江西、福建	
67	樟科	阴香	*Cinnamomum burmannii*	常绿大乔木	浙江、江西、福建、贵州、两广、海南、云南等	

序号	科名	中文名	拉丁名	形态	主要分布或栽培区域	备注
68	樟科	新樟	Neocinnamomum delavayi	常绿乔木或灌木状	云南	
69	樟科	滇润楠	Machilus yunnanensis	常绿乔木	云南、四川西部	
70	樟科	红润楠	Machilus thunbergii	常绿乔木	山东、江苏、浙江、江西、福建、湖南及两广	
71	肉豆蔻科	红光树	Knema furfuracea	常绿乔木	云南南部	
72	肉豆蔻科	肉豆蔻	Myristica fragrans	常绿小乔木	广东、云南	
73	肉豆蔻科	琴叶风吹楠	Horsfieldia pandurifolia	常绿乔木	云南南部	
74	肉豆蔻科	滇南风吹楠	Horsfieldia tetratepala	常绿乔木	云南西双版纳	
75	肉豆蔻科	风吹楠	Horsfieldia glabra	常绿乔木	云南、广西、海南	
76	五桠果科	五桠果	Dillenia indica	常绿乔木	云南南部、广西南部	
77	五桠果科	小花五桠果	Dillenia pentagyna	落叶乔木	海南、云南	
78	五桠果科	锡叶藤	Tetracera asiatica	常绿木质藤本	两广、海南、云南	
79	牛栓藤科	红叶藤	Rourea microphylla	常绿攀援灌木	两广、海南、云南、福建	
80	马桑科	马桑	Coriaria sinica	落叶小乔木或灌木状	甘陕南部、河南、两湖、云贵川、广西	耐干旱瘠薄
81	蔷薇科	三裂绣线菊	Spiraea trilobata	落叶灌木	内蒙古、黑龙江、辽宁、陕西秦岭、山西、河北、河南、山东、安徽	
82	蔷薇科	珍珠梅	Sorbaria sorbifolia	落叶灌木	内蒙古、东北3省、华北、西北等	
83	蔷薇科	灰栒子	Cotoneaster acutifolius	落叶灌木	内蒙古、陕西、甘肃、山西、青海、河南、湖北、四川、西藏	干冷地区
84	蔷薇科	西北栒子	Cotoneaster zabelii	落叶灌木	陕西、甘肃、宁夏、青海、山西、河北、河南、两湖	石灰岩
85	蔷薇科	火棘	Pyracantha fortuneana	常绿灌木	甘陕南部、河南、江浙、福建、广西、两湖、云贵、川黔	救军粮
86	蔷薇科	山楂	Crataegus pinnatifida	落叶灌木	内蒙古、东北3省、陕西、山西、河北、河南、山东	石灰岩
87	蔷薇科	野山楂	Crataegus cuneata	落叶灌木	陕西、河南、安徽、江浙、江西、福建、两湖、云贵川	
88	蔷薇科	石楠	Photinia serrulata	常绿小乔木	甘陕南部、河南及南方全部	能生于石缝中
89	蔷薇科	光叶石楠	Photinia glabra	常绿乔木	南方地区	

序号	科名	中文名	拉丁名	形态	主要分布或栽培区域	备注
90	蔷薇科	枇杷	*Eriobotrya japonica*	常绿小乔木	甘陕南部、河南及南方全部	
91	蔷薇科	花楸树	*Sorbus pohuashanensis*	落叶灌木	东北3省、内蒙古、甘肃、河北、山西、山东	
92	蔷薇科	榅桲	*Cydonia oblonga*	落叶小乔木	新疆、陕西、江西、福建	原产中亚
93	蔷薇科	木瓜	*Chaenomeles sinensis*	落叶或半常绿小乔木	陕西、河南、山东、安徽、江浙、江西、两湖、两广	
94	蔷薇科	秋子梨	*Pyrus ussuriensis*	落叶乔木	东北3省、陕西、甘肃、山西、河北、山东	品种很多，如香水梨、安梨、酸梨、沙果梨、京白梨、鸭广梨等
95	蔷薇科	白梨	*Pyrus bretschneideri*	落叶乔木	辽宁南部、西北5省区、河北、山西、河南、山东、江苏北部	多优良果用品种，约100以上，形成北方梨或白梨系统
96	蔷薇科	山荆子	*Malus baccata*	落叶乔木	东北、黄河流域	耐-50℃低温
97	蔷薇科	湖北海棠	*Malus hupenensis*	落叶乔木	甘陕南部、山西、河北、河南及南方地区	
98	蔷薇科	苹果	*Malus pumila*	落叶乔木	吉林东部、辽宁、新疆南部、陕甘宁、华北、河南、山东、江苏、安徽、云贵川等	全世界栽培品种1000种以上
99	蔷薇科	新疆野苹果	*Malus sieversii*	落叶乔木	新疆天山伊犁山区等	
100	蔷薇科	花红	*Malus asiatica*	落叶小乔木	新疆、内蒙古、辽宁、黄河、长江流域及西南	沙果、林檎。栽培品种很多
101	蔷薇科	楸子	*Malus prunifolia*	落叶小乔木	东北南部、陕甘蒙、华北	
102	蔷薇科	多花蔷薇	*Rosa multiflora*	落叶灌木	黄河流域以南	
103	蔷薇科	金樱子	*Rosa laevigata*	常绿攀援灌木	陕西南部及南方地区	
104	蔷薇科	玫瑰	*Rosa rugosa*	落叶灌木	全国各地有栽培	
105	蔷薇科	黄蔷薇	*Rosa hugonis*	落叶灌木	甘陕南部、青海、山西、山东、四川等	
106	蔷薇科	黄刺玫	*Rosa xanthina*	落叶灌木	除新疆外的北方地区	
107	蔷薇科	刺梨	*Rosa roxburghii*	落叶灌木	陕西、江苏、湖北、两广、云贵川等	
108	蔷薇科	山刺玫	*Rosa davurica*	落叶灌木	东北3省、河北、山西、内蒙古等	
109	蔷薇科	山莓	*Rubus corchorifolius*	落叶灌木	三北地区	树莓
110	蔷薇科	覆盆子	*Rubus idaeus*	落叶灌木	三北地区	欧洲红树莓、红马林

序号	科名	中文名	拉丁名	形态	主要分布或栽培区域	备注
111	蔷薇科	黑树莓	*Rubus occidentalis*	落叶小灌木	三北地区	黑马林
112	蔷薇科	茅莓	*Rubus parvifolius*	落叶灌木	除西藏外全国	
113	蔷薇科	稠李	*Prunus padus*	落叶乔木	北方地区	
114	蔷薇科	樱桃	*Prunus pseudocerasus*	落叶乔木	陕甘南部、辽宁南部、河南、山东、安徽、浙江、江西、湖南、湖北、四川	
115	蔷薇科	欧李	*Prunus humilis*	落叶灌木	东北3省、内蒙古、河北、河南、山东	
116	蔷薇科	郁李	*Prunus japonica*	落叶灌木	东北、华北、华中、华南	
117	蔷薇科	毛樱桃	*Prunus tomentosa*	落叶灌木	北方地区及湖北、四川、贵州、云南、西藏	
118	蔷薇科	李	*Prunus salicina*	落叶小乔木	东北南部、西北南部、华北、华东、华中	多优良果用品种
119	蔷薇科	杏	*Prunus armeniaca*	落叶乔木	北方、西南、长江中下游	栽培品种极多
120	蔷薇科	山杏	*Prunus armeniaca var.ansu*	落叶乔木	内蒙古、西北、华北	
121	蔷薇科	藏杏	*Prunus holosericea*	落叶乔木	主要分布于西藏山南、昌都等地区海拔2700~3000m之间，左贡等县分布较多	
122	蔷薇科	扁桃	*Prunus dulcis*	落叶乔木	新疆、青海、甘肃、陕西、山东	稍耐盐碱
123	蔷薇科	山桃	*Prunus davidiana*	落叶乔木	产于黄河流域、吉林、辽宁、江苏有栽培	石灰岩
124	蔷薇科	蒙古扁桃	*Prunus mongolica*	落叶灌木	内蒙古、宁夏、甘肃	
125	蔷薇科	长柄扁桃	*Prunus pedunculata*	落叶灌木	内蒙古、宁夏、陕北	
126	蔷薇科	桃	*Prunus persica*	落叶乔木	全国	栽培品种约800种
127	蔷薇科	西藏桃	*Prunus mira*	落叶乔木	西藏	光核桃
128	蔷薇科	梅	*Prunus mume*	落叶小乔木	以长江流域以南各省最多，江苏北部和河南南部也有分布，某些品种已在华北引种成功	变种和品种极多，可分花梅及果梅两类
129	蔷薇科	西藏木瓜	*Chaenomeles tibetica*	落叶小乔木	原产西藏波密县，通麦等地。近年被移植于海拔3000m地带栽植，生于海拔2000~2400m地带。表现良好	
130	蔷薇科	扁核木	*Prinsepia uniflora*	落叶灌木	产于内蒙古、陕西、甘肃、山西；河南、江浙、四川有栽培	
131	蔷薇科	青刺果	*Prinsepia utilis*	落叶灌木	云贵川藏	
132	腊梅科	山腊梅	*Chimonanthus nitens*	常绿乔木	江浙、安徽、江西、福建、湖南、贵州等	

续表

序号	科名	中文名	拉丁名	形态	主要分布或栽培区域	备注
133	腊梅科	腊梅	*Chimonanthus praecox*	落叶灌木	自然分布于秦巴山区，长城以南习见人工栽培，其中以黄河、长江流域两岸栽培较多	
134	苏木科	云实	*Caesalpinia decapetala*	落叶攀援灌木	甘陕南部，河南南部及南方地区	
135	苏木科	肥皂荚	*Gymnocladus chinensis*	落叶乔木	陕西南部及南方地区	
136	苏木科	皂荚	*Gleditsia sinensis*	落叶乔木	黄河流域以南，含河北、山西、陕西、甘肃	石灰岩
137	苏木科	野皂荚	*Gleditsia microphylla*	落叶灌木或小乔木	河北、河南、山西、山东、陕西等	石灰岩
138	苏木科	铁刀木	*Cassia siamea*	常绿乔木	云南、两广、海南、福建有栽培	石灰岩。原产印度、泰国、斯里兰卡、马来西亚、缅甸
139	苏木科	翅荚决明	*Cassia alata*	常绿灌木	云南、广东、海南有栽培	原产热带美洲
140	苏木科	望江南	*Cassia occidentalis*	常绿灌木或半灌木	南方地区及山东、北京有栽培	原产热带美洲
141	苏木科	白花油麻藤	*Mucuna birdwoodiana*	常绿木质大藤本	两广、海南等	
142	苏木科	油楠	*Sindora glabra*	常绿大乔木	海南	
143	苏木科	酸豆	*Tamarindus indica*	常绿大乔木	四川、云南、两广、海南	罗望子。原产非洲
144	含羞草科	金合欢	*Acacia farnesiana*	常绿乔木	福建、广东、广西、云南、海南	原产热带美洲
145	含羞草科	黑荆树	*Acacia mearnsii*	常绿灌木或小乔木	福建、江西、浙江、两湖、四川、云贵川等栽培	原产澳大利亚
146	含羞草科	鸭腱藤	*Entada phaseoloides*	常绿木质藤本	云南、贵州、两广、广东	
147	含羞草科	围涎树	*Pithecellobium clypearia*	常绿乔木	福建、两广、湖南、云南	
148	蝶形花科	花榈木	*Ormosia henryi*	常绿小乔木	南方地区	
149	蝶形花科	刺槐	*Robinia pseudoacacia*	落叶乔木	全国各地多有栽培	原产美国
150	蝶形花科	槐树	*Sophora japonica*	落叶乔木	全国	
151	蝶形花科	白刺花	*Sophora davidii*	落叶灌木	华北、西北、西南、江浙、湖北等	狼牙刺
152	蝶形花科	砂生槐	*Sophara moorcroftiana*	落叶小灌木	西藏雅鲁藏布江流域	西藏狼牙刺
153	蝶形花科	苦参	*Sophora flavescens*	落叶半灌木	全国大部分地区	苦豆。盐生植物
154	蝶形花科	海南鸡血藤	*Millettia pachyloba*	半常绿或落叶攀援灌木	海南、两广、云南	
155	蝶形花科	鸡血藤	*Millettia reticulata*	半常绿落叶攀援灌木	南方地区	

序号	科名	中文名	拉丁名	形态	主要分布或栽培区域	备注
156	蝶形花科	厚果崖豆藤	*Millettia pachycarpa*	常绿攀援灌木	福建、江西、湖南、两广、云贵川	
157	蝶形花科	紫藤	*Wisteria sinensis*	落叶大木质藤本	辽宁、内蒙古、河北、山西、山东、江浙、两湖、广东、陕西、甘肃、四川	
158	蝶形花科	紫檀	*Pterocarpus indicus*	常绿乔木	福建、两广、海南、云南有栽培	原产东南亚
159	蝶形花科	降香黄檀	*Dalbergia odorifera*	常绿乔木	海南、两广、福建	
160	蝶形花科	思茅黄檀	*Dalbergia szemaoensis*	常绿乔木	云南、两广、福建、贵州、四川	秧青
161	蝶形花科	槐蓝	*Indigofera tinctoria*	落叶小灌木	福建、安徽、两广	
162	蝶形花科	树锦鸡儿	*Caragana arborescens*	落叶小乔木	东北3省、内蒙古、河北、山西、陕西、甘肃、新疆	
163	蝶形花科	紫穗槐	*Amorpha fruticosa*	落叶灌木	全国大部分地区均有栽培	原产北美。盐生植物
164	蝶形花科	木豆	*Cajanus cajan*	落叶小灌木	浙江、福建、湖南、两广、云贵川	
165	蝶形花科	葛藤	*Pueraria lobata*	落叶木质藤本	除新疆、西藏外，几遍全国	
166	蝶形花科	骆驼刺	*Alhagi pseudoalhagi*	落叶多刺小灌木	新疆、内蒙古、甘肃	盐生植物
167	蝶形花科	银铠刺	*Halimodendron halodendron*	落叶灌木	产内蒙古西北部和新疆、甘肃（河西走廊沙地）	盐生植物
168	蝶形花科	葫芦茶	*Tadehagi triquetrum*	落叶小灌木	福建、广东、海南、广西、云南、贵州	
169	蝶形花科	胡枝子	*Lespedeza bicolor*	落叶小灌木或灌木	东北、西北、华北、东南、华中等	同属各种
170	蝶形花科	小槐花	*Desmodium caudatum*	落叶灌木	南方各省区	
171	蝶形花科	紫花苜蓿	*Medicago sativa*	多年生草本	北方大部分地区	
172	蝶形花科	沙打旺	*Astragalus adsurgens*	多年生草本	北方大部分地区	
173	蝶形花科	红豆草	*Onobrychis viciaefolia*	多年生草本	西北五省区	
174	蝶形花科	格木	*Erythrophleum fordii*	常绿乔木	浙江、福建、台湾、广西、广东、海南等地	
175	醋栗科	刺李	*Ribes burejense*	落叶灌木	东北小兴安岭和长白山区、河北、山西及陕西	
176	醋栗科	黑果茶藨	*Ribes nigrum*	落叶灌木	新疆阿尔泰有野生、黑龙江等地有栽培	黑加仑、黑穗醋栗
177	醋栗科	红茶藨子	*Ribes rubrum*	落叶灌木	黑龙江等地有栽培	红果茶藨。原产欧洲和亚洲北
178	醋栗科	欧洲醋栗	*Ribes reclinatum*	落叶灌木	黑龙江、吉林、辽宁、新疆、内蒙古、河北、山东等地已引种栽培	原产欧洲
179	醋栗科	水葡萄茶藨子	*Ribes procumbens*	落叶蔓性小灌木	黑龙江（大兴安岭）、内蒙古（大兴安岭、额尔古纳旗、科右前旗）	

续表

序号	科名	中文名	拉丁名	形态	主要分布或栽培区域	备注
180	野茉莉科	白花树	*Styrax tonkinensis*	常绿乔木	云南、贵州、广西、广东、湖南南部和福建	
181	野茉莉科	白叶安息香	*Styrax subniveus*	落叶乔木	两广、福建、湖南	同属各种
182	山矾科	白檀	*Symplocos paniculata*	落叶灌木或小乔木	西北以外地区	
183	伞形科	新疆阿魏	*Ferula sinkiangensis*	多年生草本	新疆戈壁滩及荒山上	
184	伞形科	阜康阿魏	*Ferula fukanensis*	多年生草本	新疆戈壁滩及荒山上	
185	山茱萸科	灯台树	*Cornus controversa*	落叶乔木	辽宁、陕西、甘肃及南方地区	
186	山茱萸科	红瑞木	*Cornus alba*	落叶灌木	北方除新疆以外地区	
187	山茱萸科	光皮树	*Cornus wilsoniana*	落叶乔木	河南、甘肃、江西、两湖、两广、贵州、四川	光皮梾木
188	山茱萸科	梾木	*Cornus macrophylla*	落叶乔木	山东、山西、河南、陕西、甘肃、安徽、两湖、江西、四川、贵州、云南、西藏	
189	山茱萸科	毛梾	*Cornus walteri*	落叶乔木	辽宁、陕西、甘肃及南方地区	
190	山茱萸科	头状四照花	*Cornus capitata*	常绿小乔木	湖北、四川、云南、西藏	
191	山茱萸科	山茱萸	*Macrocarpium officinale*	落叶灌木或乔木	浙江、安徽、甘陕西南部、山西、河南、山东、江西、两湖（四川有栽培）	
192	五加科	常春藤	*Hedera nepalensis*	常绿木质藤本	甘肃东南部、陕西南部、河南、山东以南、西南到西藏	
193	五加科	刺楸	*Kalopanax pictus*	落叶乔木	辽宁、河北及南方地区	
194	五加科	刺五加	*Acanthopanax senticosus*	落叶灌木	东北3省、河北、山西、陕西、甘肃、河南	
195	五加科	五加	*Acanthopanax gracilistylus*	落叶灌木	甘肃南部、山西南部、南方地区	
196	五加科	三加	*Acanthopanax trifoliatus*	落叶攀援灌木状	我国中部和南部各省区	
197	五加科	楤木	*Aralia sinensis*	落叶小乔木或灌木状	黄河以南各地	
198	五加科	辽东楤木	*Aralia elata*	落叶乔木	东北3省、河北	
199	五加科	长白楤木	*Aralia continentalis*	多年生草本	东北、华北及陕西、河南、四川、西藏等地	草本刺嫩芽
200	忍冬科	早禾树	*Viburnum odoratissimum*	常绿乔木	两广、湖南南部、福建东南部	
201	忍冬科	水红木	*Viburnum cylindricum*	常绿小乔木	云贵川、两广、甘肃南部	
202	忍冬科	珍珠荚蒾	*Viburnum foetidum*	常绿灌木	云南、四川西南部、贵州西部	
203	忍冬科	荚蒾	*Viburnum dilatatum*	落叶灌木	陕西南部、河南南部及长江以南	

序号	科名	中文名	拉丁名	形态	主要分布或栽培区域	备注
204	忍冬科	鸡树条荚蒾	*Viburnum sargentii*	落叶灌木	东北南部、内蒙古、河北、华中、甘肃南部	
205	忍冬科	接骨木	*Sambucus williamsii*	落叶小乔木	东北、华北、华中、华东	
206	忍冬科	风吹箫	*Leycesteria formosa*	落叶灌木	云、贵、川、藏	
207	忍冬科	蓝靛果	*Lonicera caerulea* var. *edulis*	落叶灌木	北方、四川北部及云南西北部	蓝靛果忍冬
208	忍冬科	金银忍冬	*Lonicera maackii*	落叶小乔木	东北、华北、陕西、甘肃、四川、贵州、云南、西藏	
209	忍冬科	忍冬	*Lonicera japonica*	半常绿木质藤本	辽宁以南、华北、华东、华中、西南	
210	忍冬科	华南忍冬	*Lonicera confusa*	半常绿木质藤本	两广、海南	
211	忍冬科	菰腺忍冬	*Lonicera hypoglauca*	半常绿木质藤本	南方各省区	红腺忍冬
212	忍冬科	灰毡毛忍冬	*Lonicera macranthoides*	落叶木质藤本	两湖、四川、云南、贵州、广西、甘陕南部、浙江、福建	
213	忍冬科	细毡毛忍冬	*Lonicera similis*	落叶木质藤本	湖南、广西、云南、贵州、四川等	
214	忍冬科	黄褐毛忍冬	*Lonicera fulvotomentosa*	常绿质藤本	湖南、广西、贵州、四川等	
215	忍冬科	盘叶忍冬	*Lonicera tragophylla*	落叶木质藤本	河北西南部、山西南部、河南西北部、陕西中南部、宁夏南部、甘肃南部、四川南部、贵州、湖北、安徽、浙江	
216	忍冬科	糯米条	*Abelia chinensis*	落叶灌木	长江以南各地	
217	忍冬科	六道木	*Abelia biflora*	落叶灌木	辽宁、河北、山西、内蒙古、云南	
218	金缕梅科	枫香树	*Liquidambar formosana*	落叶乔木	秦岭及淮河以南	
219	金缕梅科	檵木	*Loropetalum chinense*	常绿小乔木	山东东部及长江以南	
220	黄杨科	黄杨	*Buxus sinica*	常绿小乔木	华北、华东、华中	
221	黄杨科	雀舌黄杨	*Buxus bodinieri*	常绿灌木	河南及南方地区	
222	黄杨科	野扇花	*Sarcococca ruscifolia*	常绿灌木	云南、广西、贵州、四川、两湖、甘肃南部	
223	西蒙德木科	西蒙德木	*Simmondsia chinensis*	常绿灌木	川滇干热河谷区等地有栽培	原产美洲热带干旱荒漠地带
224	交让木科	牛耳枫	*Daphniphyllum calycinum*	常绿小乔木或灌木状	两广、福建、江西南部、云南	
225	杨梅科	矮杨梅	*Myrica nana*	常绿灌木	云南大部、贵州西部	
226	桦木科	香桦	*Betula insignis*	落叶乔木	两湖、四川、贵州	

序号	科名	中文名	拉丁名	形态	主要分布或栽培区域	备注
227	桦木科	白桦	*Betula platyphylla*	落叶乔木	东北、内蒙古、山西、河北、河南、陕西、甘肃、宁夏、青海、四川、云南	
228	桦木科	黑桦	*Betula davurica*	落叶乔木	东北、河北、山西	
229	桦木科	桤木	*Alnus cremastogyne*	落叶大乔木	陕西、四川、贵州等	水冬瓜
230	榛科	榛子	*Corylus heterophylla*	落叶小乔木	东北、内蒙古、河北、甘肃、宁夏、河南、山东	
231	壳斗科	水青冈	*Fagus longipetiolata*	落叶乔木	陕西及南方大部分地区	
232	壳斗科	板栗	*Castanea mollissima*	落叶乔木	辽宁以南各地	
233	壳斗科	锥栗	*Castanea henryi*	落叶乔木	豫、陕及南方地区	
234	壳斗科	茅栗	*Castanea seguinii*	落叶灌木或小乔木	河南、陕西、甘肃及长江流域以南	
235	壳斗科	栲树	*Castanopsis fargesii*	常绿乔木	长江流域以南	
236	壳斗科	高山栲	*Castanopsis delavayi*	常绿乔木	滇黔桂	
237	壳斗科	石栎	*Lithocarpus glaber*	常绿乔木	长江以南各地	
238	壳斗科	多穗石栎	*Lithocarpus polystachyus*	常绿乔木	长江以南各地	甜茶
239	壳斗科	麻栎	*Quercus acutissima*	落叶乔木	辽宁南部以南	
240	壳斗科	蒙古栎	*Quercus mongolica*	落叶乔木	东北3省、内蒙古、河北、山西、山东	
241	壳斗科	栓皮栎	*Quercus variabilis*	落叶乔木	辽宁、河北、山西、陕西及甘肃以南地区	
242	胡桃科	化香树	*Platycarya strobilacea*	落叶小乔木	河南、陕西南部及南方地区	石灰岩
243	胡桃科	核桃	*Juglans regia*	落叶乔木	全国大部分地区	
244	胡桃科	黑核桃	*Juglans nigra*	落叶乔木	河南、山西、北京等省市有栽培	原产美国
245	胡桃科	漾濞核桃	*Juglans sigillata*	落叶乔木	云南、贵州、四川	
246	胡桃科	核桃楸	*Juglans mandshurica*	落叶乔木	东北、内蒙古、山西、河北、河南、山东	
247	胡桃科	野核桃	*Juglans cathayensis*	落叶乔木	山西、河南、甘陕南部、河北、云贵川	
248	胡桃科	山核桃	*Carya cathayensis*	落叶乔木	浙江、安徽等地	
249	胡桃科	薄壳山核桃	*Carya illinoensis*	落叶乔木	北到北京、南到海南均有栽培	原产美国及墨西哥
250	榆科	榆树	*Ulmus pumila*	落叶乔木	产于东北、华北、西北、西藏、四川及长江中下游有栽培	

序号	科名	中文名	拉丁名	形态	主要分布或栽培区域	备注
251	榆科	青檀	Pteroceltis tatarinowii	落叶乔木	产于辽宁、北京、山西、山东、河南、陕西、甘肃、青海、江浙、安徽、江西、两广、贵州、两湖、四川、云南、贵州等	石灰岩
252	榆科	异色山黄麻	Trema tomentosa	常绿小乔木	福建、两广、海南部	
253	榆科	油朴	Celtis wightii	常绿大乔木	云南南部	石灰岩
254	桑科	桑	Morus alba	落叶乔木或灌木状	几遍全国	耐烟尘
255	桑科	构树	Broussonetia papyrifera	落叶乔木	黄河、长江及珠江流域	
256	桑科	波罗蜜	Artocarpus heterophyllus	常绿乔木	云南、两广、海南、福建有栽培	原产印度
257	桑科	白桂木	Artocarpus hypargyreus	常绿乔木	两广、海南、云南	
258	桑科	印度榕	Ficus elastica	常绿乔木	两广南部、海南、川滇南部栽培	原产印度、缅甸
259	桑科	榕树	Ficus microcarpa	常绿乔木	浙江南部、福建、两广、海南、云南、贵州	
260	桑科	无花果	Ficus carica	落叶乔木	南北各地均有栽培，以长江以南及新疆西南部较多	原产地中海沿岸
261	桑科	地枇杷	Ficus tikoua	落叶匍匐木质藤本	两湖、广西西部、贵州、云南、四川以及陕西南部等	
262	桑科	馒头果	Ficus auriculata	常绿乔木	两广、海南、云南等	
263	桑科	啤酒花	Humulus lupulus	多年生草质藤本	河北、山西、陕西、甘肃、宁夏、新疆、浙江、四川等	
264	桑科	葎草	Humulus scandens	多年生草质藤本	除新疆、青海外，南北各省区均有分布	抗逆性强
265	荨麻科	苎麻	Boehmeria nivea	落叶亚灌木	山东、河南、陕西以南各地广为栽培	
266	荨麻科	水麻	Debregeasia edulis	常绿灌木	甘肃南部、西藏东南部、云贵川、两湖、两广、广西	
267	荨麻科	紫麻	Oreocnide frutescens	落叶灌木	西藏东南部、云贵川、陕西、两湖、两广、江西、浙江、福建	
268	荨麻科	水丝麻	Maoutia puya	常绿灌木	西藏东南部、四川西南部、滇黔桂	
269	杜仲科	杜仲	Eucommia ulmoides	落叶乔木	产于甘陕南部、山东、河南及南方大部分地区、北京有栽培	
270	胭脂树科	胭脂树	Bixa orellana	常绿小乔木	福建、广东、海南、云南南部有栽培	原产热带美洲
271	半日花科	岩蔷薇	Cistus ladaniferus	常绿灌木	江浙、安徽、福建等地栽培	原产地中海西部
272	大风子科	海南大风子	Hydnocarpus hainanensis	常绿乔木	海南、广西西南部、云南西双版纳	
273	大风子科	柞木	Xylosma japonicum	常绿乔木	秦岭、长江以南	
274	大风子科	山桐子	Idesia polycarpa	落叶乔木	秦岭、伏牛山、大别山以南	

续表

序号	科名	中文名	拉丁名	形态	主要分布或栽培区域	备注
275	沉香科	土沉香	*Aquilaria sinensis*	常绿乔木	福建、两广、海南	
276	瑞香科	丁哥王	*Wikstroemia indica*	半常绿小灌木	浙江、江西、湖南、福建、两广、海南、四川等	
277	瑞香科	荛花	*Wikstroemia canescens*	落叶灌木	陕西、云南、西藏	
278	瑞香科	河朔荛花	*Wikstroemia chamaedaphne*	落叶小灌木	河北、山西、陕西、甘肃等	
279	瑞香科	北江荛花	*Wikstroemia monnula*	落叶灌木	广东、广西、贵州、湖南、浙江等地	山棉皮
280	瑞香科	白瑞香	*Daphne papyracea*	常绿灌木	湖南、湖北、广西、贵州、四川、云南等省区	
281	瑞香科	瑞香	*Daphne odora*	常绿灌木	江浙、江西、湖南、四川、贵州等	雪花皮
282	瑞香科	黄瑞香	*Daphne giraldii*	落叶或半常绿灌木	山西、陕西、甘肃、青海、宁夏、江西、四川等	
283	瑞香科	芫花	*Daphne genkwa*	落叶灌木	辽宁南部、河北、山西、山东、河南、陕西、甘肃及长江流域各地	
284	瑞香科	结香	*Edgeworthia chrysantha*	落叶灌木	河南、陕西及长江流域各地	
285	山龙眼科	广东山龙眼	*Helicia kwangtungensis*	常绿乔木	广西东南部、广东、江西南部、福建西部	
286	山龙眼科	澳洲坚果	*Macadamia ternifolia*	常绿乔木	云南（西双版纳、临沧）、广东、海南、台湾有栽培	原产澳大利亚东南部热带雨林
287	海桐科	柄果海桐	*Pittosporum podocarpum*	常绿灌木	甘肃南部、湖北西部、云贵川	
288	白花菜科	树头菜	*Crateva unilocularis*	落叶乔木	两广、海南、云南	
289	白花菜科	野香橼花	*Capparis bodinieri*	常绿乔木	四川西南部、贵州西南部、云南	石灰岩
290	白花菜科	马槟榔	*Capparis masaikai*	常绿攀援灌木	贵州南部、广西西部及西北部、云南东南部	
291	白花菜科	刺山柑	*Caparis spinosa*	落叶藤状灌木	新疆、甘肃、西藏荒漠化地区	
292	柽柳科	柽柳	*Tamarix chinensis*	落叶灌木或小乔木	辽宁南部、海河流域、黄河中下游、淮河流域	盐碱地
293	柽柳科	多枝柽柳	*Tamarix ramosissima*	落叶小乔木或灌木状	西藏西部、新疆、青海（柴达木）、甘肃（河西）、内蒙古（西部至临河）和宁夏（北部）	盐碱地
294	柽柳科	沙生柽柳	*Tamarix taklamakaensis*	落叶小乔木或灌木状	西北荒漠地区	盐碱地
295	柽柳科	水柏枝	*Myricaria germanica*	落叶灌木	山西、陕西、甘肃、青海、四川、云南、西藏等	盐碱地
296	柽柳科	红砂	*Reaumuria songarica*	灌叶小灌木	产新疆、青海、甘肃、宁夏和内蒙古、直到东北西部	盐碱地
297	西番莲科	鸡蛋果	*Passiflora edulia*	多年生草质藤本	广东、海南、福建、云南、台湾有栽培	百香果。原产美洲安的列斯群岛

序号	科名	中文名	拉丁名	形态	主要分布或栽培区域	备注
298	葫芦科	绞股蓝	*Gynostemma pentaphyllum*	多年生草质藤本	长江以南地区	
299	葫芦科	罗汉果	*Siraitia grosvenori*	多年生草质藤本	江西、两广、贵州等	
300	椴树科	破布叶	*Microcos paniculata*	常绿灌木或小乔木	海南、云南	
301	椴树科	扁担杆	*Grewia biloba*	落叶灌木或小乔木	长江以南	
302	杜英科	杜英	*Elaeocarpus decipiens*	常绿乔木	浙江、江西、湖南、福建、两广、云贵川等	
303	梧桐科	绒毛苹婆	*Sterculia villos*	常绿乔木	云南南部	
304	梧桐科	苹婆	*Sterculia nobils*	常绿乔木	福建东南部、广东、海南、广西南部、云南南部	
305	梧桐科	胖大海	*Sterculia lychnophora*	落叶大乔木	海南、广西有栽培	原产越南、印度、马来西亚、泰国及印度尼西亚等国
306	梧桐科	梧桐	*Firmiana platanifolia*	落叶乔木	黄河流域以南	石灰岩
307	梧桐科	蛇婆子	*Waltheria americana*	落叶直立或匍匐状半灌木	福建、两广、海南、云南	耐干旱瘠薄
308	梧桐科	可可	*Theobroma cacao*	常绿乔木	福建南部、海南、广西南部、云南南部有栽培	原产墨西哥
309	木棉科	猴面包树	*Adansonia digitata*	落叶乔木	福建南部、广东南部、云南南部有栽培	原产热带非洲
310	木棉科	瓜栗	*Pachira macrocarpa*	常绿小乔木	海南、云南西双版纳有栽培	原产墨西哥
311	木棉科	木棉	*Bombax malabaricum*	落叶大乔木	福建南部、广东南部、广西、云南南部、贵州南部、四川南部	
312	木棉科	榴莲	*Durio zibethinus*	常绿大乔木	广东、海南有栽培	原产马来西亚、印尼、文莱
313	锦葵科	朱槿	*Hibiscus rosa-sinensis*	常绿灌木	南方大部分地区	
314	锦葵科	木芙蓉	*Hibiscus mutabilis*	落叶灌木或小乔木	原产湖南、辽宁、华北、陕西、长江以南栽培	
315	锦葵科	木槿	*Hibiscus syriacus*	落叶灌木	原产我国中部，现从东北南部至华南方均有栽培	
316	锦葵科	海滨木槿	*Hibiscus hamabo*	落叶灌木	浙江、福建等	
317	锦葵科	海滨锦葵	*Kosteletzkya virginica*	落叶灌木	江苏、浙江等栽培	原产美国东部
318	锦葵科	白脚桐棉	*Thespesia lampas*	常绿乔木	海南、广西、云南	
319	金虎尾科	凹缘金虎尾	*Malpighia emarginata*	常绿灌木或小乔木	可在海南试种	针叶樱桃。原产热带美洲

续表

序号	科名	中文名	拉丁名	形态	主要分布或栽培区域	备注
320	蒺藜科	盐生白刺	*Nitraria sibirica*	落叶灌木	东北、西北、内蒙古	
321	蒺藜科	白刺	*Nitraria tangutorum*	落叶灌木	西北、内蒙古、西藏	
322	大戟科	余甘子	*Phyllanthus emblica*	落叶小乔木或灌木状	西南、华南及福建	干热河谷
323	大戟科	算盘子	*Glochidion puberum*	落叶灌木	甘陕及南方各地	
324	大戟科	黑面神	*Breynia fruiticosa*	常绿灌木	西南、华南及福建、浙江	
325	大戟科	重阳木	*Bischofia polycarpa*	落叶乔木	秦岭、淮河流域以南	
326	大戟科	石栗	*Aleurites moluccana*	常绿乔木	福建南部、两广、海南、云南南部、江西南部、湖南南部有栽培	原产马来半岛
327	大戟科	油桐	*Vernicia fordii*	落叶小乔木	淮河流域以南	三年桐
328	大戟科	千年桐	*Vernicia montana*	落叶乔木	浙江南部、江西南部、福建、湖南、两广、云贵川	
329	大戟科	麻风树	*Jatropha curcas*	落叶灌木或小乔木	福建、两广、海南、云贵有栽培	原产美洲热带
330	大戟科	巴豆	*Croton tiglium*	常绿乔木	南方各地	
331	大戟科	蓖麻	*Ricinus communis*	多年生草本	我国黄河以南地区有栽培	原产非洲热带
332	大戟科	蝴蝶果	*Cleidiocarpon cavaleriei*	常绿乔木	广西南部、贵州南部、云南东南部	
333	大戟科	石岩枫	*Mallotus repandus*	落叶攀援灌木	两广、海南、浙江等	
334	大戟科	粗糠柴	*Mallotus philippihensis*	常绿小乔木	我国长江流域以南	
335	大戟科	毛桐	*Mallotus barbatus*	落叶小乔木或灌木状	云贵川、两广、两湖	
336	大戟科	白背叶	*Mallotus apelta*	落叶灌木或小乔木	云南、两广、湖南和江西南部	
337	大戟科	野桐	*Mallotus tenuifolius*	落叶灌木或小乔木	秦岭以南及南岭以北各地	
338	大戟科	野梧桐	*Mallotus japonicus*	落叶小乔木	江浙、福建	
339	大戟科	乌桕	*Sapium sebiferum*	落叶乔木	甘陕南部、河南及秦岭、淮河以南地区	
340	大戟科	山麻杆	*Alchornea davidii*	落叶灌木	我国中部、东部和西南	
341	大戟科	橡胶树	*Hevea brasiliensis*	落叶乔木	海南、云南南部、广西南部有栽培	原产亚马逊
342	大戟科	金刚纂	*Euphorbia antiquorum*	肉质灌木	云贵川、两广、福建有栽培	原产印度
343	大戟科	绿玉树	*Euphorbia tirucalli*	肉质灌木或小乔木	海南、两广、长江以南、北京等有栽培	原产非洲南部

序号	科名	中文名	拉丁名	形态	主要分布或栽培区域	备注
344	大戟科	肥牛树	*Cephalomappa sinensis*	常绿乔木	广西	石灰岩
345	大戟科	草沉香	*Excoecaria acerifolia*	常绿小灌木	两湖、云贵川等	
346	山茶科	油茶	*Camellia oleifera*	常绿小乔木	江西、两湖、陕西、江浙、安徽、云贵川、河南、陕西	
347	山茶科	山茶	*Camellia japonica*	常绿小乔木	山东、江西、福建、两广、四川	
348	山茶科	金花茶	*Camellia chrysantha*	常绿小乔木	广西	
349	山茶科	茶	*Camellia sinensis*	常绿灌木或小乔木	秦岭、淮河以南	
350	猕猴桃科	中华猕猴桃	*Actinidia chinensis*	落叶大木质藤本	陕西南部、两湖、河南、安徽、江浙、江西、福建、两广北部	
351	猕猴桃科	软枣猕猴桃	*Actinidia arguta*	落叶藤本	东北、华北、陕甘、华东、两湖、西南等	
352	越橘科	越橘	*Vaccinium vitis-idaea*	常绿矮小灌木	陕西、内蒙古、黑龙江、吉林	
353	越橘科	笃斯	*Vaccinium uliginosum*	落叶灌木	内蒙古北部、黑龙江北部、吉林南部	
354	越橘科	乌饭树	*Vaccinium bracteatum*	常绿灌木	长江以南各省区	酸性土指示植物
355	越橘科	苍山越橘	*Vaccinium delavayi*	常绿矮灌木	西藏、云南、四川、贵州	
356	金丝桃科	金丝梅	*Hypericum patulum*	半落叶小灌木	长江流域以南	较耐旱
357	山竹子科	铁力木	*Mesua ferrea*	常绿乔木	云南	
358	山竹子科	岭南山竹子	*Garcinia oblongifolia*	常绿小乔木或大灌木	两广	
359	桃金娘科	岗松	*Baeckea frutescens*	常绿小乔木或灌木状	江西、福建、两广、海南	
360	桃金娘科	柠檬桉	*Eucalyptus citriodora*	常绿大乔木	福建南部、两广南部、四川南部和云南东南部有栽培	原产澳大利亚
361	桃金娘科	蓝桉	*Eucalyptus globulus*	常绿大乔木	云南中北部、贵州西部、四川南部有栽培	原产澳大利亚
362	桃金娘科	赤桉	*Eucalyptus camaldulensis*	常绿大乔木	浙江南部、福建、湖南南部、贵州南部、云南南部、陕西南部等地栽培	原产澳大利亚
363	桃金娘科	细叶桉	*Eucalyptus tereticornis*	常绿大乔木	浙江、江西、福建、湖南、云贵川、两广有栽培	原产澳大利亚
364	桃金娘科	大叶桉	*Eucalyptus robusta*	常绿大乔木	浙江南部、福建、江西、湖南南部、贵州南部、云南南部、四川南部、两广、海南有栽培	原产澳大利亚
365	桃金娘科	窿缘桉	*Eucalyptus exserta*	常绿乔木	福建南部、两广栽培最多	原产澳大利亚
366	桃金娘科	桃金娘	*Rhodomyrtus tomentosa*	常绿灌木	福建、江西、湖南、贵州、云南、两广和海南	原产澳大利亚

续表

序号	科名	中文名	拉丁名	形态	主要分布或栽培区域	备注
367	桃金娘科	番石榴	*Psidium guajava*	常绿乔木或灌木状	福建南部、两广南部、海南、云贵川有栽培	原产南美洲。可长石灰岩地
368	桃金娘科	水榕	*Cleistocalyx operulatus*	常绿大乔木	两广、海南等	
369	桃金娘科	海南蒲桃	*Syzygium cumini*	常绿乔木	福建、两广、海南、云南等	石灰岩
370	桃金娘科	蒲桃	*Syzygium jambos*	常绿乔木	台湾、福建、两广、贵州、云南、海南等省区有栽培	原产中南半岛、马来西亚、印度尼西亚等地
371	桃金娘科	莲雾	*Syzygium samarangense*	常绿乔木	台湾、福建、两广、海南	
372	红树科	角果木	*Ceriops tagal*	常绿灌木或小乔木	两广、海南等	
373	红树科	秋茄树	*Kandelia candel*	常绿灌木或小乔木	浙江、福建、两广、海南等	
374	石榴科	石榴	*Punica granatum*	落叶小乔木	新疆、甘肃南部、黄河流域以南栽培	原产伊朗、阿富汗
375	使君子科	诃子	*Terminalia chebula*	落叶乔木	产于云南西部和西南部；两广有栽培	
376	使君子科	费氏榄仁	*Terminalia ferdinandiana*	落叶乔木	可在海南试种	卡卡杜李。原产澳大利亚西北部
377	使君子科	使君子	*Quisqualis indica*	落叶攀援灌木	湖南南部、江西南部、福建、两广、海南、云贵川	
378	野牡丹科	野牡丹	*Melastoma candidum*	常绿小灌木	云南、两广、海南、福建	
379	冬青科	铁冬青	*Ilex rotunda*	常绿乔木	长江以南至西南	
380	冬青科	苦丁茶	*Ilex kudingcha*	常绿乔木	两广、云南、两湖等	
381	冬青科	枸骨	*Ilex cornuta*	常绿灌木或小乔木	甘肃、河南、江浙、安徽、江西、两湖、两广、四川等	
382	卫矛科	卫矛	*Euonymus alatus*	落叶灌木	除新疆、青海、西藏外，几遍全国	
383	卫矛科	扶芳藤	*Euonymus fortunei*	常绿灌木	山西、陕西、山东、江浙、安徽、江西、河南、两湖、两广、海南等	石灰岩
384	卫矛科	灯油藤	*Celastrus paniculatus*	常绿藤状灌木	两广、云南	
385	卫矛科	南蛇藤	*Celastrus orbiculatus*	落叶藤状灌木	东北3省、内蒙古、山西、河北、河南、山东、江浙、安徽、江西、两湖、四川、陕西、甘肃	
386	卫矛科	雷公藤	*Tripterygium wilfordii*	落叶藤状灌木	河南及南方地区	
387	铁青树科	蒜头果	*Malania oleifera*	常绿乔木	广西、云南	石灰岩
388	铁青树科	华南青皮木	*Schoepfia chinensis*	落叶小乔木	四川西南部、云南、两广、海南、湖南南部、江西、福建	石灰岩

序号	科名	中文名	拉丁名	形态	主要分布或栽培区域	备注
389	铁青树科	赤苍藤	*Erythropalum scandens*	常绿木质藤本	云南、西藏东南部、贵州南部、广西、广东中部、海南	
390	胡颓子科	胡颓子	*Elaeagnus pungens*	常绿灌木	长江流域及其以南各地	
391	胡颓子科	沙枣	*Eleaeagnus angustifolia*	落叶乔木	辽宁、内蒙古、河北、河南、山西、陕西、甘肃、宁夏、青海、新疆	
392	胡颓子科	翅果油树	*Elaeagnus mollis*	落叶乔木	陕西、山西	
393	胡颓子科	牛奶子	*Elaeagnus umbellata*	落叶灌木	东北南部、华北、华东、华中、西北、西南各地	
394	胡颓子科	肋果沙棘	*Hippophae neurocarpa*	落叶小乔木或灌木状	四川、西藏、青海、甘肃	
395	胡颓子科	西藏沙棘	*Hippophae thibetana*	落叶小灌木	甘肃、青海、四川、西藏	
396	胡颓子科	中国沙棘	*Hippophae rhamnoides* ssp. *sinensis*	落叶小乔木或灌木状	河北、内蒙古、山西、陕西、甘肃、宁夏、青海、四川西部	
397	胡颓子科	蒙古沙棘	*Hippophae rhamnoides* ssp. *Mongolica*	落叶灌木	产于新疆；新疆、黑龙江、吉林等有栽培	
398	胡颓子科	中亚沙棘	*Hippophae rhamnoides* ssp. *Turkestanica*	落叶小乔木或灌木	新疆	
399	胡颓子科	江孜沙棘	*Hippophae gyantsensis*	落叶灌木或灌木	西藏（拉萨、江孜、亚东）	
400	鼠李科	圆叶鼠李	*Rhamnus globosa*	落叶灌木	华北、长江中下游及陕西、甘肃	
401	鼠李科	鼠李	*Rhamnus davurica*	落叶灌木或小乔木	东北、华北及四川、陕西、宁夏等	
402	鼠李科	冻绿	*Rhamnus utilis*	落叶灌木或小乔木	河北、山西、陕西、甘肃及南方各地	
403	鼠李科	枳椇	*Hovenia acerba*	落叶乔木	甘肃、陕西、河南以南方各地	拐枣
404	鼠李科	马甲子	*Paliurus ramosissimus*	落叶灌木	陕西及南方大部分地区	
405	鼠李科	枣树	*Ziziphus jujuba*	落叶乔木	东北南部、黄河及长江流域各地，西南到云贵	
406	鼠李科	酸枣	*Ziziphus jujuba* var. *spinosa*	落叶灌木或灌木乔木	辽宁、内蒙古、河北、山东、山西、河南、甘肃、宁夏、新疆、江苏、安徽	
407	鼠李科	滇刺枣	*Ziziphus mauritiana*	常绿乔木或灌木状	云南、四川、两广、福建	干热河谷
408	葡萄科	山葡萄	*Vitis amurensis*	落叶木质藤本	山东、山西、河北、东北3省	
409	葡萄科	葡萄	*Vitis vinifera*	落叶木质藤本	我国普遍栽培	原产欧洲、西亚
410	葡萄科	崖爬藤	*Tetrastigma obtectum*	常绿或半常绿木质藤本	云贵川、两广、两湖西部、甘陕南部	

序号	科名	中文名	拉丁名	形态	主要分布或栽培区域	备注
411	葡萄科	爬山虎	*Parthenocissus tricuspicata*	落叶大木质藤本	辽宁以南大部分地区	同属各种
412	葡萄科	白粉藤	*Cissus madecoides*	多年生草质藤本	福建、两广等	
413	葡萄科	四方藤	*Cissus pteroclada*	常绿木质藤本	两广、海南等	
414	紫金牛科	杜茎山	*Maesa joponica*	常绿灌木	长江流域以南	萌芽力强
415	紫金牛科	罗伞树	*Ardisia quinquigona*	常绿灌木或小乔木	云南、两广、海南、福建	
416	紫金牛科	朱砂根	*Ardisia crenata*	常绿矮小灌木	长江流域以南、海南、西藏东南部	
417	紫金牛科	酸藤子	*Embelia laeta*	落叶攀援灌木或小乔木质藤本	云南、海南、两广、江西、福建	
418	紫金牛科	铁仔	*Myrsine africana*	常绿灌木或小乔木	甘肃、陕西、两湖、云贵川藏、广西	石灰岩
419	柿树科	柿	*Diospyros kaki*	落叶乔木	东北南部以南地区	
420	山榄科	紫荆木	*Madhuca pasquieri*	常绿乔木	两广南部、云南东南部	
421	山榄科	海南紫荆木	*Madhuca hainanensis*	常绿乔木	海南	
422	山榄科	锈毛梭子果	*Eberhardtia aurata*	常绿乔木	两广、云南南部、贵州南部	
423	山榄科	星苹果	*Chrysophyllum cainito*	常绿乔木	海南、广东、台湾、福建、云南等有栽培	原产热带美洲或西印度群岛
424	山榄科	人心果	*Manikara zapota*	常绿乔木	两广南部、海南、云南西双版纳有栽培	原产热带美洲
425	山榄科	牛油果	*Butyrospermum parkii*	落叶乔木	海南、云南、广西有栽培	原产西非、耐干热
426	芸香科	代代花	*Citrus auranticum*	常绿灌木或小乔木	江苏、安徽、福建等	
427	芸香科	柠檬	*Citrus medica*	常绿小乔木	四川、两广、海南、台湾	多栽培品种
428	芸香科	柚	*Citrus grandis*	常绿乔木	浙江南部、福建、江西、两广、海南、两湖、云贵川	
429	芸香科	宜昌橙	*Citrus ichangensis*	常绿小乔木	甘肃南部、陕西南部、湖北西部、湖南西部、云贵川	
430	芸香科	甜橙	*Citrus sinensis*	常绿小乔木	福建中部、江西、两湖、两广中北、四川中部以东（西北限约在陕甘南部，西南至西藏东南部墨脱一带）	品种繁多
431	芸香科	温州蜜柑	*Citrus unshiu*	常绿小乔木	浙江南部、两湖、两广、江西、福建、江苏南部、四川、陕西南部	
432	芸香科	枳	*Poncirus trifoliata*	落叶灌木或小乔木	河北、陕西、甘肃、山东、华东、中南等	
433	芸香科	金橘	*Fortunella margarita*	常绿灌木	长江以南	

序号	科名	中文名	拉丁名	形态	主要分布或栽培区域	备注
434	芸香科	花椒	Zanthoxylum bungeanum	落叶小乔木	辽宁南部、华北、甘陕南部及南方地区	
435	芸香科	青花椒	Zanthoxylum schinifolium	落叶灌木	辽宁南部以南直南方大部分地区	
436	芸香科	野花椒	Zanthoxylum simulans	落叶灌木或小乔木	河北、河南、宁夏、山东、江西、江苏、四川等	
437	芸香科	吴茱黄	Evodia rutaecarpa	常绿乔木或灌木状	秦岭、淮河流域以南	
438	芸香科	黄皮	Clausena lansium	常绿小乔木	华南、西南	石灰岩
439	芸香科	酒饼簕	Atalantia buxifolia	常绿灌木	福建南部、两广南部、海南	海岸沙滩
440	芸香科	黄柏	Phellodendron amurense	落叶乔木	东北、华北及宁夏等	作为药材,黄柏有"东黄柏""川黄柏"之别,此种为"东黄柏"
441	芸香科	川黄柏	Phellodendron chinense	落叶乔木	四川、湖北、贵州、云南、江西、浙江等省	
442	苦木科	臭椿	Ailanthus altissina	落叶乔木	全国大部分地区	
443	苦木科	鸦胆子	Brucea javanica	常绿灌木或小乔木	福建、台湾、广东、广西、海南和云南	
444	橄榄科	橄榄	Canarium album	常绿乔木	福建、两广、海南、四川、云南等	
445	橄榄科	乌榄	Canarium pimela	常绿乔木	福建南部、广东、海南、广西中南部、云南南部	
446	楝科	米仔兰	Aglaia odorata	常绿小乔木	两广、海南、福建、四川、云南等	
447	楝科	兰撒	Laium domesticum	常绿乔木	建议海南、广东、福建、云南栽培	龙贡,泰国黄皮。产东南亚地区
448	楝科	苦楝	Melia azedarach	落叶大乔木	河北、河南、山东、陕西、甘肃及长江以南各地区	
449	楝科	川楝	Melia toosenden	落叶大乔木	陕西、甘肃、河南、两湖、云贵川等	
450	楝科	香椿	Toona sinensis	落叶乔木	辽宁南部、黄河流域及以南地区	
451	无患子科	无患子	Sapindus mukorossi	落叶乔木	南方大部分地区	
452	无患子科	栾树	Koelreuteria paniculata	落叶乔木	东北南部以南大部分地区	石灰岩
453	无患子科	龙眼	Dimocarpus longana	常绿乔木	福建、两广、海南、云贵川	桂圆
454	无患子科	荔枝	Litchi chinensis	常绿乔木	福建、台湾、广西、广东、海南、云贵川南部	
455	无患子科	红毛丹	Nephelium lappaceum	常绿灌木	云南西双版纳有野生、台湾、海南有栽培	原产马来西亚
456	无患子科	茶条木	Delavaya toxocarpa	常绿乔木	广西、云南	石灰岩
457	无患子科	文冠果	Xanthoceras sorblfolia	落叶小乔木	辽宁、吉林、华北、南至河南南部、安徽、西北至宁夏、甘肃	原

续表

序号	科名	中文名	拉丁名	形态	主要分布或栽培区域	备注
458	无患子科	车桑子	*Dodonaea viscose*	常绿灌木	西南、华南等地	石灰岩
459	清风藤科	清风藤	*Sabia japonica*	落叶攀扶木质藤木	江浙、安徽、福建、江西、湖南、两广、贵州等	石灰岩
460	漆树科	豆腐果	*Buchanania latifolia*	落叶乔木	云南南部、海南	干热河谷
461	漆树科	腰果	*Anacardium occidentale*	常绿乔木	云南、广西、广东、海南有栽培	原产热带美洲
462	漆树科	杧果	*Mangifera indica*	常绿乔木	福建、台湾、两广、海南、云南	
463	漆树科	岭南酸枣	*Spondias lakonensis*	落叶乔木	广西、海南、福建	
464	漆树科	南酸枣	*Choerospondias axillaris*	落叶乔木	南方大部分地区	
465	漆树科	厚皮树	*Lannea coromandelica*	落叶乔木	云南、两广、海南	
466	漆树科	黄连木	*Pistacia chinensis*	落叶乔木	北京以南、山西、山东、陕西、贵州、四川、西藏	石灰岩
467	漆树科	清香木	*Pistacia weinmannifolia*	落叶小乔木或灌木状	云南、广西、贵州、四川、西藏	石灰岩
468	漆树科	阿月浑子	*Pistacia vera*	落叶小乔木	新疆、陕西、北京有栽培	
469	漆树科	盐肤木	*Rhus chinensis*	落叶小乔木或灌木状	东北南部以南	石灰岩
470	漆树科	红麸杨	*Rhus punjabensis*	落叶乔木	甘陕南部、两湖、云贵川藏	石灰岩
471	漆树科	青麸杨	*Rhus potaninii*	落叶乔木	甘陕南部、河南、湖南、四川、云南	
472	漆树科	漆树	*Toxicodendron vernicifluum*	落叶乔木	河北、山西、陕西、河南、山东及南方地区	
473	漆树科	木蜡树	*Toxicodendron sylvestre*	落叶乔木	长江以南各地	
474	漆树科	野漆树	*Toxicodendron succedaneum*	落叶乔木	河北、河南、长江以南各地	
475	槭树科	元宝槭	*Acer truncatum*	落叶乔木	吉林、辽宁、内蒙古、河北、山西、山东、河南、陕西、甘肃、江苏北部	
476	槭树科	色木槭	*Acer mono*	落叶乔木	东北南部、华北和长江流域各地	石灰岩
477	七叶树科	七叶树	*Aesculu chinensis*	落叶乔木	河北、陕西、甘肃、江浙、江西等	
478	省沽油科	野鸦椿	*Euscaphis japonica*	落叶小乔木或灌木状	淮河以南各地（含西南）	
479	醉鱼草科	驳骨丹	*Buddleja asiatica*	常绿小灌木	陕西及南方大部分地区	
480	醉鱼草科	密蒙花	*Buddleja officinalis*	落叶灌木	河南、陕西、甘肃及南方大部分地区	石灰岩
481	醉鱼草科	醉鱼草	*Buddleja lindleyana*	落叶灌木	南方大部分地区	
482	马钱科	马钱子	*Strychnos nux-vomica*	常绿乔木	福建、云南、两广有栽培	原产斯里兰卡

续表

序号	科名	中文名	拉丁名	形态	主要分布或栽培区域	备注
483	木犀科	白蜡树	*Fraxinus chinenses*	落叶乔木	辽宁、吉林、河北、华北、陕西、黄河及长江流域、福建、广东、四川等	
484	木犀科	连翘	*Forsythia suspensa*	落叶灌木	辽宁、华北、陕西、山东、河南、两湖、四川等	
485	木犀科	桂花	*Osmanthus fragrans*	常绿乔木	原产西南、淮河流域以南各地广泛栽培	
486	木犀科	茉莉花	*Jasminum sambac*	常绿小灌木或藤本状灌木	南方广泛栽培	原产印度
487	木犀科	油橄榄	*Olea europaea*	常绿小乔木	陕甘南部、江苏、安徽、江西、两湖、广西、贵州、四川有栽培	原产地中海
488	木犀科	女贞	*Ligustrum lucidum*	常绿乔木	甘陕南部、河南及南方大部分地区	
489	木犀科	暴马丁香	*Syringa reticulata*	落叶灌木或小乔木	北方大部分地区	
490	夹竹桃科	罗布麻	*Apocynum venetum*	多年生草本或亚灌木状	新疆、青海、甘肃、陕西、山西、河南、河北、辽宁、山东、内蒙古、江苏、安徽等	耐盐碱
491	夹竹桃科	白麻	*Apocynum pictum*	常绿亚灌木	甘肃、宁夏、青海、新疆	耐盐碱
492	夹竹桃科	夹竹桃	*Nerium indicum*	常绿灌木或小乔木	南方各地区多有栽培	原产伊朗、印度
493	夹竹桃科	山橙	*Melodinus suaveolens*	常绿攀援木质藤本	福建、两广、海南	
494	夹竹桃科	鹿角藤	*Chonemorpha eriostylis*	常绿木质大藤本	云南南部	
495	夹竹桃科	络石	*Trachelospermum jasminoides*	常绿木质藤本	华北、陕西、西藏及南方大部分地区	
496	夹竹桃科	杜仲藤	*Parabarium micranthum*	常绿攀援藤本	两广、海南、云南、四川	
497	夹竹桃科	长春花	*Catharanthus roseus*	多年生草本	两广、海南、云南等有栽培	原产地中海
498	夹竹桃科	面条树	*Alstoniascholaris*	常绿乔木	华南	糖胶树
499	萝藦科	牛角瓜	*Calotropis gigantea*	常绿灌木	两广、海南、云南、四川	干旱河谷
500	萝藦科	通光散	*Marsdenia tenacissima*	常绿木质藤本	广东、四川、云南、贵州	
501	萝藦科	萝藦	*Metaplexis japonica*	多年生草质藤本	东北3省、河北、山东、江苏、江西、福建、河南、四川、贵州等	
502	茜草科	钩藤	*Uncaria rhynchophylla*	常绿木质藤本	浙江、福建、江西、两湖、两广、云贵川	
503	茜草科	栀子	*Gardenia jasminoides*	常绿小乔木或灌木状	山东、长江流域以南、西南	
504	茜草科	虎刺	*Damnacanthus*	常绿小灌木	南方大部分地区	
505	茜草科	大粒咖啡	*Coffea liberica*	常绿小乔木	广东南部、海南、云南南部有栽培	原产利比亚
506	茜草科	金鸡纳树	*Cinchona ledgeriana*	常绿灌木或小乔木	广东、海南、云南等栽培	原产南美洲

续表

序号	科名	中文名	拉丁名	形态	主要分布或栽培区域	备注
507	紫葳科	木蝴蝶	*Oroxylum indicum*	落叶乔木	福建、两广、云贵川	
508	马鞭草科	黄荆	*Vitex negundo*	落叶灌木或小乔木	秦岭、淮河流域以南	
509	马鞭草科	荆条	*Vitex negundo* var. *heterophylla*	落叶灌木或小乔木	国内大部分地区	
510	马鞭草科	蔓荆	*Vitex trifolia*	落叶小乔木或灌木状	福建、两广、云南省	
511	马鞭草科	单叶蔓荆	*Vitex trifolia* var. *simplicifolia*	落叶小乔木或灌木	辽宁、河北、河南、山东、江苏、安徽、浙江、台湾、福建、江西、两广	
512	马鞭草科	海州常山	*Clerodendrum trichotomum*	落叶灌木或小乔木	辽宁以南全国大部分地区	掌上明珠
513	马鞭草科	过江藤	*Phyla nodiflora*	多年生草本	福建、江西、湖南、湖北、四川、广东、贵州、云南等	
514	马鞭草科	柠檬马鞭草	*Lippia citriodora*	落叶小灌木	陕西南部有少量引种	原产中南美，生于热带，喜温暖湿润的热带、亚热带气候
515	芍药科	紫斑牡丹	*Paeonia rockii*	落叶灌木	星散分布于中国陕西、甘肃和河南西部，适合在北方地区宁夏，青海、陕西、西藏、北京、天津、河北、山西，新疆，内蒙古，吉林等地区栽种	
516	木通科	木通	*Akebia quinata*	落叶或半常绿木质藤本	河南、山东及长江流域以南各地	
517	木通科	五风藤	*Holboellia latifolia*	常绿攀援灌木	贵州、云南、西藏等	
518	防己科	蝙蝠葛	*Menispermum dauricum*	落叶木质藤本	东北、西北、华北、华中、华东	
519	防己科	千金藤	*Stephania japonica*	落叶缠绕木质藤本	华南、华东	
520	防己科	青风藤	*Sinomenium acutum*	落叶缠绕木质藤本	河南、陕西、安徽、江浙、福建、两广、湖北、四川、贵州等	
521	南天竹科	南天竹	*Nandina domestica*	常绿丛生灌木	陕西南部及南方大部分发地区	
522	小檗科	十大功劳	*Mahonia fortunei*	常绿灌木	浙江、江西、湖北、广西、贵州、四川等	
523	马兜铃科	木通马兜铃	*Aristolochia manshuriensis*	落叶大木质藤本	东北、山西、陕西、甘肃、河南、湖北、四川等	
524	胡椒科	胡椒	*Piper nigrum*	常绿攀援木质藤本	福建、两广及云南南部有栽培	原产东南亚
525	胡椒科	海风藤	*Piper kadsur*	常绿攀援木质藤本	两湖、浙江、广东、福建、台湾等地	
526	胡椒科	海南蒟	*Piper hainanense*	常绿木质或草质藤本	广东南部、海南、广西	

序号	科名	中文名	拉丁名	形态	主要分布或栽培区域	备注
527	胡椒科	细叶青蒌藤	Piper kadsura	常绿攀援木质藤本	南方大部分地区	
528	金粟兰科	金粟兰	Chloranthus spicatus	常绿亚灌木	福建、广东、云贵川	
529	金粟兰科	草珊瑚	Sarcandra glabra	常绿亚灌木	南方大部分地区	
530	蓼科	沙拐枣	Calligonum mongolicum	落叶灌木	内蒙古、宁夏、甘肃、新疆等	荒漠化地
531	蓼科	何首乌	Polygonum multiflorum	多年生草本	全国大部分地区	
532	藜科	梭梭	Haloxylon ammodendron	落叶灌木	内蒙古、新疆、青海、甘肃及宁夏等	荒漠化地
533	藜科	木地肤	Kochia prostrata	常叶小半灌木	东北3省、内蒙古、河北、山西、陕西、宁夏、甘肃、新疆、西藏等	荒漠化地
534	千屈菜科	虾子花	Woodfordia fruticosa	落叶灌木	广东西部、广西西北部、贵州、云南	
535	千屈菜科	紫薇	Lagerstroemia indica	落叶小乔木	吉林以南大部分地区	
536	千屈菜科	散沫花	Lawsonia inermis	常绿大灌木	两广、福建、江浙、云南等地有栽培	原产东非至东南亚
537	蓝雪科	白花丹	Plumbago zeylanica	常绿亚灌木	福建、两广、海南、云贵川	
538	蓝雪科	紫花丹	Plumbago indica	多年生草本	两广、海南、云南	
539	菊科	茄叶斑鸠菊	Vernonia solanifolia	常绿乔木或灌木状	两广、福建、云南	
540	菊科	艾纳香	Blumea balsamifera	多年生草本或亚灌木状	云南、贵州、两广	
541	菊科	羊耳菊	Inula cappa	落叶亚灌木	云贵川、两广、福建、浙江、湖南、江西	
542	菊科	山蒿	Artemisia brachyloba	落叶亚灌木	东北、内蒙古、甘肃、河北、山西等	
543	菊科	盐蒿	Artemisia halodendron	落叶亚灌木	东北、内蒙古、山西、陕西、甘肃、宁夏等	
544	菊科	黑沙蒿	Artemisia ordosica	落叶亚灌木	黑龙江、内蒙古、甘肃、陕西	
545	菊科	白沙蒿	Artemisia sphaerocephala	落叶亚灌木	内蒙古	
546	菊科	白莲蒿	Artemisia gmelinii	落叶亚灌木	东北、西北、内蒙古	
547	菊科	茵陈蒿	Artemisia capillaris	落叶亚灌木或多年生宿根草本	全国	
548	菊科	黄花蒿	Artemisia annua	多年生草本	全国	
549	菊科	艾	Artemisia argyi	多年生草本	东北、华北、西南及陕西、甘肃	
550	菊科	菊花	Dendranthema morifolium	多年生草本	全国各地均有分布或栽培	

序号	科名	中文名	拉丁名	形态	主要分布或栽培区域	备注
551	菊科	蟛蜞菊	*Wedelia trilobata*	多年生草本	福建、两广、海南等	
552	茄科	宁夏枸杞	*Lycium barbarum*	落叶灌木	辽宁、内蒙古、山西、陕西、甘肃、宁夏、青海、新疆、西藏	
553	茄科	枸杞	*Lycium chinense*	落叶灌木	内蒙古、辽宁、河北、山西、陕西、甘肃、宁夏、山东及南方各地	
554	茄科	新疆枸杞	*Lycium dasystemum*	落叶灌木	新疆、甘肃、青海	盐生植物
555	茄科	黑果枸杞	*Lycium ruthenicum*	落叶灌木	主要出产于青海柴达木盆地	
556	茄科	旋花茄	*Solanum spirale*	落叶灌木	湖南、广西、云贵川藏	
557	茄科	刺天茄	*Solanum indicum*	落叶灌木	云贵川、两广、海南、福建	
558	旋花科	丁公藤	*Erycibe obtusifolia*	常绿攀援木质藤本	两广、海南	
559	旋花科	飞蛾藤	*Porana racemosa*	多年生草本质藤本	河南、陕西、甘肃及长江以南各地	石灰岩
560	旋花科	白花银背藤	*Argyreia pierreana*	落叶木质藤本	滇黔桂	
561	旋花科	白鹤藤	*Argyreia acuta*	常绿攀援灌木	两广、海南	
562	爵床科	小驳骨	*Gendarussa vulgaris*	常绿小灌木	福建、两广、海南、广西、云南等	
563	爵床科	大驳骨	*Gendarussa ventricosa*	常绿灌木	云南、两广、海南等	
564	爵床科	鸭嘴花	*Adhatoda vasica*	常绿灌木	两广、海南、云南有栽培	
565	酢浆草科	阳桃	*Averrhoa carambola*	常绿乔木	福建、两广、海南、云南等	原产东南亚
566	紫草科	聚合草	*Symphytum officinale*	多年生草本	江苏、福建、湖北、四川等栽培	原产俄罗斯西部
567	唇形科	薄荷	*Mentha haplocalyx*	多年生草本	南北方多有分布	
568	唇形科	香柠檬薄荷	*Mentha citrata*	多年生草本	江浙、安徽等有栽培	原产欧洲
569	唇形科	留兰香	*Mentha spicata*	多年生草本	新疆有野生。河北、江浙、两广、云贵川等地有栽培，或逸出为野生	
570	唇形科	丁香罗勒	*Ocimum gratissimum*	落叶亚灌木	江浙沪、两广、福建等地有栽培	原产塞舌尔、科摩罗
571	唇形科	薰衣草	*Lavandula pedunculata*	多年生草本	新疆、北京、辽宁、浙江等有栽培	原产古中海
572	唇形科	鼠尾草	*Salvia farinacea*	多年生草本	东南、中南、华南	原产欧洲
573	唇形科	迷迭香	*Rosmarinus officinalis*	落叶灌木	南方大部分地区与山东等地有栽培	原产欧洲地区，非洲北部和地中海沿岸

序号	科名	中文名	拉丁名	形态	主要分布或栽培区域	备注
574	唇形科	香薷	*Elsholtzia splendens*	多年生草本	南方大部分地区	
575	唇形科	百里香	*Thymus serpyllum*	半灌木状草本	东北、河北、内蒙古、甘肃、陕西、青海、宁夏、新疆等	
576	唇形科	碎米桠	*Rabdosia rubescens*	落叶亚灌木或多年生草本	湖北、四川、贵州、广西、陕西、甘肃、山西、河南、河北、浙江、安徽、江西及湖南等	冬凌草
577	姜科	草豆蔻	*Alpinia hainanensis*	多年生草本	两广、海南等	
578	姜科	益智	*Aplinia oxyphylla*	多年生草本	两广、海南、云南等	
579	姜科	白豆蔻	*Amomum kravanh*	多年生草本	海南、云南、广西有栽培	原产柬埔寨、泰国
580	姜科	草果	*Amomum tsaoko*	多年生草本	云南、广西、贵州等	
581	姜科	砂仁	*Amomum villosum*	多年生草本	福建、两广、海南、云南等	
582	百合科	黄花菜	*Hemerocallis citrina*	多年生草本	全国大部分地区	
583	百合科	石刁柏	*Asparagus officinalis*	多年生草本	东部、南部大部分地区有栽培	原产地中海
584	龙舌兰科	剑麻	*Agave sisalan*	多年生草本	两广、云贵川、福建、浙江、湖南等有栽培	原产墨西哥等地
585	棕榈科	海枣	*Phoenix dactylifera*	常绿乔木	两广、云南、海南有栽培	原产西亚、北非
586	棕榈科	油棕	*Elaeis guineensis*	常绿乔木	两广、福建、海南、云南有栽培	原产热带非洲
587	棕榈科	槟榔	*Areca catechu*	常绿乔木	福建、两广、海南、云南等	
588	棕榈科	黄藤	*Daemonorops margaritae*	常绿多刺藤状灌木	广东东南、海南、广西西南、贵州、云南西双版纳	
589	棕榈科	白藤	*Calamus tetradaclylus*	常绿攀援状灌木	福建、两广、海南	
590	露兜树科	露兜树	*Pandanus tectorius*	常绿小乔木	福建南部、两广南部、海南、贵州、云南等	
591	禾本科	毛竹	*Phyllostachys edulis*	常绿乔木	秦岭、汉水流域至长江流域以南地区（包括西南）	
592	禾本科	柳枝稷	*Panicum virgatum*	多年生草本	全国大部分地区有栽培	原产美国
593	禾本科	皇竹草	*Pennisetum sinese*	多年生草本	南方地区	
594	禾本科	枫茅	*Cymbopogon winterianus*	多年生草本	广东、海南等栽培	原产印度等
595	禾本科	香茅	*Cymbopogon citratus*	多年生草本	南方地区	原产斯里兰卡
596	禾本科	亚香茅	*Cymbopogon nardus*	多年生草本	广东、海南等有栽培	原产斯里兰卡

附表2　全国高效水土保持植物资源依开发利用方向的分类

序号	科名	中文名	拉丁名	开发部位	主要功效	食用类	药用类	化工类	其他类
1	卷柏科	卷柏	*Selaginella tamariscina*	地上部分	地上部分有活血通经、止血的功能		■		
2	卷柏科	江南卷柏	*Selaginella moellendorfii*	地上部分	地上部分清热利湿、止血。治急性黄疸型肝炎、全身浮肿、肺结核咯血、吐血、痔疮出血；外用治外伤出血、烧烫伤		■		
3	水龙骨科	石韦	*Pyrrosia lingua*	地上部分	地上部分有利尿通淋、清肺止咳、止血的功能		■		
4	里白科	芒萁	*Gleichenia linearis*	地上部分	芒皮和芒心都是编织物件的上等原料			■	
5	凤尾蕨科	蕨菜	*Pteridium aquilinum* var. *latiusculum*	未展开的幼嫩叶芽	食用。蕨菜种植一次可采收15~20年，每年5~6月采收	■			
6	苏铁科	苏铁	*Cycas revoluta*	叶、花、种子	茎内含淀粉，可供食用；种子含油和丰富的淀粉，微有毒，供食用和药用，有治痢疾、止咳和止血之效。叶理气活血、花活血化痰、种子消炎止血	■	■		
7	银杏科	银杏	*Ginkgo biloba*	果实、叶片	种子熟食有补肺、止咳、利尿等效。捣烂敷治皮肤开裂；种子含氢氰酸，不宜多食；叶可提取心血管开窍，对治疗心血管等效，种子可开发保健茶；施于水田可以杀虫；外种皮含银杏酸、银杏醇和银杏二酚，有毒，可杀虫	■	■	■	
8	松科	红松	*Pinus koraiensis*	种子	种子食用或食品工业配料、人药可"海松子"，有滋补、祛风等效	■		■	
9	松科	华山松	*Pinus armandii*	种子、枝、叶、花粉	种子食用或食品工业配料，出油率22.24%；枝干结节药用，有祛风湿、止痛功能；此外，松针、松仁、花粉亦可药用	■	■	■	
10	松科	油松	*Pinus tabulaeformis*	花粉、茎	花粉俗称"花黄"，是松树最精华的物质，含有蛋白质、氨基酸、脂肪和糖类、酶类、矿物质等高营养成分，已广泛用于医药产品及食品工业；花粉药用于湿疹、黄水疮、皮肤糜烂、脓水淋流、外伤出血，尿布性皮疹；油松节用于关节疼痛、屈伸不利	■		■	
11	松科	马尾松	*Pinus massoniana*	花粉、枝、叶	花粉俗称"花黄"，是松树最精华的物质，含有蛋白质、氨基酸、脂肪和糖类、酶类、矿物质等高营养成分，已广泛用于医药产品及食品工业；花粉亦有药效，可爆湿，收敛止血；有祛风、止痛功能；松香、松针亦可药用	■	■	■	
12	松科	铁杉	*Tsuga chinensis*	茎、种子	树干可割树脂，树皮含单宁10.5%~15.5%，可提制栲胶；种子可榨油			■	
13	柏科	侧柏	*Platycladus orientalis*	种子、枝、叶	种子（柏子仁）有滋补强壮、养心安神、润肠通便、止汗等效；叶有凉血、止血、祛痰止咳的功能；种子含油量22%，出油率18%，在医药和香料工业上用途很广		■	■	
14	柏科	柏木	*Cupressus funebris*	枝、叶	枝、叶蒸馏提取柏木油，在香料工业中占有重要地位			■	

序号	科名	中文名	拉丁名	开发部位	主要功效	食用类	药用类	化工类	其他类
15	柏科	叉子圆柏	*Sabina vulgaris*	枝、叶、果实	枝、叶、果实性苦平，可祛风镇静、活血止痛，用于风湿关节痛、小便淋痛、迎风流泪、视物不清		■		
16	柏科	圆柏	*Sabina chinensis*	种子、枝、叶	枝、叶可提柏木油、人药，能祛风散寒、活血、利尿；种子可提取润滑精油		■	■	
17	柏科	杜松	*Juniperus rigida*	果实	球果人药，有利尿、发汗、祛风之效		■	■	
18	罗汉松科	罗汉松	*Podocarpus macrophyllus*	茎、叶	枝、叶用于治疗咳血、吐血等症		■		
19	三尖杉科	三尖杉	*Cephalotaxus fortunei*	果实、种子、枝、叶	假种皮含油量38%，种仁含油量55%~70%，可提取工业用；叶、枝、种子可提取多种植物碱，对治疗淋巴瘤等有效		■	■	
20	三尖杉科	中国粗榧	*Cephalotaxus sinensis*	枝、叶、种子	枝、叶抗癌、主治白血病、恶性淋巴瘤；可祛风除湿、主治风湿痹痛；可驱虫、消积，用于蛔虫病、钩虫病，食积。种子可榨油		■		
21	三尖杉科	海南粗榧	*Cephalotaxus hainanensis*	枝、叶、种子	枝、叶，种子及树皮含多种生物碱，对某些恶瘤有一定疗效，急性粒细胞白血病等效果显著；种仁含油率28%~32%，可食用或制肥皂等用		■	■	
22	红豆杉科	红豆杉	*Taxus chinensis*	茎、叶、种子	叶、种子、假种皮含多种生物活性药，具有"生物黄金"之称，其中茎、叶中提取的紫杉醇是世界公认的抗癌药，对卵巢癌和乳腺癌、大肠癌、头颈部癌、淋巴瘤、脑瘤等也都有一定疗效		■		
23	红豆杉科	东北红豆杉	*Taxus cuspidata*	种子、枝、叶	种子可榨油；枝、叶、树皮能提取紫杉醇，可治糖尿病，叶有利尿、通经之效		■	■	
24	红豆杉科	香榧	*Torreya grandis*	种子	种子为著名的干果，种仁含油51%，营养丰富，供食用、润燥的功能。种仁含油28%，味美芳香，供食用，有杀虫消积、润燥的功能	■	■		
25	红豆杉科	云南榧树	*Torreya yunnanensis*	种子	种子榨油供工业用			■	
26	麻黄科	中麻黄	*Ephedra intermedia*	枝、叶	麻黄（草）用于治疗风寒感冒，胸闷喘咳，支气管炎、水肿等		■		
27	麻黄科	草麻黄	*Ephedra sinica*	枝、叶	枝、叶生物碱含量较高，木质茎（草）易于加工提炼，为我国制取麻黄碱的主要资源；麻黄（草）用于治疗风寒感冒，胸闷喘咳，支气管哮喘、支气管炎、水肿等		■		
28	麻黄科	木贼麻黄	*Ephedra equisetina*	枝、叶	枝、叶有发汗散寒、宣肺平喘、利水消肿的功能，用于治疗风寒感冒、胸闷喘咳、浮肿、支气管炎等；种子生物碱的含量较其他类为高，为提制麻黄碱的重要原料		■	■	
29	麻黄科	单子麻黄	*Ephedra monosperma*	枝、叶	地上部分药用，提制麻黄碱，有平喘、止咳、利尿之效，治伤寒、骨节疼痛、水肿等症		■		

序号	科名	中文名	拉丁名	开发部位	主要功效	食用类	药用类	化工类	其他类
30	买麻藤科	买麻藤	*Gnetum montanum*	茎皮、种子	茎皮含韧性纤维，可织麻袋、绳索等；种子炒食及榨油，亦可酿酒；树液为清凉饮料	■		■	
31	木兰科	厚朴	*Magnolia officinalis*	树皮、花、种子、芽	树皮、花、种子和芽皆可入药，以树皮为主，祛风镇痛之效，为著名中药；种子有明目益气功效，行气平喘，化食消痰；芽作妇科药用；种子可榨油，含油量35%，出油率25%，可制造肥皂		■	■	
32	木兰科	荷花玉兰	*Magnolia grandiflora*	花、枝、叶、种子	叶、幼枝和花可提取芳香油，花可制浸膏用，叶入药可治高血压；种子榨油，含油率42.5%		■	■	
33	木兰科	玉兰	*Magnolia denudata*	花、种子	花蕾入药，商品名"辛夷"功效同"辛夷"，花含芳香油，可提取配制香精或浸膏；花被片食用或用以薰茶；种子榨油供工业用	■	■	■	
34	木兰科	紫玉兰	*Magnolia liliflora*	花蕾、树皮	花蕾入药，商品名"辛夷"，有麻醉运动神经末梢作用，可治腰痛镇痛剂；树皮含有辛夷箭毒、黄樟油素、柠檬醛等，头痛等症；花的浸膏具丁香酚，可供调配香皂和化妆品香精等用		■	■	
35	木兰科	望春玉兰	*Magnolia biondii*	花蕾	花蕾（辛夷）药用，有散风寒、通鼻窍的功能		■	■	
36	木兰科	山玉兰	*Magnolia delavayi*	茎、花	树皮治消化不良、慢性胃炎、呕吐、腹胀、腹泻，花治鼻炎、鼻窦炎、支气管炎、咳嗽		■		
37	木兰科	白兰	*Michelia alba*	花、叶	花可提取香精或薰茶，也可提制浸膏供药用；鲜叶可提取香油，称"白兰叶油"，可供调配香精			■	
38	木兰科	云南含笑	*Michelia yunnanensis*	花、叶	花提取浸膏，叶有香气，可磨粉制香粉		■	■	
39	木兰科	含笑	*Michelia figo*	花、叶	花瓣可拌入茶叶，制成花茶；叶可提取芳香油和供药用	■	■	■	
40	八角科	八角	*Illicium verum*	果皮、种子、叶	果皮、种子和叶可含芳香油，俗称茴香油或八角香油。鲜果皮含油量5%~6%，种子含油量1.7%~2.7%，鲜叶含油0.75%~1%，主要成分为香醛，经叶或果制成香油，是制造化妆品、甜香酒、啤酒和食品工业的重要原料，又为制药工业合成女性激素己烷雌酚的原料；八角是著名的调味香料，又可药用，健胃、止咳，并治神经衰弱、消化不良和抒癖等症	■	■	■	
41	五味子科	华中五味子	*Schisandra sphenanthera*	果实	果实供药用，为五味子代用品；种子榨油可制肥皂或作润滑油		■	■	
42	五味子科	五味子	*Schisandra chinensis*	果实、茎	果肉酸甜，种子苦辣有咸味，故名"五味子"，有敛肺止咳、滋补之效，主治神经衰弱、肺虚咳喘、泻痢、盗汗等症。东北所产品质最佳。茎可作调味品	■	■		

续表

序号	科名	中文名	拉丁名	开发部位	主要功效	食用类	药用类	化工类	其他类
43	番荔枝科	黄兰	Cananga odorata	花	用新鲜花瓣来蒸油，称依兰油。鲜花出油率达 2%~3%，具有浓郁的芳香气味，是珍贵的香料工业原料，广泛用于香水、香皂和化妆品等。用它提炼的依兰香料是当今世界上最名贵的天然高级香料和高级香料定香剂，所以人们称之为"世界香花冠军""天然的香水树"等			■	
44	番荔枝科	番荔枝	Annona squamosa	果实、叶片	果供食用，为著名热带水果；树皮纤维可造纸；种子含油率 20%；叶可治小儿脱肛；果实治恶性肿痛，也可补脾；紫胶虫寄生树	■			■
45	樟科	长圆叶新木姜	Neolitsea oblongifolia	种子	种子含油率 25%~30%，供工业、生物柴油、照明用油等用			■	
46	樟科	多果新木姜	Neolitsea polycarpa	种子	种子含油率 45%，供提制生物柴油等工业用			■	
47	樟科	团花新木姜	Neolitsea homilantha	叶	鲜叶含油率 0.7%，可提取芳香油			■	
48	樟科	杨叶木姜子	Litsea populifolia	叶、果	叶、果可提芳香油，鲜叶含芳香油 0.54%，供作化妆品及化皂用；香精；种子含油率 36%，供制肥皂、润滑油和生物柴油等用			■	
49	樟科	秦岭木姜子	Litsea tsinlingensis	叶、果	叶和果均可提芳香油，为食用香精及化妆品原料；种子含油率 54.31%，供制肥皂、生物柴油和提取月桂酸等			■	
50	樟科	木姜子	Litsea pungens	果实	干果含芳香油 2%~6%，鲜叶含芳香 5%~19%，可作食用香精和化品香精，主要成分为柠檬醛 60%~90%，紫罗兰醇 5%~4%，主要成分为柠檬现已广泛用途高级香料，紫罗兰酮的维生素 A 的原料；种子含油率 48.2%，可供生物柴油，制皂和工业用油			■	
51	樟科	山鸡椒	Litsea cubeta	花、叶、果	花、叶、果可蒸提山苍子油，油内柠檬醛约 70%，柠檬醛可提制紫罗兰酮，为优良挥发性香料，用于食品、糖果、香皂、肥皂、化妆品等；种仁含油率 38.43%，供提制生物柴油等工业用。茎、果和叶均可入药，有祛风散寒，消肿止痛之效，果实安中药业称之为"荜澄茄"，可治血吸虫病		■	■	
52	樟科	江浙山胡椒	Lindera chienii	叶、果	叶、果可提取芳香油，供制香精及化妆品用；种子可榨油			■	
53	樟科	广东山胡椒	Lindera kwangtungensis	叶、果	叶、果可提取芳香油，供制香精及化妆品用；种子可榨油			■	
54	樟科	山胡椒	Lindera glauca	枝、叶、果	叶可提取芳香油，供制香皂及化妆品用；种子含油率 39.2%，供制肥皂，生物柴油及润滑油；叶、果均可入药，果治中风不活及咳喘；枝、叶可作兽药，治牛咳嗽、膨胀、喉风、风湿，软脚等症；叶磨粉可供钻探用		■	■	
55	樟科	香叶树	Lindera communis	果、叶、茎	种子含油率 53.2%，供制肥皂、油墨、润滑油、生物柴油或医药用；果可提取芳香油；叶、茎皮入药，治疮痛、外伤出血，治马疥癣疮癞	■	■	■	

序号	科名	中文名	拉丁名	开发部位	主要功效	食用类	药用类	化工类	其他类
56	樟科	红脉钓樟	Lindera rubronervia	果、叶	果、叶可提取芳香油，叶含芳香油率 0.33%，果含芳香油 0.29%，还可提制生物柴油等工业用油			■	
57	樟科	黄脉钓樟	Lindera flavinervia	种子	种子含油率高达 67.2%，供制生物柴油、润滑油等工业用			■	
58	樟科	香叶子	Lindera fragrans	枝、叶、花	枝、叶花提取芳香油，叶芳香油含量达 0.5%~0.8%			■	
59	樟科	猴樟	Cinnamomum bodinieri	种子、叶	种子可榨油，含油率 20%，供制肥皂或机器润滑油；叶含油率 0.46%~0.6%，供香料、医药和生物柴油等工业用			■	
60	樟科	樟树	Cinnamomum camphora	干、枝、叶、种子	干、枝、叶可提取樟脑、樟油；种子可榨油，含油率 65%，供制润滑油、生物柴油等用；叶含单宁，可提制栲胶，还能放养樟蚕，其蚕丝供渔业制网材料及医疗外科手术末缝合线			■	
61	樟科	云南樟	Cinnamomum glanduliferum	枝、叶、种子	枝、叶可提取樟脑、樟油，其中叶出樟脑 3%，樟油 0.44%；枝出樟脑 0.15%，不出油；种子含油率 27%~30%，供制肥皂、生物柴油和润滑油			■	
62	樟科	黄樟	Cinnamomum porrectum	茎、叶、种子	叶含油率 2%~3.7%，主要成分为黄樟油素，可提制多种香精，供化妆品、香皂、食品工业用；种子含油率 60%，供制生物柴油、肥皂等用；叶含粗蛋白 3.1%，粗脂肪 1.9%，可饲养天蚕，天蚕丝可抽约丝、琴弦、衣刷等			■	■
63	樟科	卵叶桂	Cinnamomum rigidissimum	种子	种子含油率 72.5%，供制生物柴油等工业用			■	
64	樟科	华南桂	Cinnamomum austrosinense	枝、叶、果	枝、叶、果可蒸取桂油，叶研粉作薰香原料			■	
65	樟科	肉桂	Cinnamomum cassia	树皮、枝、叶、花、果	树皮称"桂皮"，枝条称"桂枝"，嫩枝称"桂尖"，果托称"桂盘"，细果称"桂子"，有祛风寒、止痛、化瘀、活血、健胃、滋补、抗菌等功效；各部均可蒸制桂油，可作化妆品、糖果等香精配料及医药工业的重要原料	■	■	■	
66	樟科	香桂	Cinnamomum subavenium	枝、叶	桂叶油可作香料及医药杀菌剂，还可提炼丁香酚，用作配制食品及烟用香精；桂皮油可作化妆品及牙膏的香精用粒、香桂叶是罐头食品的重要配料			■	
67	樟科	阴香	Cinnamomum burmannii	茎、叶	树皮、叶含挥发油。叶可作芳香植物原料，又可入药，味辛、气香，能祛风、散寒，祛风除湿，解毒消肿，治食少、腹胀、泄泻、脘腹疼痛、风湿、疮肿、跌打扭伤	■	■	■	
68	樟科	新樟	Neocinnamomum delavayi	叶、枝	枝、叶含芳香油，出油率 0.8%~1.7%，油用于香料及医药工业；果核含脂肪，可供工业用；叶入药，治风寒感冒，胃寒胃痛、风湿痹痛、跌打损伤、外伤出血		■	■	
69	樟科	滇润楠	Machilus yunnanensis	叶、果	果可提取芳香油，叶含油率 0.75%，果含脂肪，果 0.38%；树皮粉可作薰香及灭蚊香的调和剂			■	

续表

序号	科名	中文名	拉丁名	开发部位	主要功效	食用类	药用类	化工类	其他类
70	樟科	红润楠	*Machilus thunbergii*	叶、种子、树皮	叶可提取芳香油；种子含油率 65%，可榨油供制生物柴油、肥皂和润滑油；树皮入药，有舒筋活络之效		■	■	
71	肉豆蔻科	红光树	*Knema furfuracea*	种子	种子含油率 24%，可作工业用油			■	
72	肉豆蔻科	肉豆蔻	*Myristica fragrans*	种子	热带著名的香料树种。种仁药用，有温中、止泻、行气、消停的功能；将假种皮捣碎加入凉菜或腌渍品中作调料食用，为祛风剂和兴奋备用；种子含油率 38%~46%，可作重要工业用油	■	■	■	
73	肉豆蔻科	琴叶风吹楠	*Horsfieldia pandurifolia*	种子	种子含油率 57.39%，主要含十四碳脂肪酸的固体油，是一种重要工业用油，为国防工业及合成机械润滑油增黏降凝剂的主要原料，是制造彩色胶片成色剂的中间原料，亦可用于制皂			■	
74	肉豆蔻科	滇南风吹楠	*Horsfieldia tetratepala*	种子	种子含油率 33.6%，可作重要工业用油			■	
75	肉豆蔻科	风吹楠	*Horsfieldia glabra*	种子	种子含油 29%~33%，可作重要工业用油			■	
76	五桠果科	五桠果	*Dillenia indica*	种子	种子含油率 23%，可作重要工业用油；果可食用	■		■	
77	五桠果科	小花五桠果	*Dillenia pentagyna*	树皮、叶、果	树皮含单宁 5%~9%，叶含单宁 8%~10%，可提制栲胶；果可食用	■		■	
78	五桠果科	锡叶藤	*Tetracera asiatica*	叶、茎	叶粗糙，可磨光锡器，又可入药，治痢疾；茎皮纤维坚韧、耐水湿，可制绳缆等用		■		
79	牛栓藤科	红叶藤	*Rourea microphylla*	茎	茎皮富含纤维，可制绳索；又含单宁 9%，可制栲胶及外科敷药		■		
80	马桑科	马桑	*Coriaria sinica*	种子、茎皮、叶	种子含油率 20%，可榨油，供制油漆、肥皂等用；地上部分含马桑碱，有毒，可作土农药，茎及叶含单宁，可提取栲胶；具有寄生在马桑植物的桑寄生和毛叶桑寄生的干燥叶中含药用成分，可治精神分裂症；幼嫩枝、叶压青可增加土壤肥力			■	
81	蔷薇科	三裂绣线菊	*Spiraea trilobata*	叶	叶含鞣质 11.28%，可提制栲胶；辅助蜜源植物				■
82	蔷薇科	珍珠梅	*Sorbaria sorbifolia*	枝条	枝条药用，治骨折跌打损伤、风湿性关节炎		■		■
83	蔷薇科	灰栒子	*Cotoneaster acutifolius*	叶、果	叶可提制栲胶；果药用，治关节水等；辅助蜜源植物			■	■
84	蔷薇科	西北栒子	*Cotoneaster zabelii*	果实	果实含淀粉；种子可榨油；辅助蜜源植物		■		■
85	蔷薇科	火棘	*Pyracantha fortuneana*	果实、叶片	可药可食可观赏的多用途花果植物，果含淀粉和糖，可食、酿酒及作饲料；果实、性平、味甘、酸、小儿痞积、肠炎、痢疾、崩漏、白带，产后腹痛等症；叶能清热解毒，治疮疖、外敷治烧烫肿毒；辅助蜜源植物	■	■		■

续表

序号	科名	中文名	拉丁名	开发部位	主要功效	食用类	药用类	化工类	其他类
86	蔷薇科	山楂	*Crataegus pinnatifida*	果、叶	果实糖分含14.5%，富含维生素C，可生食及作酒及果酒、果酱、果糕等；果可药用，有健胃、化痰、降血压，嫩叶可代茶；蜜源植物	■	■		■
87	蔷薇科	野山楂	*Crataegus cuneata*	果、茎、叶	果实含糖10%、蛋白质0.7%、脂肪0.2%、灰分0.6%，维生素C及柠檬酸等，可生食及制果酱酿酒；又可药用，健胃、强心、降高血压，嫩叶可代茶；蜜源植物	■	■		■
88	蔷薇科	石楠	*Photinia serrulata*	茎、叶、种子	茎叶药用，可解热、镇痛、利尿、补肾；叶磨粉水浸液可防治蚜虫，并对马铃薯病菌孢子发芽有抑制作用；种子可榨油，辅助蜜源植物		■	■	■
89	蔷薇科	光叶石楠	*Photinia glabra*	叶、种子	种子含油量20%~25%，出油率18%，可榨油，供制肥皂；辅助蜜源植物	■		■	■
90	蔷薇科	枇杷	*Eriobotrya japonica*	果实、叶、花	叶药用，可解热、镇痛、利尿；种子可药用，润滑油，供制肥皂；辅助蜜源植物	■	■		■
91	蔷薇科	花楸树	*Sorbus pohuashanensis*	果实	果含糖分、柠檬酸，维生素A含量8mg/100g，维生素D含量40~150mg/100g，可制果酱，果汁及酿酒，胃痛等症；辅助蜜源植物	■	■		■
92	蔷薇科	榅桲	*Cydonia oblonga*	果实	果实甘酸，可生食、煮食；又可药用，治水泻、肠虚，可作糊料及镇咳药；辅助蜜源植物	■	■		■
93	蔷薇科	木瓜	*Chaenomeles sinensis*	果实	果实含苹果酸、酒石酸、枸橼酸，维生素C等，经煮熟后作蜜饯可食等；还可药用，泡酒治风湿性关节炎、支气管炎、肺炎、肺结核等症，还可活血、舒筋骨；种子含油率30.48%，出油率26%，种子油可食或制肥皂，种子含粗蛋白25.75%，可加工功能性食品等；辅助蜜源植物	■	■	■	■
94	蔷薇科	秋子梨	*Pyrus ussuriensis*	果实	果可酿酒，与冰糖煎膏可治咳嗽；种子含油率32%，可榨油；为蜜源植物；辅助蜜源植物	■	■		■
95	蔷薇科	白梨	*Pyrus bretschneideri*	果实	梨果除生食外，还可制成梨膏，均有清火润肺的功效；辅助蜜源植物	■	■		■
96	蔷薇科	山荆子	*Malus baccata*	叶、果	嫩叶可代茶；叶含鞣质5.56%，可提取烤胶及作家畜饲料；果含糖9.31%，可酿酒；辅助蜜源植物	■			■
97	蔷薇科	湖北海棠	*Malus hupenensis*	叶、果	嫩叶可代茶，味微苦，又可入药，治胃肠病等；果含糖8%，俗称"海棠茶"；辅助蜜源植物	■	■		■
98	蔷薇科	苹果	*Malus pumila*	果实	果含糖7.94%~14.18%，富含维生素，苹果酸0.38%~0.63%、脂肪0.3%、蛋白质0.4%，脂；辅助蜜源植物	■			■
99	蔷薇科	新疆野苹果	*Malus sieversii*	果实	果实可食，并可加工各类饮料食品；辅助蜜源植物	■			■

序号	科名	中文名	拉丁名	开发部位	主要功效	食用类	药用类	化工类	其他类
100	蔷薇科	花红	*Malus asiatica*	果实	果实能健胃助消化，可制果干、果丹皮及酿酒；辅助蜜源植物	■			■
101	蔷薇科	楸子	*Malus prunifolia*	果实	果食用，可作蜜饯，又可药用，为补血剂，可治肠炎等症；辅助蜜源植物	■	■		■
102	蔷薇科	玫瑰	*Rosa rugosa*	花、果、叶	鲜花瓣含芳香油 0.03%，为世界名贵香精，可用于高级香水、香皂、化妆品及食品；花瓣加糖，可制玫瑰膏，供食用；花蕾含葡萄糖、没食子酸、鞣质等成分，速干或风干后可药用，用于胸闷、胃脘胀痛、风痹、咳嗽痰血、吐血、咯血、月经不调、赤白带下、泄泻、痢疾；果实中维生素 C 的含量为 579mg/100g；种子含油 14%；辅助蜜源植物	■	■	■	■
103	蔷薇科	多花蔷薇	*Rosa multiflora*	果实	鲜花含芳香油，出油率 0.02%~0.03%，供食用、化妆品及皂用香精；花，果药用，作泻下利尿剂，又能收敛活血，种子称"营实"，可除风湿，治痈疽、利尿；叶外用治肿毒；辅助蜜源植物	■	■	■	■
104	蔷薇科	金樱子	*Rosa laevigata*	花、果	果实富含糖分及苹果酸、柠檬酸、维生素 C 等，可制饴糖；又可酿酒，每 500kg 鲜果可产 50°白酒 12.5kg；果药用，治遗精、遗尿、脾虚、下痢、肠黏膜炎等症；辅助蜜源植物	■	■		■
105	蔷薇科	黄蔷薇	*Rosa hugonis*	果实	果实可食、酿酒、制果酱，出油率约 21%，花可提取芳香油；辅助蜜源植物	■		■	■
106	蔷薇科	黄刺玫	*Rosa xanthina*	果实、花、茎皮、叶	果肉含维生素 C 含量约 1010mg/100g，花可提取芳香油；茎皮含纤维素 31.51%，叶含 14.84%，可作纸浆及纤维板原料；辅助蜜源植物	■	■	■	■
107	蔷薇科	刺梨	*Rosa roxburghii*	果实	果实富含维生素 C，可加工各种饮料、还可药用，有解暑、消食的功效，治疗红崩白带、小儿积食、维生素 C 缺乏症，并用于防癌抗衰老；辅助蜜源植物	■	■		■
108	蔷薇科	山刺玫	*Rosa davurica*	茎、叶、果	茎皮及叶提取栲胶；果作果酱、果酒，提橘黄色染料，助消化，治胃腹胀满；种子榨油，花制玫瑰酱或玫瑰香精，治吐血、血崩，助同间神经痛、痛经、月经不调；辅助蜜源植物	■	■		■
109	蔷薇科	山莓	*Rubus corchorifolius*	果实、叶、茎	果实含糖约 5.1%，苹果酸 0.59%，还有柠檬酸及维生素 C 等，可生食、制果酱、酿酒、叶药用，可活血、止血、茎皮和叶可提取栲胶；辅助蜜源植物	■	■	■	■
110	蔷薇科	覆盆子	*Rubus idaeus*	果实	果实亮丽美观，果味酸甜可口，果实药用，可明目、补肾；种子含油率 10%~20%；辅助蜜源植物	■	■		■
111	蔷薇科	黑树莓	*Rubus occidentalis*	果实	果实亮丽美观，果味酸甜适口，风味浓郁；果酱、果汁、果冻、清凉饮料、糖渍果实除鲜食外，还可加工及果汁糖浆等；冷冻脱水加工成树莓干果，不丢失营养；其红色果汁还具有天然色素添色剂的特殊用途；辅助蜜源植物	■			■

续表

序号	科名	中文名	拉丁名	开发部位	主要功效	食用类	药用类	化工类	其他类
112	蔷薇科	茅莓	*Rubus parvifolius*	果实、茎、叶	果酸甜可食，可熬糖，酿源；叶含鞣质3.85%，可提取栲胶；全株药用，茎及鲜叶清热解毒，可治痔疮，颈淋巴结核，煎水洗湿疹，捣烂外敷疖痈；辅助蜜源植物	■	■	■	■
113	蔷薇科	稠李	*Prunus padus*	果实、叶、茎	种仁含油率20%；叶药用，可止咳；树皮可提取栲胶；辅助蜜源植物		■	■	■
114	蔷薇科	樱桃	*Prunus pseudocerasus*	果实、树皮	果食用；种仁药用，可发表透疹；树皮可收敛止咳；叶可杀虫；治蛇伤；辅助蜜源植物	■	■		■
115	蔷薇科	欧李	*Prunus humilis*	果实	果实含糖5.2%，可食用及酿酒；种仁药用，代郁李仁，可润肠利尿，治疗食积气滞，腹胀，便秘，水肿，胸气，小便不利等	■	■		■
116	蔷薇科	郁李	*Prunus japonica*	果实、茎、叶	果实酸酸，可食用及酿酒；种仁含油率58.3%~74.2%；种仁药用，作利尿剂，治慢性便秘，腹水，脚气水肿，孕妇浮肿等症；茎皮含鞣质6.3%，纯纤维素24.94%；叶维生素C含量7.3mg/100g；茎叶煮液，杀菜青虫效率7%，浸液钉螺虫效率75%；辅助蜜源植物	■	■	■	■
117	蔷薇科	毛樱桃	*Prunus tomentosa*	果实	果实含糖11.6%，还含有维生素C等，味酸甜，可生食及酿酒；种仁含油率43.14%，可榨油，润滑油，又可药用，润肠，利尿；种仁捣汁可治蛇伤；辅助蜜源植物	■	■	■	■
118	蔷薇科	李	*Prunus salicina*	果实	果实含糖6%~8%，可生食，制蜜饯，果脯。种仁药用，可止咳，活血，润肠，利尿；辅助蜜源植物	■	■		■
119	蔷薇科	杏	*Prunus armeniaca*	果实	果实可食及制杏脯，杏干；种仁含油率约50%，可榨油，称杏仁油，可药用，可止咳，平喘，润；辅助蜜源植物	■	■	■	■
120	蔷薇科	山杏	*Prunus armeniaca var. ansu*	果实	果肉薄，宣作杏脯；种仁苦，供药用，用于风寒感冒，咳嗽痰多，气喘，喉痹，肠燥便秘，支气管炎等；辅助蜜源植物	■	■		■
121	蔷薇科	藏杏	*Prunus holosericea*	果实	果实有大小之分，果个大者味酸甜，微香，可直接在生产上利用；果个小者不堪食用，抗逆性强，可作为栽培杏和育种材料	■	■		■
122	蔷薇科	扁桃	*Prunus dulcis*	果实	优良木本油料树种，种仁含油率55%~61%，为高质量，营养丰富，可作滋补品及药用，食用及化妆品工业用料；种仁肥大，有香味，易消化的干性油，供食用及药用	■	■		■
123	蔷薇科	山桃	*Prunus davidiana*	果实、茎	种仁含油率45.9%，可榨油，润滑油，种仁药用，用于治疗痛经，闭经，腹部肿块，跌打损伤，肺痛，肠燥便秘；核可制工艺品；茎皮可作造纸及人造棉原料；辅助蜜源植物		■	■	■
124	蔷薇科	蒙古扁桃	*Prunus mongolica*	种子	种仁入药，代郁李仁用		■		■

续表

序号	科名	中文名	拉丁名	开发部位	主要功效	食用类	药用类	化工类	其他类
125	蔷薇科	长柄扁桃	*Prunus pedunculata*	种子	种仁含油 45%~58%，其中不饱和脂肪酸占 98.1%，油酸、亚油酸和亚麻酸三种成分的比例与橄榄油相当，可开发为高级有机食用油，或生物柴油；种仁中蛋白质含量 21.43%，可开发功能性食品；种仁含 3.2%的苦杏仁苷，可止咳平喘，润肠通便，抗肿瘤，增强免疫力，抗溃疡，镇痛等，入药代郁李仁用；辅助蜜源植物		■	■	■
126	蔷薇科	桃	*Prunus persica*	果实、叶、茎、花	果实含糖及维生素 C，供信用及制果脯；种仁可榨油，作化妆品、肥皂及润滑油，叶可作生农药，子、茎皮可造纸及人造棉；种仁还可治疗高血压、慢性肠胃炎、咳嗽等症；花为利尿药，治便秘及水肿；辅助蜜源植物	■	■	■	■
127	蔷薇科	西藏桃	*Prunus mira*	果实	果肉厚，味甜，多汁；种仁药用；辅助蜜源植物	■	■		
128	蔷薇科	梅	*Prunus mume*	花蕾、果实	果实主要作加工或药用。一般加工制成各种蜜饯和果酱；用青梅加工制成乌梅供药用，为收敛剂，能治痢疾，并有镇咳、祛痰、解热、杀虫等功效，又为提取枸橼酸的原料；花蕾能开胃散郁，生津化痰、活血解毒；未成熟果实含柠檬酸、苹果酸、琥珀酸等；种子含苦杏仁苷，油中含苯甲醛、苯甲酸等	■	■	■	
129	蔷薇科	西藏木瓜	*Chaenomeles tibetica*	果实	果实长圆或卵圆形，果重 150~250g，9 月下旬至 10 月中旬成熟，果实可入药；还可经过加工去除酸涩味，作为果品食用，具有果味波萝蜜味，风味独特；可作为苹果砧木，具有一定的矮化作用	■	■		
130	蔷薇科	扁核木	*Prinsepia uniflora*	果实	果可食用及酿酒；种仁含油率 32%，可药用，称"蕤仁"，用于治目赤肿痛、睑缘炎、角膜炎、视物昏暗、早期白内障、玻璃体混浊；辅助蜜源植物	■	■		■
131	蔷薇科	青刺果	*Prinsepia utilis*	果实	果实含油量 20%~25%，种仁含油率 35%，果中含有丰富的维生素 E 和不饱和脂肪酸，是一种良好的抗衰老、治心血管病的良药，同时还可以作为化妆品及其它用品；也是十分理想的绿色保健饮料食品；辅助蜜源植物	■	■	■	■
132	腊梅科	山腊梅	*Chimonanthus nitens*	叶	叶含挥发油、生物碱及黄酮类成分，预防感冒、流感、中暑、治慢性气管炎、胸闷，外用治蚊虫叮咬		■		
133	腊梅科	腊梅	*Chimonanthus praecox*	花	花的浸膏得率为 0.19%~0.20%，浸膏可用于调配日用化妆品香精；花还可供药用，有清热解毒、润肺止咳的功效		■	■	
134	苏木科	云实	*Caesalpinia decapetala*	果实、茎、叶	果壳含鞣质 30%~40%，茎皮含 5.2%，可提制栲胶；种子含油 35%，可制肥皂及润滑油；叶捣汁可治烧伤；种子治痉疾、赤痢及肠道寄生虫		■	■	
135	苏木科	肥皂荚	*Gymnocladus chinensis*	果实	果实肥厚，富含皂素；种子油为干性油，可作油漆等工业用油；果实药用，治痰解、肿毒、风湿、下痢、便血等；种仁可食	■	■	■	

序号	科名	中文名	拉丁名	开发部位	主要功效	食用类	药用类	化工类	其他类
136	苏木科	皂荚	Gleditsia sinensis	果实	果富含皂素，可代肥皂；种子可榨油，为高级工业用油；种仁可食；皂刺可活血，治疮癣，利尿，杀虫等效；果荚可治癣，通便秘	■	■	■	
137	苏木科	野皂荚	Gleditsia microphylla	果实	果实中总糖含量56.6%，蛋白质22.1%，脂肪4.4%，果胶7.3%，可提取植物胶和蛋白	■		■	■
138	苏木科	铁刀木	Cassia siamea	地上部分	叶、花、果药用，治腹胀、便秘等；树皮含鞣质4%~9%，果荚含鞣质6%，可提制栲胶；紫胶虫寄主树		■	■	■
139	苏木科	翅荚决明	Cassia alata	叶、种子	叶作缓泻剂；种子可驱蛔虫及作咖啡代用品		■		■
140	苏木科	望江南	Cassia occidentalis	地上部分	地上部分药用，可健胃，通便；叶外敷治蛇伤；种子含毒蛋白和大黄素；地上部分可提制栲胶		■	■	
141	苏木科	白花油麻藤	Mucuna birdwoodiana	茎	藤茎治贫血，白细胞减少症，月经不调，腰腿痛		■		
142	苏木科	油楠	Sindora glabra	茎	木质部含树脂，胸径80cm以上树干，凿孔插入竹管取树脂，树脂呈棕黄色，可直接点灯，或加工为生物柴油，每株可取10~25kg			■	
143	苏木科	酸豆	Tamarindus indica	果实、叶	果肉可生食，味酸甜，可为烹调配料，用于中暑发热口渴，食欲不振，腹痛，小儿疳积，便秘，疟疾，蛔虫病和抗坏血病；嫩叶可食，又为饮水清洁剂；紫胶虫寄主树	■	■		■
144	含羞草科	金合欢	Acacia farnesiana	地上部分	地上部分药用，用于肺结核，冷性脓肿；花提香香节，可提制栲胶；含鞣质23%，茎皮约2.6%，可提取芳香油，花为芳香，可提取香精		■	■	
145	含羞草科	黑荆树	Acacia mearnsii	茎	世界著名鞣料树种，大树多流脂，单株年产树脂2.3kg，可代阿拉伯胶；树皮含单宁48.82%，纯度81.9‰，树皮提取栲胶后，还可提焦油，有时可提取出20%的焦油；树皮在民间还可用来作止血剂和收敛剂			■	
146	含羞草科	鸭腱藤	Entada phaseoloides	茎、种子	茎皮纤维作人造棉及造纸原料；茎及种子药用，可活血散瘀，治风湿关节痛，四肢麻木，跌打损伤，骨折等；种子做装饰品；种仁含油17%；地上部分有毒		■	■	
147	含羞草科	围诞树	Pithecellobium clypearia	茎、叶	树皮可提制栲胶；叶药用，可凉血，消炎，治子宫下垂，疮疖，烧伤等症；紫胶虫寄主树		■	■	■
148	蝶形花科	花榈木	Ormosia henryi	枝、叶	枝、叶药用，能祛风解毒		■		
149	蝶形花科	刺槐	Robinia pseudoacacia	芽、花	嫩芽、叶可食用；花为优良蜜源，可放蜂	■	■		■
150	蝶形花科	槐树	Sophora japonica	芽、花、果实	嫩芽、叶可食用；槐花可食，槐角（果实）可入药，有凉血止血，槐花、槐角可食，清肝明目功效	■	■		■

序号	科名	中文名	拉丁名	开发部位	主要功效	食用类	药用类	化工类	其他类
151	蝶形花科	白刺花	*Sophora davidii*	花、种子	花用于清凉解暑，种子用于消化不良，胃腹痛，驱虫、白血病		■		■
152	蝶形花科	砂生槐	*Sophara moorcroftiana*	枝、叶、果	枝叶用质地柔软，幼嫩时，羊采食，可采收做家畜的精料，利用高峰期在6—7月，8—9月果成熟，其采果地区的蛋白质含量为茎叶的2倍；生物围栏的良好材料；还可入药，有开发利用的价值；花色美，花期长，既是观赏植物也是蜜源植物	■	■		■
153	蝶形花科	苦参	*Sophora flavescens*	茎、种子	茎，种子煎出液可杀稻瘟、蝼蛄，浮尘子，菜蚜等害虫；全草煎液可除灭牛马皮肤寄生虫，茎皮供制麻袋我，绳索及造纸原料；种子含油14.76%，供制肥皂及造纸原物的黄色染料		■	■	
154	蝶形花科	海南鸡血藤	*Millettia pachyloba*	茎、种子	茎皮纤维可制绳索；种子含鱼藤酮，鱼藤药等有效成分，可杀三化螟，稻椿象及灭蚊蝇，茎藤药用，可消炎止痛		■	■	
155	蝶形花科	鸡血藤	*Millettia reticulata*	藤	藤可活血，强筋骨，治麻木瘫痪，腰膝酸痛等症；兽医用老茎治牛软脚病，鼓胀病及斑麻症		■	■	
156	蝶形花科	厚果崖豆藤	*Millettia pachycarpa*	茎、果实、叶	茎皮含纤维24%，供纺织，人造棉及造纸原料；种子磨粉作肥毒杀虫剂，可防治粮食，棉花，蔬菜害虫，果及叶药用，可止痛，消积、杀虫		■	■	
157	蝶形花科	紫藤	*Wisteria sinensis*	花、种子、茎	鲜花含芳香油0.6%~0.95%;花、种子及茎皮供药用，治食物中毒，驱虫，止吐泻，花穗治腹水;种子含氧化物，有毒；茎皮纤维洁白，有丝光，可作纺织原料；叶可作饲料；花瓣用糖渍制糕点	■	■		■
158	蝶形花科	紫檀	*Pterocarpus indicus*	茎	木材坚硬致密，心材红色，为优良的建筑、乐器及家具用材；树脂和木材药用		■	■	
159	蝶形花科	降香黄檀	*Dalbergia odorfera*	茎	心材具价值，栽植后7—8年后形成心材，心材显红褐色，材质致密坚重，纹理细密美观，自然形成天然图案（俗称"鬼脸"），耐腐耐磨，不裂不翘，且散发芳香，经久不退，是制作高级红木家具、工艺品、乐器和雕刻，镶嵌，美术木齐名；其木材经蒸馏后所得降香油，与进口的酸枝木齐名；其木材经蒸馏后所得降香，可作香料上的定香剂；根部心材与树干心材能代降香，供药用，为良好的镇痛剂		■		■
160	蝶形花科	思茅黄檀	*Dalbergia szemaoensis*	茎	紫胶虫优良寄主树，固虫率70%~80%，10年生单株，夏代可产干胶1.5kg，胶质量较好，含胶量约80.5%		■	■	■
161	蝶形花科	槐蓝	*Indigofera tinctoria*	地上部分	叶可提制蓝靛素，用于染毛、丝、棉、麻，为直接性染料；地上部分药用，可清血解毒，外敷可治肿毒		■	■	
162	蝶形花科	树锦鸡儿	*Caragana arborescens*	种子	种子含油量10%~14%，可制肥皂、油漆等用			■	■
163	蝶形花科	紫穗槐	*Amorpha fruticosa*	叶、枝、果	叶阴干或加水发酵可作饲料，叶为优质绿肥；枝条可编织，可榨油；叶及果实可防治蚜虫，麦蛾及棉铃等害虫；种子含油率15%，可榨油供制油漆、肥皂，甘油及润滑油等用；花为蜜源	■	■	■	■

序号	科名	中文名	拉丁名	开发部位	主要功效	食用类	药用类	化工类	其他类
164	蝶形花科	木豆	*Cajanus cajan*	种子、叶、皮	种子可制木豆粉、豆腐、糕点及榨油；叶为优质饲料；虫优良寄主树；茎皮作编织	■	■	■	■
165	蝶形花科	葛藤	*Pueraria lobata*	种子、叶、茎皮	种子含油约15%，可榨油；叶可作饲料；茎皮纤维可作纺织；花药用，可发汗解热，止呕吐、止泻、解毒、止头痛	■	■	■	■
166	蝶形花科	骆驼刺	*Alhagi pseudoalhagi*	种子、叶、花	花期蜜枝，叶含粗蛋白11%~13%，为优良饲料；种子含油8%；叶浸剂可发汗、利尿；花为优良蜜源	■	■		■
167	蝶形花科	银铠刺	*Halimodendron halodendron*	枝、叶	系高蛋白质放牧植物，是荒漠里骆驼和羊的育食牧草。该草的群落每公顷产干草量约945kg，地上部分含微量元素铝占总灰分的29.85%，含镍达56.6mg/kg，是同生境植物中含量最高的；良好蜜源植物	■			
168	蝶形花科	葫芦茶	*Tadehagi triquetrum*	地上部分	地上部分分药用，可治肝炎、支气管炎、肾炎、菌痢、肠炎、感冒、子子；又可作凉茶用；浸出液能灭蝇蛆	■	■		■
169	蝶形花科	胡枝子	*Lespedeza bicolor*	地上部分	高产型树叶饲料资源，分枝多，叶子具有浓郁香味，适口性好、营养价值高，粗纤维含量35.2%，是牛、马、猪、兔、鹿、鱼的好饲料。每亩可采收嫩枝鲜叶500kg左右，产鲜草1kg。种子含油量9.2%，花多，花期长，泌蜜量大，花粉中含有17种氨基酸，微量元素铁、锰、硫、锌含量也较高；主要蜜源植物	■			■
170	蝶形花科	小槐花	*Desmodium caudatum*	地上部分	地上部分治感冒发热，胃肠炎、痢疾，小儿疳积，风湿关节痛、乳腺炎；外用治毒蛇咬伤，痈疖疔疮，叶含黄酮衍生物当药黄素等		■		■
171	蝶形花科	紫花苜蓿	*Medicago sativa*	地上部分	素有"牧草之王"之美称。地上部分干物质中含粗蛋白质15%~26.2%，相当豆饼的一半，比玉米高4~5倍；赖氨酸含量1.05%~1.38%，比玉米高1~2倍。一般年刈割三茬，亩产鲜草2~6t，4~5kg鲜草晒1kg干草；主要蜜源植物				■
172	蝶形花科	沙打旺	*Astragalus adsurgens*	地上部分	地上部分作饲料的营养价值较高，可直接作马、牛、羊、骆驼、猪、兔子等大小牲畜青饲料，但适口性较差，故可制成青储、干草和发酵饲料。还可直接压青作基肥，异地压青作追肥，沤肥；秸秆制作堆、沤肥；主要蜜源植物	■			■
173	蝶形花科	红豆草	*Onobrychis viciaefolia*	地上部分	地上部分可青饲、放牧、晒制青干草、加工草粉、配合饲料和多种产品。青草和干草的适口性均好，各类畜禽都喜食，尤为兔所贪食。红豆草的一般利用年限为5~7年，在条件较好时，可利用8~10年，生活15~20年，总花期长达3个月，含蜜量多，花期每箱蜂每天可采蜜4~5kg，每亩产蜜量达6.7~13kg，是很好的蜜源植物	■			■

续表

序号	科名	中文名	拉丁名	开发部位	主要功效	食用类	药用类	化工类	其他类
174	蝶形花科	格木	Erythrophleum fordii	茎、皮、种子	珍贵的硬材树种，由于木材坚硬耐腐，产地群众称之为"铁木"，其心材以重量论价，每立方米价值达人民币万元以上；种子药用，性辛、平，有毒，入心经，能强心、益气活血，可治疗心气不足所致的气虚血瘀之证；树皮、种子有毒，含格木碱、强心苷		■	■	
175	醋栗科	刺李	Ribes burejense	果实	果味美，富含营养，可制果酱、果汁、罐头等	■			
176	醋栗科	黑果茶藨	Ribes nigrum	果实、叶	果可食用及制果酱；叶芳香，作盐渍调味剂	■			
177	醋栗科	红茶藨子	Ribes rubrum	果实、叶	果可食用及制果酱	■			
178	醋栗科	欧洲醋栗	Ribes reclinatum	果实	果可食用及制果酱	■			
179	醋栗科	水葡萄茶藨子	Ribes procumbens	果实	果肉味甜芳香，可供生食及制作果酱和饮料等	■			
180	野茉莉科	白花树	Styrax tonkinensis	种子、茎皮	种子油称"白花油"，可药用，或制作生物柴油，树脂称"安息香"，是珍贵药物，有防寒、消炎、祛瘀、行气血之效，并可提制高级香精；紫胶虫寄主树		■	■	■
181	野茉莉科	白叶安息香	Styrax subniveus	树脂	树脂中总香脂酸含量为 28.49%，游离香脂酸为 15.63%，总香脂酸中苯甲酸的含量为 98.63%，治卒然昏迷、产后血晕、心腹疼痛		■		
182	山矾科	白檀	Symplocos paniculata	茎、叶	茎叶治乳腺炎、淋巴腺炎、疝气、肠痈、疮疖等症		■		
183	伞形科	新疆阿魏	Ferula sinkiangensis	树脂	春末夏初盛花期至初果期（以盛花期采收为佳）分次由茎上部任下斜割，收集渗出的乳状树脂，阴干，作为中药材备用；虫积腹痛（阿魏侧耳、阿勒泰），主产新疆伊犁、塔城、雪山白灵芝"的美称，根部可寄生阿魏磨菇、肉质细腻，味美鲜嫩，不仅具有菌菇类的普通特性，更因营养丰富而具有很高的药用价值而越来越受到人们的青睐		■	■	■
184	伞形科	阜康阿魏	Ferula fukanensis	树脂	春末夏初盛花期至初果期（以盛花期采收为佳）分次由茎上部任下斜割，收集渗出的乳状树脂，阴干，作为中药材备用；虫积腹痛（阿魏侧耳、阿勒泰），主产新疆伊犁、塔城、雪山白灵芝"的美称，根部可寄生阿魏磨菇、肉质细腻，味美鲜嫩，不仅具有菌菇类的普通特性，更因营养丰富而具有很高的药用价值而越来越受到人们的青睐		■		■
185	山茱萸科	灯台树	Cornus controversa	种子、茎	种子含油 22.9%，可榨油制肥皂及润滑油；树皮含鞣质，可提制栲胶			■	
186	山茱萸科	红瑞木	Cornus alba	种子	种子含油 30%，可榨油供工业用			■	
187	山茱萸科	光皮树	Cornus wilsoniana	果实	果肉和果核均含油脂，干全果含油率 33%～36%，出油率 25%～30%，大树每年平均产干果 50kg 左右，多者达 150kg，平均每株大树年产油 15kg 以上；光皮树全果精炼油含不饱和脂肪酸 77.68%，其中油酸 38.3%，亚油酸 38.83%，经国家粮食部鉴定为一级食用油。油脂除食用和医用外，还可作生物柴油等工业用油			■	

序号	科名	中文名	拉丁名	开发部位	主要功效	食用类	药用类	化工类	其他类
188	山茱萸科	梾木	*Cornus macrophylla*	果实	果肉及种仁含油脂，鲜果含油量33%~36%，出油率20%~30%，供食用，油含不饱和脂肪酸77.68%，对治疗高脂血症有显著疗效，还可用为轻工业及化工原料			■	
189	山茱萸科	毛梾	*Cornus walteri*	果实、叶、茎	果肉和种仁均含油脂，果含油量31.8%~41.3%，含糖2.9%~5.88%，蛋白质1.33%~1.58%，出油率25%~33%，油肉出油率约15%，又可药用，叶作饲料，叶精炼后可供食用及工业用，含鞣质16.2%；叶及树皮均可提制栲胶	■	■	■	
190	山茱萸科	头状四照花	*Cornus capitata*	茎、叶、果	枝、叶可提取单宁，果供食用，茎、果、叶还可药用，治食积气胀、小儿疳积、肝炎、蛔虫病，外伤出血	■	■	■	
191	山茱萸科	山茱萸	*Macrocarpium officinale*	果实	果肉称"黄肉""山茱肉""枣皮"，为收敛性补血及强壮剂，可健胃、补肝肾，治贫血、腰膝、神经及心脏衰弱等症		■		
192	五加科	常春藤	*Hedera nepalensis*	地上部分	地上部分能祛风活血、消肿，治关节酸痛及痈肿疮毒等；茎叶含鞣质，可提制栲胶		■	■	
193	五加科	刺楸	*Kalopanax pictus*	种子、叶	种子含油38%，供制肥皂等工业用；树皮及叶含鞣质，栲胶原料；嫩叶可食	■		■	
194	五加科	刺五加	*Acanthopanax senticosus*	种子、叶	种子含油12.39%，可榨油供制肥皂或工业用；嫩枝、叶可食用	■	■		
195	五加科	五加	*Acanthopanax gracilistylus*	枝、叶	枝、叶煮水液，可治棉蚜、菜虫；树皮含芳香油，嫩叶作蔬菜；酒精浸出率25%		■		
196	五加科	三加	*Acanthopanax trifoliatus*	地上部分	地上部分治黄疸、肠炎、胃痛、风湿性关节炎；外用治跌打损伤、疮疖肿毒、湿疹		■		
197	五加科	楤木	*Aralia sinensis*	茎	茎皮入药，茎风除湿、利尿消肿、活血止痛，用于治疗肝炎、淋巴结肿大、肾炎水肿、糖尿病、白带、胃痛、风湿关节痛、腰腿痛、跌打损伤		■		
198	五加科	辽东楤木	*Aralia elata*	种子、叶	种子含油量36%，可榨油供制肥皂等用；嫩叶可食，为东北地区餐桌上常见的山野菜之一	■			
199	五加科	长白楤木	*Aralia continentalis*	嫩芽	嫩芽可食用，清香而独特，具有浓厚的香椿、刺老鸦、芹菜、松子的混合香味，食后余香令人难忘，每年春季可收割2~3茬嫩芽，且在一年中的大部分季节里都可采摘食用，经过几年后还可以分株的形式扩大栽培	■		■	
200	忍冬科	早禾树	*Viburnum odoratissimum*	嫩叶、枝、树皮	嫩叶、枝、树皮均可药用，治感冒、风湿、跌打肿痛、骨折、刀伤及蛇伤；作兽药可治牛、猪感冒发烧		■		
201	忍冬科	水红木	*Viburnum cylindricum*	树皮、叶、花、果实	树皮、叶、花、花均可清热解毒、润肺止咳；叶及树皮可治慢性腹泻、痢疾、食积胃痛；外用洗脱疮、治疥癣；种子含油29.35%，供制肥皂，树皮及果实含鞣质，可提制栲胶；嫩叶作猪饲料	■	■	■	

续表

序号	科名	中文名	拉丁名	开发部位	主要功效	食用类	药用类	化工类	其他类
202	忍冬科	珍珠荚蒾	*Viburnum foetidum*	树皮、叶、果实	树皮、叶及果药用，可清热止咳，治头疼，跌打损伤，刀伤出血；叶可消炎，治火眼，种子含油10%，供制润滑油、油漆及肥皂		■	■	■
203	忍冬科	荚蒾	*Viburnum dilatatum*	枝、叶、果	枝、叶、果供药用，枝、叶可治风热感冒，疗疮发热，配灰实治小儿拼积，鲜茎及叶治外伤骨折，过敏性皮炎；果治食欲不振，肠炎腹泻，月经不调，茎皮纤维可制绳索及人造棉；果可食及酿酒，种子含油10%~12.9%，供制润滑油和肥皂	■	■	■	■
204	忍冬科	鸡树条荚蒾	*Viburnum sargentii*	枝、叶、果	叶及嫩枝可活血，消肿，镇痛，治腰关节酸痛，跌打损伤，能止痒，杀虫；枝、叶果煎水洗治疮疖，疥癣；果可止咳及食用；种子含油26%~28%，供制肥皂及润滑油；茎皮纤维可制绳索	■	■	■	■
205	忍冬科	接骨木	*Sambucus williamsii*	枝、叶、花、果	枝、叶治跌打损伤，骨折，风湿性关节炎，痛风，大骨节病，慢性肾炎，腰肌劳损等；花作发汗药；种子油作催吐剂；种子含油27%，供制肥皂和工业用		■	■	■
206	忍冬科	风吹箫	*Leycesteria formosa*	地上部分	地上部分药用，治风湿性关节炎，月经不调，黄疸性肝炎，水肿；藏医用以治眼病		■		
207	忍冬科	蓝靛果	*Lonicera caerulea* var. *edulis*	果实	果酸甜可食，制果酱、果露、果酒，提高白血球数，而且具有治疗小儿厌食症的功效，提取红色素；还可降压，且治愈率达90%；蜜源树种	■	■		
208	忍冬科	金银忍冬	*Lonicera maackii*	叶、花、果实	含鞣质1%~5%，叶浸液可杀棉蚜虫，治头晕，跌打损伤等症；叶生虫瘿，可消肿止痛，花可提取芳香油，种子榨油供制肥皂		■	■	■
209	忍冬科	忍冬	*Lonicera japonica*	花、茎、叶	花、茎叶药用（金银花），可消炎，抗菌，利尿，治中暑，痔漏，肠炎，煎水洗治疮疖；花含芳香油，可配制化妆品香精，还可当茶饮用；辅助蜜源植物	■	■		■
210	忍冬科	华南忍冬	*Lonicera confusa*	花、茎、叶	花蕾药用（山银花），治疗毒，痢疾，痈疮，疖疮，皮肤热等	■	■		
211	忍冬科	菰腺忍冬	*Lonicera hypoglauca*	花	花蕾药用（山银花）；花蕾作茶	■	■		
212	忍冬科	灰毡毛忍冬	*Lonicera macranthoides*	花蕾	花蕾药用，清热解毒；花蕾作茶	■	■		
213	忍冬科	细毡毛忍冬	*Lonicera similis*	花蕾	花蕾药用，清热解毒；花蕾作茶	■	■		
214	忍冬科	黄褐毛忍冬	*Lonicera fulvotomentosa*	花蕾	花蕾药用，花含绿原酸6.8%，清热解毒；花蕾作茶	■	■		
215	忍冬科	盘叶忍冬	*Lonicera tragophylla*	花苗、嫩枝、叶	花蕾药用，清热解毒		■		
216	忍冬科	糯米条	*Abelia chinensis*	地上部分	地上部分药用，可清热，解毒，止血；叶捣烂敷患处治腮腺炎，止血；浙江用花治芽痛		■		
217	忍冬科	六道木	*Abelia biflora*	茎、果	茎供制筷子、手杖及工艺品用；果药用，祛风寒，消肿毒，治风湿筋骨痛，痈毒红肿		■	■	

序号	科名	中文名	拉丁名	开发部位	主要功效	食用类	药用类	化工类	其他类
218	金缕梅科	枫香树	Liquidambar formosana	茎、叶、果	树皮可割取枫脂制作香料，是苏合香代用品，又供药用，可祛痰、活血、解毒、止痛等，作解郁剂及抒疮涂膏；果为镇痛药，可治腰痛、四肢痛等；树皮含鞣质5%~12%，叶含鞣质8%~13.5%，可提制栲胶		■	■	
219	金缕梅科	檵木	Loropetalum chinense	地上部分	地上部分入药用，可止血、活血、消炎、止痛，常用叶捣烂敷刀伤止血；花，叶可治烧烫伤；种子可榨油；叶含鞣质5.7%，可提制栲胶		■	■	
220	黄杨科	黄杨	Buxus sinica	地上部分	地上部分药用，可止血，治跌打损伤；叶敷治无名肿毒，也可治冠心病		■		
221	黄杨科	雀舌黄杨	Buxus bodinieri	叶	叶与肉煮食，可治黄疸，嫩枝煎服，治妇女难产	■	■		
222	黄杨科	野扇花	Sarcococca ruscifolia	地上部分	地上部分治治胃溃疡和胃疼等证，果治头晕心悸，视力减退		■		
223	西蒙德木科	西蒙德木	Simmondsia chinensis	种子	种子含油率（蜡）高达45%~64%，具有耐高温、高压、代温等特性，可广泛应用于航空航天、机械、医药、化工以及日用品化妆品等领域；药可治疗癌症、高血压、心脏病、皮肤病		■	■	
224	交让木科	牛耳枫	Daphniphyllum calycinum	种子	种子含油29.93%~38.6%，含生物碱、有苦味，供制生物柴油、润滑油、肥皂等用；叶、药用，用于感冒发热、扁桃体炎、风湿关节炎、跌打损伤，毒蛇咬伤，疮疡肿毒，外用时将鲜叶捣烂敷患处或煎水洗患处		■	■	
225	杨梅科	矮杨梅	Myrica nana	果实	果实有收敛、止泻、止血等效，可提取芳香油		■	■	
226	桦木科	香桦	Betula insignis	枝、叶	枝条、叶及芽均含芳香油，可提取香桦油			■	
227	桦木科	白桦	Betula platyphylla	枝、叶、种子	树皮含鞣质7.28%~11%，可提制栲胶，又可提取桦皮油；树皮药用，可解热；防腐、染料；汁液可作为饮料	■	■	■	
228	桦木科	黑桦	Betula davurica	枝、芽、种子	树皮含鞣质5%~10%，可提制栲胶；芽人药，可治胃病；种子可榨油；蜜源树种	■	■	■	■
229	桦木科	桤木	Alnus cremastogyne	茎、叶	树皮果序可制栲胶、树皮、叶片、嫩芽人药，治鼻衄、肠炎、痢疾，叶肥田。根部可等生列当		■	■	■
230	榛科	榛子	Corylus heterophylla	茎、叶、果实	种仁含油50.6%~54.4%，蛋白质16.2%~23.6%，淀粉16.5%，以及维生素等，味美可食及制糕点；树皮，并有止咳药效，出油率达30%，有榨油；果苞及叶含鞣质，可提制栲胶；嫩叶晒干可作猪饲料；枝条可编筐	■	■	■	
231	壳斗科	水青冈	Fagus longipetiolata	果实	种仁含油40%~46%，供食用或榨油制漆	■		■	
232	壳斗科	板栗	Castanea mollissima	果实、茎	种仁含蛋白质10.7%，脂肪7.4%，糖及淀粉70.1%;树皮、壳斗、嫩枝含鞣质，可提制栲胶，可治疮毒	■	■	■	

续表

序号	科名	中文名	拉丁名	开发部位	主要功效	食用类	药用类	化工类	其他类
233	壳斗科	锥栗	*Castanea henryi*	果实、树皮	我国重要木本粮食植物之一。果实蛋白质含量在7.6%以上，脂肪含量在2.0%以下，水溶性总糖含量在13.1%以上，含有人体需要的多种氨基和微量元素；壳斗、木材和树皮含大量鞣质，可提制栲胶；锥栗果实有补肾益气，治腰脚无遂，内寒腹泻，活血化瘀等作用	■		■	
234	壳斗科	茅栗	*Castanea seguinii*	果实、茎	种仁含淀粉60%~70%，味甘美，供食用或酿酒；树皮、壳斗含鞣质，可提制栲胶	■	■	■	
235	壳斗科	栲树	*Castanopsis fargesii*	果实、茎	种仁有甜味，可食制粉丝，酿酒；树皮及壳斗可提取栲胶	■		■	
236	壳斗科	高山栲	*Castanopsis delavayi*	果实、茎	种仁可食用或酿酒；壳斗或树皮可提取栲胶	■		■	
237	壳斗科	石栎	*Lithocarpus glaber*	果实、茎	种仁可食用，制酱，做豆腐粉或酿酒；壳斗或树皮可提取栲胶	■		■	
238	壳斗科	多穗石栎	*Lithocarpus polystachyus*	叶	当年生嫩叶可直接做饮料，且可用作提取棕色素，甜味剂的原料	■		■	
239	壳斗科	麻栎	*Quercus acutissima*	果实、茎、叶	种仁可酿酒或做饲料；壳斗或树皮可提取栲胶；种子有止泻，消浮肿等药用；叶、树皮可治细菌性及阿米巴痢疾；叶可饲柞蚕	■	■	■	■
240	壳斗科	蒙古栎	*Quercus mongolica*	果实、叶、茎	种仁可酿酒及制糊料；叶可饲养柞蚕；树皮及壳斗可提制栲胶；种仁、树皮药用，可收敛止泻，治痢疾等	■	■	■	■
241	壳斗科	栓皮栎	*Quercus variabilis*	茎、果实	树皮的栓皮层发达，栓皮为重要工业原料，可供绝缘体，冷藏车，软木砖，隔音板，瓶塞等用；种仁做饲料及酿酒；壳斗可提树胶或制活性炭；叶可饲柞蚕	■		■	■
242	胡桃科	化香树	*Platycarya strobilacea*	茎、叶、果	茎含鞣质，可提制栲胶；树皮纤维供制绳索及纺织原料等用；茎、叶、果可理气止痛，叶浸液可灭衣业害虫，又可毒鱼	■	■	■	
243	胡桃科	核桃	*Juglans regia*	果实、茎	种仁含脂60%~80%，蛋白质17%~27%，及钙、铁、胡萝卜素、硫胺素等；油含不饱和脂肪酸94.5%，易消化；树皮可提制栲胶；果核可制活性炭	■		■	
244	胡桃科	黑核桃	*Juglans nigra*	果实	世界上公认的最佳硬阔材树种之一，是经济价值最高的材果兼优树种；坚果的核仁营养丰富，风味浓香，可生食，烤食，广泛用于冰淇淋，糖果的配料；坚果的硬壳碾成不同直径粗细的颗粒后，无毒，无粉尘，可广泛用于钻探及炸化妆品，机械清洗及化妆填料等，为重要工业原料	■		■	
245	胡桃科	漾鼻核桃	*Juglans sigillata*	果实	果实可食；果实出仁率50%~60%，种仁含油率70%，可提取油脂	■		■	

续表

序号	科名	中文名	拉丁名	开发部位	主要功效	食用类	药用类	化工类	其他类
246	胡桃科	核桃楸	*Juglans mandshurica*	果实、叶、茎	种仁含油40%~63%，可榨油供食用，还可直接制作果糕点；种仁可提制烤胶；果壳可制活性炭；果肉可提制烤胶，温，用于体质虚弱，肾虚腰痛，便秘，可止痛，用温肾润肠，尿路结石，乳汁缺少；青果性辛，有毒，遗精，阳痿，十二指肠溃疡，胃痛，外用治神经性皮炎，辛，干胃，可清热解毒，用于细菌性痢疾，骨结核，果皮平，及树皮为主农药原料。叶、果皮，麦粒肿	■	■	■	
247	胡桃科	野核桃	*Juglans cathayensis*	果实	果实可食，种仁含油65.25%，可提取油脂		■	■	
248	胡桃科	山核桃	*Carya cathayensis*	果实	出仁率43.7%~49.2%，种仁含油率69.8%~74.01%，为优食用油也可开发生物柴油等；种仁除富含油脂外，还含蛋白质18.3%及丰富的维生素等	■		■	
249	胡桃科	薄壳山核桃	*Carya illinoensis*	果实	果实可食；种仁含脂肪68%~82%，蛋白质14%，糖类14%，可提取油脂	■		■	
250	榆科	榆树	*Ulmus pumila*	果实、茎、叶	果实含油25%，叶、供食用，医药及轻工业用；嫩叶可作饲料；果、树皮可药用，能安神、利尿、失眠，浮肿；果、小便不通、淋浊、水肿，丹毒、疥癣等症；树皮富含淀粉，可作食品和糊料	■	■	■	
251	榆科	青檀	*Pteroceltis tatarinowii*	茎	树皮、枝皮供纤维原料，是我国著名"宣纸"的原材料			■	
252	榆科	异色山黄麻	*Trema tomentosa*	茎、种子、叶	茎皮纤维供人造棉、麻绳及造纸原料；树含鞣质，可提制烤胶；种子可榨油；叶药用，可消肿、止血		■	■	
253	榆科	油朴	*Celtis wightii*	花、茎、果实	种仁含油量高达68.11%，可作食用油、生物柴油；茎药用，成分主要为厚朴酚，主治湿滞伤中、脘腹吐泻、腹胀便秘；树皮乳浆治癣及蛇、虫、蜂、犬等咬伤；果为强壮剂		■	■	
254	桑科	桑	*Morus alba*	叶、茎、果	桑叶为家蚕饲料；树皮纤维细柔，可作造纸及纺织原料；叶、枝条药用，可清肺热、祛风寒、朴肝肾；果可生食、制果酱及酒	■	■	■	■
255	桑科	构树	*Broussonetia papyrifera*	茎、果	茎皮纤维长，洁白，为优良造纸材料；树皮、茎及叶含鞣质，可提制烤胶；树皮乳浆治痈疡及蛇、虫、蜂、犬等咬伤，果为强壮剂		■	■	
256	桑科	波罗蜜	*Artocarpus heterophyllus*	果实、树液、叶	果肉味甜，芳香，富含维生素C，可鲜食或制果干，果富含糖分及维生素C，可炒食；树液可治溃疡及胶着陶器；叶脯及酿酒；种仁含淀粉，可磨粉加热，可敷创伤	■	■	■	
257	桑科	白桂木	*Artocarpus hypargyreus*	茎	茎含乳液，可提取硬生胶，用途与杜仲胶相似		■	■	
258	桑科	印度榕	*Ficus elastica*	茎	茎含树液（树液含胶量，5~10年生约20%，10~20年生约30%，20~30年生约45%，以后含胶量渐降），可提取硬橡胶，用途与杜仲胶量相似			■	

续表

序号	科名	中文名	拉丁名	开发部位	主要功效	食用类	药用类	化工类	其他类
259	桑科	榕树	*Ficus microcarpa*	茎、叶、气根	茎皮纤维制麻袋、绳索及作人造棉原料，树皮可提制栲胶，药用可固齿，止牙痛；气根治发烧皮气肿痛		■	■	
260	桑科	无花果	*Ficus carica*	果实、叶	果味美可食，富含葡萄糖和胃液素，能助消化，并可治咽喉肿痛、便秘、痔疮；叶治肠炎、腹泻，外敷能水肿解毒	■	■		
261	桑科	地枇杷	*Ficus tikoua*	地上部分	地上部分药用，清热利湿。用于小儿消化不良，急性肠胃炎，痢疾，胃、十二指肠溃疡，尿路感染，白带，感冒，咳嗽，风湿筋骨疼痛等		■		
262	桑科	馒头果	*Ficus auriculata*	果实	全年有果，果肉厚约 0.5~0.8cm，味甜，肉爽脆，可鲜食，也可制蜜饯或盐渍制甘草凉果等	■	■		
263	桑科	啤酒花	*Humulus lupulus*	果实	雌花可用于啤酒酿造；果穗含挥发油 0.13%~0.45%，葎草酮等，绿色果穗药用，健胃消食，抗痨，安神利尿	■	■	■	
264	桑科	葎草	*Humulus scandens*	地上部分	嫩茎和叶可做食草动物饲料；地上部分清热解毒，利尿消肿，用于肺结核潮热，肠胃炎，痢疾，泌尿系结石；感冒发热，小便不利，肾盂肾炎，湿疹，毒蛇咬伤	■	■		
265	荨麻科	苎麻	*Boehmeria nivea*	茎、叶、种子	茎皮纤维强韧，洁白，可织布；短纤维可织地毯、麻袋及制造高级纸张，火药等；叶治创伤出血，尿急性淋浊，供食用或工业用途；种子出油率约 29%，纤维可……嫩叶可作饲料		■	■	
266	荨麻科	水麻	*Debregeasia edulis*	茎、叶	茎皮含纤维素 35%，出麻率约 32%，单纤维长 80mm，纤维可代麻用和作人造棉原料，药用可清热解毒，利湿；果可食或酿酒；叶作饲料，止泻及止血	■	■	■	
267	荨麻科	紫麻	*Oreocnide frutescens*	茎、叶	茎皮纤维可制绳索、人造棉及麻袋；茎、叶药用，有行气，活血之效		■	■	
268	荨麻科	水丝麻	*Maoutia puya*	茎	茎皮纤维的单纤维长 180mm，坚韧，有光泽，供制人造棉、渔网、造纸等			■	
269	杜仲科	杜仲	*Eucommia ulmoides*	茎、果、叶	树皮含胶量 10.46%~22.5%，果含胶量 12.1%~27.34%，干枝含胶量 4.67%，干叶含胶量 4%~6%，可提制硬橡胶；种子可榨油，出油率 27%；树皮药用，对各类高血压症有良好效果，又可用作强壮剂，并治腰膝痛、风湿、习惯性流产及孕妇腰痛等；叶可做茶叶		■	■	
270	胭脂树科	胭脂树	*Bixa orellana*	种子、茎	种子亦称"红花米"，可提取红色染料，供糖果及乳酪饼染色，亦为丝、棉等纺织品染色用；又可药用，为收敛退热药；树皮纤维坚韧，可制绳索		■	■	

续表

序号	科名	中文名	拉丁名	开发部位	主要功效	食用类	药用类	化工类	其他类
271	半日花科	岩蔷薇	Cistus ladaniferus	枝、叶	枝、叶含香脂，浸提后制成岩蔷薇香膏，供化妆品或皂用香精等用			■	
272	大风子科	海南大风子	Hydnocarpus hainanensis	种子	种子含油 20%~25%，称"大风子油"，供药用、外涂能消炎、治麻风病、牛皮癣、风湿痛、疥疮、杨梅疮毒等症，有毒，能引起呕吐、头痛，宜慎用		■		■
273	大风子科	柞木	Xylosma japonicum	茎、叶、种子	树皮入药，治黄疸、难产等症；叶能散瘀消肿、治跌打损伤、骨折脱臼还可饲养柞蚕；种子含油 20%~25%，为半干性油，供工业用		■	■	
274	大风子科	山桐子	Idesia polycarpa	茎、种子	茎皮纤维可利用；种子含油 29%，属半干性油，可开发			■	
275	沉香科	土沉香	Aquilaria sinensis	茎、种子	"沉香"系老树干受伤感染菌类在木质部集聚形成棕色芳香树脂，为胃病特性药，有补脾益肾，治咳止痛等效；"沉香"尚可提取沉香油，用作香料；枝皮纤维供制高级纸及人造棉材料；种子出油率 56.5%，属不干性油，供制肥皂及工业原料		■	■	
276	瑞香科	丁哥王	Wikstroemia indica	茎、种子、叶	茎皮含纤维 51%~61%，为塘纸、打字纸等高级纸及人造棉的优良原料；种子含油 39.3%，供制肥皂等用；叶药用，捣烂可敷治疮肿		■	■	
277	瑞香科	荛花	Wikstroemia canescens	茎、花	茎皮纤维可制打字蜡纸、绵纸、皮纸等高级用纸；花药用，可治水肿、祛痰			■	
278	瑞香科	河朔荛花	Wikstroemia chamaedaphne	花、叶	花含皂苷，叶含黄荛花酮，治水肿胀满，痰饮积聚、咳逆喘满、急慢性传染性肝炎，精神分裂症，癫痫；纤维供造纸			■	
279	瑞香科	北江荛花	Wikstroemia monnula	树皮	树皮纤维可以造纸和做人造棉			■	
280	瑞香科	白瑞香	Daphne papyracea	树皮	茎皮纤维可以造纸和制人造棉；茎皮入药，别名"一朵云""小橘皮"等，性甘、淡、微辛、微温，有小毒，可祛风除湿、调经止痛、主治风湿麻木、筋骨疼痛、跌打损伤、癫痫、月经不调、痛经、经期手脚冷痛		■	■	
281	瑞香科	瑞香	Daphne odora	茎、叶、花	茎叶花药用，有祛风除湿、活血止痛等功能，可治疗风湿性关节炎，坐骨神经痛、牙痛、乳腺癌初起、跌打损伤、毒蛇咬伤等		■	■	
282	瑞香科	黄瑞香	Daphne giraldii	茎	茎治头疼、牙疼、风湿关节痛、跌打损伤、胃痛、肝区痛		■		
283	瑞香科	芫花	Daphne genkwa	地上部分	茎皮纤维可制打字蜡纸、复写纸、牛皮纸等高级用纸及人造棉用作利尿及祛痰药；花蕾可治水肿、胁痛、心腹胀满、痈肿、肿瘤结块，作利尿及祛痰药；地上部分可作农药杀虫		■	■	
284	瑞香科	结香	Edgeworthia chrysantha	茎、花、叶	茎皮纤维强韧，可制造最牛校车字蜡纸、打字纸、皮纸等高级文化用纸及人造棉；花及叶可作兽药，治牛跌打损伤，瘤胃炎、瘤胃积食膨胀症等		■	■	

续表

序号	科名	中文名	拉丁名	开发部位	主要功效	食用类	药用类	化工类	其他类
285	山龙眼科	广东山龙眼	*Helicia kwangtungensis*	种子	种子含淀粉 59.78%，可溶性糖 0.74%，煮熟后再经浸渍 1~2 天可食用；也可酿酒	■			
286	山龙眼科	澳洲坚果	*Macadamia ternifolia*	果实	世界上最好的食用坚果之一，营养丰富，香酥清嫩可口，有独特的奶油和棕榈酸为主，尤其以富含不饱和脂肪酸为特点，以油酸和棕榈酸为主，蛋白质含量 9%，还含有丰富的钙、磷、铁、维生素、氨基酸等；从坚果提取的油具有较高的药用、保健价值	■		■	
287	海桐科	柄果海桐	*Pittosporum podocarpum*	果实	种子称"广栀仁"，可清热收敛，补虚弱，止咳喘		■		
288	白花菜科	树头菜	*Crateva unilocularis*	叶、果实	嫩叶盐渍食用，故名"树头菜"；叶为健胃药，果实含生物碱，可作粘胶剂；果皮可作染料	■	■		
289	白花菜科	野香橼花	*Capparis bodinieri*	地上部分	地上部分药用，有止血、消炎、收敛之效，主治痔疮、慢性风湿痛和跌打损伤，也可作避孕药		■		
290	白花菜科	马槟榔	*Capparis masaikai*	种子	种子去皮入药，为"上清丸"重要成分，有清热解毒、生津润肺、治喉炎等药效，还有催产及避孕之效		■		
291	白花菜科	刺山柑	*Capparis spinosa*	药、果实	花蕾盐渍或醋浸保存，用作调味料或者装饰；果实也可以食用，腌制之后通常作为开胃小食；花蕾盐渍作关节炎、腰腿痛、四肢发麻等有特殊的疗效	■	■		
292	柽柳科	柽柳	*Tamarix chinensis*	茎、叶	茎皮含鞣质，可提制栲胶；幼嫩枝、叶可作解热利尿药，治关节风湿症、麻疹不透、感冒、小便不利等		■		
293	柽柳科	多枝柽柳	*Tamarix ramosissima*	茎、叶	中等饲用植物，是干旱地区养驼业重要饲料；枝、叶可入药，有解毒、祛风、利尿等，对感冒、牙痛、风湿性腰痛、创口坏死、脾脏疾病等均有很好的疗效；根部可寄生珍贵中药"肉苁蓉"	■	■		■
294	柽柳科	沙生柽柳	*Tamarix taklamakaensis*	茎、叶	幼嫩枝、叶可供饲用，茎皮含鞣质 9%，可提取栲胶；根部寄生"肉苁蓉"，为名贵中药	■	■		
295	柽柳科	水柏枝	*Myricaria germanica*	茎	幼枝入药，发表透疹，主治麻疹不透		■		
296	柽柳科	红砂	*Reaumuria songarica*	地上部分	荒漠区域的良好草种，供放牧羊群和骆驼之用；根还可以寄生锁阳	■			■
297	西番莲科	鸡蛋果	*Passiflora edulia*	果实	果可生食或作蔬菜、饲料、人药具有兴奋、强壮之效，果瓤多汁液，加入重碳酸钙和糖，可制成芳香可口的饮料，还可用来添加在其他饮料中以提高饮料的品质；种子榨油，可供食用和制皂、制油漆等；果实味甘、酸，性平，归心、大肠经，可清肺润燥、安神止痛、和血止痢，主治咳嗽、咽干、声嘶、大便秘结、失眠、痛经、关节痛利疾	■	■	■	

续表

序号	科名	中文名	拉丁名	开发部位	主要功效	食用类	药用类	化工类	其他类
298	葫芦科	绞股蓝	*Gynostemma pentaphyllum*	地上部分	地上部分药用,用于治疗慢性支气管炎,传染性肝炎,肾盂肾炎,胃肠炎等;提取出的绞股蓝总苷治高血脂症,可调节血脂,具免疫作用	■	■		
299	葫芦科	罗汉果	*Siraitia grosvenori*	果实	果实含糖量很高,可提取糖制作饮料;还可药用,润肺止咳,清肠通便等功效	■	■	■	
300	椴树科	破布叶	*Microcos paniculata*	茎、叶、果实	茎皮纤维细长,柔软,拉力强,可作人造棉或代麻;叶入药,为清热、消炎、止泻剂;果可食,种子可榨油;优良蜜源植物		■	■	■
301	椴树科	扁担杆	*Grewia biloba*	地上部分	茎皮含纤维素22.95%~37.5%,纤维白色,柔软,可供人造棉及纺织等用;茎秆可代纺织,地上部分入药,主治小儿疳积,风湿关节痛等		■		
302	杜英科	杜英	*Elaeocarpus decipiens*	种子、茎	种子含油量40.1%,可制肥皂及润滑油等用;茎皮可提制栲胶		■	■	
303	梧桐科	绒毛苹婆	*Sterculia villos*	茎	树干可制刷胶胶,称"梧桐胶",或"卡拉耶胶",用于食品、医药,纺织、化妆品;香烟等工业,茎皮纤维可制绳索及作造纸原料		■	■	
304	梧桐科	苹婆	*Sterculia nobils*	果实、叶	种子富含淀粉和糖分,味如板栗,果壳入药,与蜜煎服,可治血痢;叶可饲牛及包粽子		■		
305	梧桐科	胖大海	*Sterculia lychnophora*	种子	种子味甘、淡、性寒,有清肺热、利咽喉、清肠通便的功能	■	■	■	
306	梧桐科	梧桐	*Firmiana platanifolia*	叶、花、种子	叶、花、种子入药,有清热解毒、去湿健脾之效;茎皮富含纤维,可供纺织及造纸原料;种子可食,含油量40%,可榨油,润滑油及药用		■	■	
307	梧桐科	蛇婆子	*Waltheria americana*	地上部分	地上部分药用,治黄胆肝炎、腹泻、眼热红肿、麻袋		■	■	
308	梧桐科	可可	*Theobroma cacao*	果实	种子俗称"可可豆",含油22%,富含维生素,脂肪和蛋白质,是制造可可粉和巧克力糖之主要原料;种子入药,有强心利尿之效,可作滋补品及兴备剂;又可榨油,为可可脂,供药用;果壳作饲料和肥料	■	■	■	
309	木棉科	猴面包树	*Adansonia digitata*	果实、叶	未熟果皮及种子可食;果肉干后粉状,和水可做清凉饮料;叶含维生素和钙质,可作蔬菜;干叶、树皮可治疟疾;树皮富含优质纤维,可制绳索,渔网及级别粗布	■	■	■	
310	木棉科	瓜栗	*Pachira macrocarpa*	果实	果未成熟时果皮可食;种子可炒食,也可榨油	■	■		
311	木棉科	木棉	*Bombax malabaricum*	果实、花	果皮棉毛纤维直,无绞合性,可作枕芯、垫褥等的填充物,亦可混纺;又耐水力强,浮力大,可做救生用具;花晒干或阴干入药,可去湿热,治痢疾,痔疮出血,血崩和疮毒;树脂含阿拉伯胶及单宁;种子含油20%~25%,可作润滑油及制肥皂等用		■	■	

续表

序号	科名	中文名	拉丁名	开发部位	主要功效	食用类	药用类	化工类	其他类
312	木棉科	榴莲	Durio zibethinus	果实	果实营养价值极高，经常食用可以强身健体，健脾补气，补肾壮阳，暖和身体；果肉性热，可以活血散寒，缓解痛经，特别适合受痛经困扰的女性食用；它还能改善腹部寒凉的症状，可以促使体温上升，是寒性体质者的理想补品	■	■		
313	锦葵科	朱槿	Hibiscus rosa-sinensis	叶、花、茎	叶、花、茎入药，有解毒、利尿、调经、治肋肿之效；茎皮纤维制绳索		■	■	
314	锦葵科	木芙蓉	Hibiscus mutabilis	茎、叶、花	茎皮纤维洁白柔韧，耐水湿，可供纺织、制绳索及造纸等用；叶、花入药，有清热解毒，水肿排脓，止血之效		■	■	
315	锦葵科	木槿	Hibiscus syriacus	地上部分	花蕾可食；茎皮富含纤维，可制绳索、织麻袋或制人造棉、造纸；花、果、叶入药，花治痢疾、腹泻、痔疮出血，白带，果能清肺化痰、解毒止痛，茎皮可治皮肤癣疮；地上部分制农药，可杀棉蚜	■	■	■	
316	锦葵科	海滨木槿	Hibiscus hamabo	种子	种子药用，可清热、利湿、凉血，用于肠风血痢、白带、便血，风痰壅逆，反胃呕吐；种子含油高，可制作生物柴油		■	■	
317	锦葵科	海滨锦葵	Kosteletzkya virginica	种子	集油料、饲料、药物（或保健品）和观赏于一身的多年生耐盐经济植物。在近岸海水（2.5%的盐度）浇灌下，有较高的种子产量（0.8~1.5t/hm²），种子富含蛋白质和脂肪，含油率在18%以上，粗蛋白在24%左右，和世界上最重要的经济作物之一大豆相比，油脂含量不相上下，可开发生物柴油	■	■	■	
318	锦葵科	白脚桐棉	Thespesia lampas	茎、叶、花	茎皮纤维供织麻布、制绳索和造纸；嫩叶、芽和花可食		■	■	
319	金虎尾科	凹缘金虎尾	Malpighia emarginata	果实	果实中维生素C含量达1677mg/100g，仅次于卡卡杜李和卡姆果，同时还含有维生素A、维生素B_1、维生素B_2和铁、钙等元素，在保健、饮料、美容方面有广泛的应用	■	■		
320	蒺藜科	盐生白刺	Nitraria sibirica	果实	果实酸甜可食，可治肺病和胃病；种子可榨油	■	■		
321	蒺藜科	白刺	Nitraria tangutorum	果实	果实味甜，多汁，含有丰富的维生素、氨基酸、多糖类等丰富的营养活性成分，具有极高的营养和药用价值；同时根还可以寄生锁阳，锁阳具有增强免疫、抗衰老、抗氧化、抗癌冷、消食化淤、健胃润肠、抗骨质疏松等众多保健滋补作用	■	■		■
322	大戟科	余甘子	Phyllanthus emblica	茎、果、叶	树皮含鞣质23%~28%，幼果含鞣质30%~35%，均可提制栲胶；果富含维生素C，供食用；可治疗高血压、消化不良、咳嗽、喉痛、口干、生津止渴等；种子含油16%，可榨油，供制肥皂；叶晒干供枕芯用	■	■	■	
323	大戟科	算盘子	Glochidion puberum	地上部分	茎、叶含鞣质，可提制栲胶；地上部分含酚类、氨基酸、鞣质、醇类、感昌、醇类等，药用，可清热利湿、解毒消肿、治痢疾、感冒、疝气、喉咙肿痛、漆疮、皮疹瘙痒、跌打损伤等，种子油可作农药，防治蟆虫、蚜虫及莱虫等		■	■	

序号	科名	中文名	拉丁名	开发部位	主要功效	食用类	药用类	化工类	其他类
324	大戟科	黑面神	*Breynia fruiticosa*	地上部分	叶、茎皮均含鞣质；地上部分有毒，性味苦寒，可药用，清湿热、治慢性支气管炎、腹痛吐泻、疔毒疮疗、湿疹、皮炎、跌打损伤等		■	■	
325	大戟科	重阳木	*Bischofia polycarpa*	果实	果肉可酿酒；种子含油30%，可作工业用油			■	
326	大戟科	石栗	*Aleurites moluccana*	果实、茎、叶	种子含油26.3%，种仁含油68.5%，油的干燥性较慢，供制生物柴油、油漆、肥皂、涂料及水中防腐剂等原料；树皮含鞣质18.3%，可提制栲胶；叶药用，通经、清瘀热，治白浊		■	■	
327	大戟科	油桐	*Vernicia fordii*	地上部分	重要工业用油，种子出油率30%~35%，为优良干性油，性能极好，是油漆、涂料、人造汽油、柴油、橡胶、塑料、颜料、电器、医药制品等重要原料；树皮含鞣质18.3%，可提制栲胶；果壳可制活性炭和栲桐碱，叶可杀虫，花、果壳及种子入药，花可清热解毒、生肌，种子有大毒，有催生、消肿毒的功能		■	■	
328	大戟科	千年桐	*Vernicia montana*	果实、茎	种子含油率57.8%，为良好干性油，具有干燥快、比重轻、有光泽、不传电、耐热、耐酸和耐腐蚀等特性，可用于生物柴油等；树皮含鞣质18.3%，果壳可制活性炭和提桐碱			■	
329	大戟科	麻风树	*Jatropha curcas*	果实、叶	种子含油50%，可制生物柴油、肥皂及润滑油，药用作催泻剂；种子多食可致命；油粕富含蛋白质，可作农药及肥料；叶可饲蚕		■	■	■
330	大戟科	巴豆	*Croton tiglium*	果实、叶	种子含巴豆油34%~57%，有剧毒，药用或制作生物柴油；种子、叶均可入药或作杀虫剂		■	■	
331	大戟科	蓖麻	*Ricinus communis*	茎、叶、种子	茎皮纤维可作造纸及人造棉原料；叶可饲飞蓖麻蚕及作其他机械润滑油，生物柴油，亦用于制革、制皂、印染等；种子含油52%，可作飞机或其他机械润滑油、生物柴油、印染；种子药用时为良好的结缓泻剂，外用于疮疖肿毒；种仁油内服用于大便秘结		■	■	■
332	大戟科	蝴蝶果	*Cleidiocarpon cavaleriei*	果实	种子富含油脂、蛋白质和淀粉，但含有生物碱，应将种子煮熟后剥去，取出子叶后方能食用，也可作食用；果实含鞣质	■		■	
333	大戟科	石岩枫	*Mallotus repandus*	种子、茎	种子含油35.9%，供制油漆、油墨、生物柴油和肥皂等；茎皮纤维可编绳索及制人造棉			■	
334	大戟科	粗糠柴	*Mallotus philippihensis*	茎、叶、果实	树皮和叶含鞣质，可制栲胶；种子含油，供制生物柴油等；茎、叶、果实表面粉状毛茸可入药，用于驱绦虫，蛔虫等；果实可代麻，为半干性油		■	■	
335	大戟科	毛桐	*Mallotus barbatus*	茎、种子	茎皮纤维可代麻、造纸及作人造棉；种子含油41%，可作生物柴油、润滑油、油墨及制肥皂			■	
336	大戟科	白背叶	*Mallotus apelta*	茎、叶、种子	茎皮纤维拉力强，可编制绳索、织麻袋等；叶外用于中耳炎、疖肿、湿疹、跌打损伤，外伤出血；种子含油40.12%，供工业原料		■	■	

序号	科名	中文名	拉丁名	开发部位	主要功效	食用类	药用类	化工类	其他类
337	大戟科	野桐	*Mallotus tenuifolius*	茎、种子	茎皮含纤维50%，供织麻袋、造纸及作人造棉；种子含油39.56%，属干性油，供制油漆、肥皂、润滑油和生物柴油等用			■	
338	大戟科	野梧桐	*Mallotus japonicus*	地上部分	地上部分供药用，树皮及叶可治敷治肿毒，果皮可提制红色染料；种子含油率38%，供工业用		■	■	
339	大戟科	乌桕	*Sapium sebiferum*	果实、茎、叶	重要工业油料树种，种子和油脂可出24%~26%，用于制肥皂、蜡纸、护肤脂，金属涂擦剂，固体酒精，高级香料和硬脂酸等；种子柏油可出16%~17%，干性油，供制油漆、油墨，生物柴油等用；柏饼可作燃料和肥料；树叶及茎含鞣质，内用于血吸虫病，树皮和入药，有小毒，有破积逐水杀虫解毒的功能，外用于疔疮，肝硬化腹水，传染性肝炎，大小便不利，毒蛇咬伤，鸡眼，乳腺炎，跌打损伤，湿疹，皮炎等；还可饲养柏蚕，也可作肥料			■	■
340	大戟科	山麻杆	*Alchornea davidii*	地上部分	茎皮纤维拉力强，可作造纸原料；种子榨油，地上部分可入药，可杀虫、解毒		■	■	
341	大戟科	橡胶树	*Hevea brasililiensis*	茎、种子	茎所含橡胶是国防及民用工业的重要原料，可制轮胎、机器配件，绝缘材料，胶鞋，雨衣等4万多种产品；种子含油48.4%，为半干性油，可制油漆、肥皂等；果壳可制活性炭			■	
342	大戟科	金刚纂	*Euphorbia antiquorum*	地上部分	地上部分有毒，茎、叶、花入药，可治水肿、通便、杀虫，主治肠炎、痢疾；外用治肿毒、疮疥等		■		
343	大戟科	绿玉树	*Euphorbia tirucalli*	地上部分	地上部分有白色乳汁，可提制生物柴油；乳汁有剧毒，而且能促进肿瘤生长，入目会致失明			■	
344	大戟科	肥牛树	*Cephalomappa sinensis*	叶	中国特有的珍贵木本饲用植物，生长快，产叶量较高，收获期很长，干叶中含碳水化合物22.98%，蛋白质13.23%，粗脂肪21.97%，还含钾、钠、磷、钙、铁等无机盐；叶含蛋白质较高，可以连续生长收获，是冬枯草期饲料不足的优良饲用植物	■			
345	大戟科	草沉香	*Excoecaria acerifolia*	地上部分	地上部分治药用，祛风散寒，健脾利湿，解毒		■		
346	山茶科	油茶	*Camellia oleifera*	果实	种子含油率25.22%~33.5%，种仁含油37.96%~52.52%，可榨油供食用或工业用；果壳、种壳可制活性炭及提制糠醛、皂素、栲胶等；茶枯可提炼汽油，汲制沼气，作肥料及农药			■	
347	山茶科	山茶	*Camellia japonica*	种子	种子含油45.2%，种仁含油73.29%，油可食用，并作润发、防锈制皂、钟表润滑及药用		■	■	
348	山茶科	金花茶	*Camellia chrysantha*	叶、花、种子	叶和花入药，叶可治痢疾和外洗烂疮，花可治便血；种子油可食用或作工业原料		■	■	
349	山茶科	茶	*Camellia sinensis*	茎、叶、种子	茶树的嫩叶及幼芽经不同加工方法可分别制绿茶、红茶、乌龙茶等，为优良饮料；茶籽可榨油，供食用及工业原料	■		■	

序号	科名	中文名	拉丁名	开发部位	主要功效	食用类	药用类	化工类	其他类
350	猕猴桃科	中华猕猴桃	Actinidia chinensis	地上部分	茎、叶供药用，可清热利尿，散瘀止血；花可提取香精；果实富含维生素 C，可生食、制果酱、果脯、果汁、果酒、糖水罐头等；茎皮和髓含胶质，可作造纸等胶料	■	■	■	
351	猕猴桃科	软枣猕猴桃	Actinidia arguta	花、果	果既可生食，也可制果酱、蜜饯、罐头、酿酒等，为强壮、解热及收敛剂；花为蜜源	■	■		■
352	越橘科	越橘	Vaccinium vitis-idaea	叶、果实	叶药用，可作尿道消毒剂，也可代茶；果可食	■	■	■	
353	越橘科	笃斯	Vaccinium uliginosum	果实	果可食率为 100%，具清淡芳香，甜酸适口，为一鲜食佳品。果实中除了常规的糖、酸和维生素 C 外，富含维生素 B、维生素 E、维生素 B，SOD、类胡萝卜素、熊果苷、花青苷、蛋白质、食用纤维及丰富的 K、Fe、Zn、Ca 等矿质元素。花青苷含量高达 163mg/100g，总氨基酸含量 0.254‰。果实除供鲜食外，还有极强的药用价值及营养保健功能，国际粮农组织将其列为人类五大健康食品之一	■	■		
354	越橘科	乌饭树	Vaccinium bracteatum	枝、叶、果	果含糖约 20%，可食；叶还可榨汁做饭，甘、平、无毒，强筋、益气、固精，治筋骨痿软乏力、滑精、腰脚无力（贫血虚弱）、神经痛；枝、叶苦、平、无毒，治血虚风痹；茎皮含鞣质，可提取栲胶	■	■	■	
355	越橘科	苍山越橘	Vaccinium delavayi	果	食用	■			
356	金丝桃科	金丝梅	Hypericum patulum	地上部分	地上部分入药，能清热解毒，治慢性肝炎、皮肤瘙痒等症		■		
357	山竹子科	铁力木	Mesua ferrea	种子	种仁含油 78.99%，为优良工业用油			■	
358	山竹子科	岭南山竹子	Garcinia oblongifolia	果实、树皮	果可食，种仁含油量 60.7%，种仁含单宁 3%~8%，可作工业用油；树皮含单宁 70%，供提制栲胶	■		■	
359	桃金娘科	岗松	Baeckea frutescens	茎、叶	枝、叶可蒸制芳香油，取渣后可提制栲胶，又可制土碱；叶含小茴香醇等，可供食品、香精，腹泻、神经痛、烧伤，外洗治皮炎及湿疹		■	■	
360	桃金娘科	柠檬桉	Eucalyptus citriodora	叶	枝、叶含芳香油 0.5%~2%，用幼嫩枝、叶提取的桉油质量甚好，叶提取的桉叶药用于感冒、流感、肠炎、腹泻，医药等用；桉叶油药用于感冒、肠炎、腹泻，烧伤		■	■	■
361	桃金娘科	蓝桉	Eucalyptus globulus	叶	叶含芳香油 0.92%~2.89%，桉叶油药用于感冒、肠炎、腹泻，神经痛、烧伤及除蚊虫		■	■	
362	桃金娘科	赤桉	Eucalyptus camaldulensis	茎、叶、花	树皮含鞣质 8%~17%，可提取栲胶；叶含芳香油 0.27%，原油红色，精油淡黄色；花为蜜源			■	■
363	桃金娘科	细叶桉	Eucalyptus tereticornis	茎、叶	树胶含鞣质 62%；叶含芳香油 0.5%~0.9%			■	
364	桃金娘科	大叶桉	Eucalyptus robusta	茎、叶	枝、叶可制农药防治稻螟、棉蚜虫、幼龄黏虫、蝇蛆等；树皮含鞣质，可提制栲胶，又含阿拉伯胶		■	■	

续表

序号	科名	中文名	拉丁名	开发部位	主要功效	食用类	药用类	化工类	其他类
365	桃金娘科	隆缘桉	*Eucalyptus exserta*	叶、花	叶含芳香油 0.7%~0.8%，可蒸制桉油，供医药、工业、香料等用，又可浸提栲胶；花为优良蜜源			■	■
366	桃金娘科	桃金娘	*Rhodomyrtus tomentosa*	地上部分	果实成熟时味甜，可生食、酿酒及制果酱；地上部分供药用，有活血、止泻，用于肝炎、风湿疼痛、腰肌劳损、肾炎、胃痛、消化不良、痢疾、脱肛，可提制栲胶	■	■	■	
367	桃金娘科	番石榴	*Psidium guajava*	地上部分	熟果味甜，可制果酱、果冻、果汁及酿酒；花、叶含芳香油，可鲜食。叶药用，有止痢，用于急性肠炎、痢疾、小儿消化不良，外用于跌打损伤，外伤出血，疮疡久不愈；叶经煮沸去鞣质，晒干代茶，味甘，有清热作用；树皮含鞣质 8.51%~13.5%，可提制栲胶	■	■		
368	桃金娘科	水翁	*Cleistocalyx operulatus*	地上部分	叶及花显黄酮苷，酚类等反应；花蕾治感冒发热、细菌性痢疾、急性胃肠炎，消化不良；树皮外用治烧伤、麻风、皮肤瘙痒、脚癣；叶外用治急性乳腺炎		■		
369	桃金娘科	海南蒲桃	*Syzygium cumini*	果实、茎、叶	果实含芳香醛及酚类物质，种子含桦木酸等，果实治肺结核、哮喘等，茎含桦木酸等，花含三萜类化合物等		■		
370	桃金娘科	蒲桃	*Syzygium jambos*	果实	果实的可食率高达 80% 以上，并具有一定的营养价值；果实除鲜食外，还可利用这种独特的香气，与其他原料制成果膏、蜜饯或果酱；果汁经过发酵后，还可酿制高级饮料；果人药主治腹泻、痢疾	■	■		
371	桃金娘科	莲雾	*Syzygium samarangense*	果实	果实中含有蛋白质、脂肪、碳水化合物及钙、磷、钾等矿物质，适合清热利尿和安神、对咳嗽、哮喘也有效果	■	■		
372	红树科	角果木	*Ceriops tagal*	地上部分	地上部分入药，用于痈肿疮疡、丹毒、恶疮、无名肿毒、溃疡、吐血、大便出血、各种外伤出血、虫蛇咬伤等症。久不愈，鞣质含量达 30%，质量很好，可提制栲胶		■	■	
373	红树科	秋茄树	*Kandelia candel*	茎	树皮含鞣质 17%~22%，质量好，可提制栲胶；还可用于金创刀伤等外伤出血或水火烫伤等			■	
374	石榴科	石榴	*Punica granatum*	地上部分	外种皮含有丰富的糖分、有机酸及维生素 C 等，鲜美可食；树皮含鞣质 25%~28%，可提制栲胶及作染色染料；果皮含鞣质 20%~30%，果皮为收敛剂，治慢性下痢及肠持出血，果皮煎汁作含漱液及口腔炎；花瓣汁可止血；叶煎汁治眼疾喉症，治慢性痢疾、肠结核、疾疗效好	■	■	■	
375	使君子科	诃子	*Terminalia chebula*	果实、茎	果实供药用，治喉症、哮喘、肠结核、疾疗效好；果皮、茎皮含鞣质 35%~40%，可提制黄色及黑色染料		■	■	
376	使君子科	费氏榄仁	*Terminalia ferdinandiana*	果实	果实是目前已知维生素 C 含量最高的水果，果实含维生素 C 高达 3200~5000mg/100g 的；在澳洲，果实被用在化妆品中	■		■	

序号	科名	中文名	拉丁名	开发部位	主要功效	食用类	药用类	化工类	其他类
377	使君子科	使君子	Quisqualis indica	果实、叶	果入药，为驱作蛔虫特效药，并有健脾胃、助消化，治腹泻和疥癣等效；叶亦有近似效用		■		
378	野牡丹科	野牡丹	Melastoma candidum	叶	叶药用，可收敛止血，治消化不良、肠炎、腹泻、痢疾、便血等症；叶捣烂或用干粉外敷，治外伤出血		■		
379	冬青科	铁冬青	Ilex rotunda	茎、叶	枝、叶作造纸原料和栲胶；树皮、叶入药，治感冒、急性肠炎、风湿骨痛，外用治跌打损伤、火烫伤；树皮有止血作用		■	■	
380	冬青科	苦丁茶	Ilex kudingcha	叶	叶含有苦丁皂武、氨基酸、维生素C、多酚类、黄酮类、咖啡因、蛋白质等200多种有味苦，其成品茶清香味苦，而后甘凉、利咽止渴、生津强心、活血脉多种功效，素有"保健茶""美容茶""减肥茶""降压茶""益寿茶"等美称	■	■		
381	冬青科	枸骨	Ilex cornuta	叶	叶晒干后用于治疗虚劳发热咳嗽、劳伤失血，跌打损伤、风湿性关节炎，头晕耳鸣、高血压、白癜风湿痹风湿等症		■		
382	卫矛科	卫矛	Euonymus alatus	茎、叶、种子	带木栓翅枝条入药，以细枝为佳，可治肿毒、妇科用作通经、止血风崩，也可作杀虫剂；树皮可提取硬橡胶；种子含油48%，供制肥皂、润滑油用		■	■	
383	卫矛科	扶芳藤	Euonymus fortunei	茎、叶	茎、叶治咯血、月经不调、骨折，创伤出血，风湿性关节炎，外用治跌打损伤、氯、二氧化氢、二氧化氮等有害气体，可作为空气污染严重的工矿区环境绿化树种		■		
384	卫矛科	灯油藤	Celastrus paniculatus	种子	种子含油59%，可榨油制肥皂或灯油；种子入药，具有缓泻、催吐、兴奋之效，治风湿、麻痹等症		■	■	
385	卫矛科	南蛇藤	Celastrus orbiculatus	茎、叶、果实	茎、叶及果均入药，有活血、消肿、解毒之效，为配制灰蛇咬伤药的原料；种子含油47%，供工业用		■	■	
386	卫矛科	雷公藤	Tripterygium wilfordii	茎、叶	茎、叶皆有毒，可外用于风湿性关节炎，皮肤发痒、解毒等，还可做杀虫剂及农药；民间用叶擦治毒蛇咬伤；茎皮纤维可供造纸		■	■	
387	铁青树科	蒜头果	Malania oleifera	种子	种子含油48.7%，为不干性油，供制肥皂和作润滑油原料		■	■	
388	铁青树科	华南青皮木	Schoepfia chinensis	种子	种仁含油率61.9%，可制生物柴油、肥皂和润滑油		■	■	
389	铁青树科	赤苍藤	Erythropalum scandens	地上部分	地上部分药用，可利尿，可治风湿痛；藤可提取栲胶；嫩叶可食；藤可治风湿痛	■	■	■	
390	胡颓子科	胡颓子	Elaeagnus pungens	果实、叶	种子、叶入药，种子可止泻，叶治肺虚；果可食及酿酒、熬糖；茎皮纤维可造纸	■	■	■	

序号	科名	中文名	拉丁名	开发部位	主要功效	食用类	药用类	化工类	其他类
391	胡颓子科	沙枣	*Eleaagnus angustifolia*	地上部分	果可食；枝、叶、树皮、花、果均可入药，可治烧伤、白带、慢性支气管炎、闭合性骨折、消化不良、神经衰弱等症；树干可割采沙枣胶，能代替阿拉伯胶及黄芪胶	■	■	■	
392	胡颓子科	翅果油树	*Elaeagnus mollis*	种子	种仁榨油可食用，其脂肪酸中含45.2%的亚油酸，对高血压及高胆固醇病人有疗效；花芳香，为优良蜜源树				■
393	胡颓子科	牛奶子	*Elaeagnus umbellata*	果实、叶	果可生食、酿酒、制果酱等；果、叶药用，叶作土农药可灭棉蚜虫	■	■	■	
394	胡颓子科	肋果沙棘	*Hippophae neurocarpa*	果实	果汁极少，果肉含油率8.6%，种子含油16.12%，油可开发医用、保健品等	■			
395	胡颓子科	西藏沙棘	*Hippophae thibetana*	果实、嫩枝叶	果多汁（81.3%~83.7%），香甜微酸，含胡萝卜素和维生素C，藏北用以治肝炎；果肉含油3.5%，种子含油19.51%；嫩枝、叶及果可作饲料	■	■	■	
396	胡颓子科	中国沙棘	*Hippophae rhamnoides ssp. sinensis*	果实、嫩枝叶、花	果富含维生素及糖分，可生食及制饮料、果酱等；果实晒干或鲜果可药用，可治跌打损伤瘀肿、咳嗽痰多、呼吸困难、消化不良、高热津伤、支气管炎、肠炎、道道等；种子可苯取油、保健品及化妆品；嫩枝、叶为优良饲料	■	■	■	
397	胡颓子科	蒙古沙棘	*Hippophae rhamnoides ssp. Mongolica*	果实	果富含维生素及糖分，可生食及制饮料、果酱等；种子可苯取油，用于药品、保健品及化妆品；嫩枝、叶为优良饲料	■	■	■	
398	胡颓子科	中亚沙棘	*Hippophae rhamnoides ssp. Turkestanica*	果实	果富含维生素及糖分，可生食及制饮料、果酱等；种子可苯取油，用于药品、保健品及化妆品；嫩枝、叶为优良饲料	■	■	■	
399	胡颓子科	江孜沙棘	*Hippophae gyantsensis*	果实	果富含维生素及糖分，可生食及制饮料、果酱等；种子可苯取油，用于药品、保健品及化妆品；嫩枝、叶为优良饲料	■	■	■	
400	鼠李科	圆叶鼠李	*Rhamnus globosa*	果实、茎、叶	种子榨油供润滑油用；茎皮、果可作绿色染料；茎、叶均可杀虫，有祛痰、消食之效；果可消肿			■	
401	鼠李科	鼠李	*Rhamnus davurica*	果实、茎	树皮、果实含鞣质，可提制拷胶；种子含油26%，可作润滑油；果实、树皮入药，可清热、通便		■	■	
402	鼠李科	冻绿	*Rhamnus utilis*	果实、茎、叶	种子出油率22%，作润滑油；茎皮、果入药，为缓下利尿剂；树皮、叶可提取绿色染料；果实、叶可消肿、止痛	■	■	■	
403	鼠李科	枳椇	*Hovenia acerba*	果实、种子、叶	果序轴肥厚，含丰富的糖，可生食、酿酒、熬糖、浸制"拐枣酒"，种子、叶等均可入药，中药称其果实为枳椇子，味甘、性平、无毒，有止渴除烦、去腐、润五脏、利大小便、解酒毒、散瘀、去湿等功效；果梗、果实、叶可止咳、有活血、散瘀、辟虫毒；是糖尿病患者的理想果品；枝、叶可止咳、散瘀、平喘等功效，民间常用于拐枣酒泡药或直接用于医治风湿麻木和跌打损伤等症	■	■		

续表

序号	科名	中文名	拉丁名	开发部位	主要功效	食用类	药用类	化工类	其他类
404	鼠李科	马甲子	*Paliurus ramosissimus*	地上部分	种子含油16%，油可制蜡烛；油去湿，解毒消肿，活血止痛之效		■	■	
405	鼠李科	枣树	*Ziziphus jujuba*	果实、花	鲜果含糖24%，干果含糖60%，可生食、泡茶喝，也可加工制成各种美味食品；维生素C含量达380~600mg/100g，花期长，为北方初夏优质蜜源树；果实药用，用于脾虚食少，体倦乏力，心悸、失眠，盗汗、血小板减少性紫癜	■	■		■
406	鼠李科	酸枣	*Ziziphus jujuba* var. *spinosa*	果实、花	核仁入药，有镇静安神之效，主治神经衰弱、失眠等症；果肉富含维生素C，可生食及作果酱；花芳香多蜜腺，为重要蜜源植物	■	■		■
407	鼠李科	滇刺枣	*Ziziphus mauritiana*	果实、茎、叶	果可食；种仁入药，用于虚烦不眠、惊悸多梦，体虚多汗、津少口渴；树皮入药，有消炎生肌之效，治烧伤；叶含鞣质，可提制栲胶；为紫胶虫寄主树种	■	■	■	■
408	葡萄科	山葡萄	*Vitis amurensis*	果实、叶	果生食或酿酒，酒糟制醋和染料；种子可榨油；叶及酿酒后的酒脚（沉淀）可提制酒石酸	■			
409	葡萄科	葡萄	*Vitis vinifera*	果实、藤	著名果品，可生食，制葡萄干和酿葡萄酒；酿酒后酒脚（沉淀）可提取酒石酸，药用能去湿利尿；藤药用，除湿之效	■	■	■	
410	葡萄科	崖爬藤	*Tetrastigma obtectum*	地上部分	地上部分入药，有祛风、活络，除湿之效		■		
411	葡萄科	爬山虎	*Parthenocissus tricuspicata*	茎	茎药用，能祛风通络，活血解毒		■		
412	葡萄科	白粉藤	*Cissus madecoides*	地上部分	藤显酚类等反应，藤、叶有小毒、拔毒消肿，治疮疡肿毒、小儿湿疹		■		
413	葡萄科	四方藤	*Cissus pteroclada*	茎	藤治风湿疼痛、关节肿痛，腰肌劳损，筋络拘急		■		
414	紫金牛科	杜茎山	*Maesa japonica*	地上部分	果味甜可食；地上部分供药用，有祛风寒，消肿之效，可治腰痛、头痛，眼目晕眩等症；茎叶外敷治跌打损伤、止血	■	■		
415	紫金牛科	罗伞树	*Ardisia quinquigona*	地上部分	地上部分药用，有清热解毒，消肿之效，治跌打损伤		■		
416	紫金牛科	朱砂根	*Ardisia crenata*	地上部分	地上部分药用，叶可祛风除湿、风湿、消化不良，跌打损伤、通经活络，散瘀止痛，咽喉炎及月经不调等证；果可食，核仁可榨油，出油率20~25%，供制肥皂等	■	■		
417	紫金牛科	酸藤子	*Embelia laeta*	地上部分	叶可散瘀止痛，收敛止泻，治跌打肿痛、肠炎腹泻，胃酸少、痛经闭经等症；叶煎水可作外科洗药，嫩芽和叶可生食，味酸；果可食，虚痨等症，有强壮补血之效	■	■	■	
418	紫金牛科	铁仔	*Myrsine africana*	茎、叶	枝、叶可药用，可治牙痛、咽喉痛、脱肛，子宫脱垂、痢疾，风湿、虚痨等症；叶捣碎外敷治刀伤，茎皮含鞣质35%，叶含鞣质5%，可提制栲胶		■	■	

序号	科名	中文名	拉丁名	开发部位	主要功效	食用类	药用类	化工类	其他类
419	柿树科	柿	*Diospyros kaki*	果实	果实含糖量高，脱涩后味甜可口，也可制柿饼，并能提取供药用及工业用的柿霜；幼果及可提取柿漆（柿油、柿漆），用以涂染雨伞及渔网	■		■	
420	山榄科	紫荆木	*Madhuca pasquieri*	种子	种仁含油率45%，可食用及工业用	■		■	
421	山榄科	海南紫荆木	*Madhuca hainanensis*	种子、茎	种仁含油率50%~55%，可食用或工业用；树皮含鞣质约19.11%，可提制栲胶	■		■	
422	山榄科	锈毛梭子果	*Eberhardtia aurata*	种子	种仁含油60%，可食用或工业用	■		■	
423	山榄科	星苹果	*Chrysophyllum cainito*	果实	果实椭圆形，光滑，未成熟时绿色，具白色黏质乳汁，成熟时紫色和甜味，宜鲜食，可制成蜜饯；其本身没有特殊风味，但与柑橘类尤其是橙类作混合果汁饮料，风味可大大得到改善	■			
424	山榄科	人心果	*Manikara zapota*	果实、茎	果实可食，味美可口，又可制糖胶（供药用可治咳嗽及胃病；树干流出的乳汁，为制口香糖的原料；树皮含植物碱（赤铁素），可治急性肠炎及咽喉炎等症	■	■	■	
425	山榄科	牛油果	*Butyrospermum parkii*	果实	果可食，种仁富含脂肪，为重要食用油，又可制人造黄油、肥皂等	■		■	
426	芸香科	代代花	*Citrus auranticum*	果实	果实药用，可行气宽中、消食、化痰；果皮含挥发性油1.5%~2%；主要蜜蜂源植物	■	■		■
427	芸香科	柠檬	*Citrus medica*	果实、叶	果实富含维生素C、糖类、钙、磷、铁、维生素B、B2、烟酸、奎宁酸、柠檬酸、苹果酸、橙皮苷、柚皮苷、高量钾元素和低量钠元素等，对人体十分有益；叶可用于提取香精香精是生产高级化妆品的重要成分；果胶，橙皮苷是生产结石病药物的药物，蜜饯、果酱的重要原料，又可用于生产高级糖果，橙皮苷主要用于治疗心血管病；又可生产高级果酒，果渣可生产高级食用油或者人药；果胚榨取的汁液既可生产高级食用油或者人药；种子可榨取作饲料或肥料	■		■	
428	芸香科	柚	*Citrus grandis*	果实	果供食用，果皮可制蜜饯，含柚皮苷，果汁富含维生素C；种仁含油率达60%；叶、果皮供药用，可消食化痰；主要蜜源植物	■	■		■
429	芸香科	宜昌橙	*Citrus ichangensis*	果实	果可食，营养价值丰富；叶可消炎止痛，防腐生肌，用于治疗伤口溃烂、湿烂、疮疖、肿痛；主要蜜源植物	■	■		■
430	芸香科	甜橙	*Citrus sinensis*	果实	果实食用，每100g含蛋白质0.6g，脂肪0.1g，碳水化合物12.2g，还含有黄酮类、生物碱、有机酸等；主要蜜源植物	■	■		■
431	芸香科	温州蜜柑	*Citrus unshiu*	果实	皮色橙黄鲜艳，肉汁丰富而味甜，果肉及果汁具有解热生津、开胃、利尿、去痰止咳之功效，橘皮及络可做中药；主要蜜源植物	■	■		■

序号	科名	中文名	拉丁名	开发部位	主要功效	食用类	药用类	化工类	其他类
432	芸香科	枳	*Poncirus trifoliata*	果实、茎、叶	果实含枳属甙、橙皮甙、野漆树甙、新橙皮甙等黄酮类，还含生物碱苦辛碱等，柚皮甙约0.47%；茎、叶含咖啡因、挥发油及鞣质；叶治肺结核、咳嗽咯血，骨结核，头晕耳鸣、腰酸胸胁软、白癜风，果治白带过多、慢性腹泻；主要蜜源植物		■	■	■
433	芸香科	金橘	*Fortunella margarita*	果实	果实含丰富的维生素C，金橘甙等成分，对维护心血管功能、防止血管硬化、高血压等疾病有一定的作用；作为食疗保健品，蜜饯可以用来开胃，饮金橘汁能生津止渴，加白萝卜汁、梨汁饮服能治咳嗽；主要蜜源植物	■	■	■	■
434	芸香科	花椒	*Zanthoxylum bungeanum*	果实	重要食品调味香料，也是油料树种。果皮含芳香油，可提取香精；种子含油25%~30%，出油率22%~25%。皮可入药；椒油有涩味，处理后可食用或作工业用油；种子、果皮可入药，用于脘腹冷痛、呕吐、腹泻、阳虚痰喘、蛔虫等；叶可食用	■	■		
435	芸香科	青花椒	*Zanthoxylum schinifolium*	果实	幼果晒干后苍青色或黄色，名"青椒"，可代（红）花椒作调料；果实、叶可入药，有发汗、驱寒、止咳、健胃、消食等效，又可作蛇药及驱蛔虫药；种子水浸液可治蛔虫的水稻膜虫	■	■	■	
436	芸香科	野花椒	*Zanthoxylum simulans*	果实、叶	果实含挥发油及辛味成分山椒素七叶素二甲醚等，为食品调味料；果皮治胃痛、腹痛、蛔虫病，外用治湿疹、皮肤瘙痒、龋齿疼痛；种子治水肿、腹水	■	■		
437	芸香科	吴茱萸	*Tetradium ruticarpum*	果实	果实可熬粥、泡酒食用，还可入药，名"茶辣"，可健胃、祛风、镇痛、消肿，治风湿性关节、腹痛等症	■	■		
438	芸香科	黄皮	*Clausena lansium*	果实、叶	果实供食用，鲜食或盐渍、糖渍；叶、种子供药用，可止痛、祛风、化痰，治流感、胃痛、疝痛及风湿等症	■	■		
439	芸香科	酒饼簕	*Atalantia buxifolia*	果实、叶	果味甜可食；叶供药用，可祛风散寒、止痛，治支气管炎、风湿性关节炎、慢性胃炎，胃溃疡等症；寒咳嗽、感冒发热	■	■		
440	芸香科	黄柏	*Phellodendron amurense*	茎	树皮（去栓皮）药用，含多种生物碱，苦味质黄柏酮等，清热解毒、泻火燥湿，治急性细菌性痢疾、泌尿系感染等，急性黄疸型肝炎，口疮、风湿性关节炎、泌尿系疾、急性肠炎、急性结膜炎，外用治烧烫伤；种子含挥发油0.7%；果实显黄酮，挥发油及恶醌甙反应；良好的蜜源植物		■	■	■
441	芸香科	川黄柏	*Phellodendron chinense*	茎	树皮（去栓皮）药用，含多种生物碱，苦味质黄柏酮等，清热解毒、泻火燥湿，治急性细菌性痢疾、泌尿系感染等，急性黄疸型肝炎，口疮、风湿性关节炎、泌尿系疾、急性肠炎、急性结膜炎，外用治烧烫伤；种子含黄柏黄苷等，果实含挥发油0.7%；果实显黄酮，挥发油及恶醌甙反应；良好的蜜源植物		■	■	■
442	苦木科	臭椿	*Ailanthus altissima*	地上部分	果实含臭椿内酯等；叶含异槲皮素，种子含油35%；茎皮治阴痛、便血、尿血，外用治阴道滴虫		■	■	

续表

序号	科名	中文名	拉丁名	开发部位	主要功效	食用类	药用类	化工类	其他类
443	苦木科	鸦胆子	*Brucea javanica*	种子	种子称鸦胆子，用于中药，味苦、性寒，有清热解毒、止痢疾等功；用种仁或油外敷，可治鸡眼，毒虫叮伤		■		
444	橄榄科	橄榄	*Canarium album*	果实	果可生食或渍制；果实药用，有清热解毒、利咽、生津作用；种仁可食，亦可榨油，油用于制肥皂或作润滑油	■	■	■	
445	橄榄科	乌榄	*Canarium pimela*	果实、叶	果味甘甜，果肉含油 28%，为不干性油；种子富的珍贵食用油；叶药用于治感冒、上呼吸道炎、肺炎和多发性疖肿	■	■	■	
446	楝科	米仔兰	*Aglaia odorata*	茎、叶	花用于感冒、气郁胸闷、食滞腹胀；枝、叶用于跌打骨折、风湿关节痛、痈疽		■		
447	楝科	兰撒	*Laium domesticum*	果实	果肉一般是五瓣，肉质甜美，可以做成罐装，也可以把鲜果晒成水果干后再吃；果性平、味酸，微苦、辛，可生津止渴，消食、理气作用，可以用来治疗感冒、咳嗽哮喘、疟疾等病，也可以用来治疗疝痛	■	■		
448	楝科	苦楝	*Melia azedarach*	树皮	树皮药用，有毒，可清热、燥湿、杀虫		■	■	
449	楝科	川楝	*Melia toosenden*	果实	熟后的果实晒干叫川楝子、金铃子或川楝实，内含川楝素、生物碱、山茶酚、树脂及鞣质，味苦性寒，有泻火、止痛、杀虫作用，主治胃痛、虫积腹痛、疝痛、痛经等；用树皮的二层皮作杀虫作用，可治蛔虫病		■	■	
450	楝科	香椿	*Toona sinensis*	芽、茎、果	幼芽、嫩叶可食；树皮及果药用，可收敛止血，去湿止痛；木屑可提取芳香油	■	■	■	
451	无患子科	无患子	*Sapindus mukorossi*	果实	果肉含皂素，可代肥皂，洗丝织品；种仁含油 42.4%，可作润滑油及制肥皂，果实药用，有清热祛痰、利咽止泻功能	■	■	■	
452	无患子科	栾树	*Koelreuteria paniculata*	芽、花、果	幼芽可食；花、果可提取黄色染料；叶含鞣质 24.4%，可提制栲胶；种子含油 38.6%，可制润滑油及肥皂；花药用，用于目肿、目痛流泪、疝气痛、腰痛等症	■	■	■	
453	无患子科	龙眼	*Dimocarpus longana*	果实、叶	果肉含全糖 12.38%~22.55%，维生素 C 含量 43.12~163.7mg/100g，全酸 0.096%~0.109%，还原糖 3.85%~10.16%，维生素 K 含量 196.5mg/100g，除鲜食外，可加工制干、制罐、煎膏等，还可泡茶喝；假种皮（龙眼肉）治病后体虚、神经衰弱、心悸、失眠；种子治胃痛、烧烫伤、刀伤出血、外用治外伤出血；叶预防流感，流行性脑脊髓膜炎、感冒、肠炎、外用治阴囊湿疹；优良蜜源植物	■	■		■
454	无患子科	荔枝	*Litchi chinensis*	果实、茎	著名珍贵果品，假种皮白色肉质，可食部分含葡萄糖 66%，维生素 C 36mg/100g，以及少量蛋白质、磷 34mg/100g、钙 6mg/100g、维生素 B，营养价值很高；果皮含鞣质、茎皮含鞣质，可提制栲胶；种子含淀粉 37%，又可入药，为收敛止痛剂；优良蜜源植物	■	■		■

序号	科名	中文名	拉丁名	开发部位	主要功效	食用类	药用类	化工类	其他类
455	无患子科	红毛丹	*Nephelium lappaceum*	果实、树皮	果肉黄白色，半透明，汁多，肉清爽，味清甜或甜酸可口，或有香味，果肉比占31%~60.2%，糖3.61%~6.25%，柠檬酸0.39%~1.53%，总固形物14%~22.2%，可改善咽炎与腹泻；其树皮煎水煮当茶饮，对舌头炎症具有显著的功效	■	■		
456	无患子科	茶条木	*Delavaya toxocarpa*	种子	种子含油40%~50%，含毒素，供制肥皂及工业用；也可药用，治疥癣		■	■	
457	无患子科	文冠果	*Xanthoceras sorbifolia*	种子	种子含油量30%~36%，种仁含油55%~66%，油含蛋白质26.7%，有香味，为优良食用油，用于风湿性关节炎、疥癣、皮肤风寒、痈肿、瘀血紫斑等		■	■	
458	无患子科	车桑子	*dodonaea viscose*	种子、茎、叶	种子可榨油，枝、叶可入药			■	
459	清风藤科	清风藤	*Sabia japonica*	茎、叶	茎、叶药用，治风湿，骨痛等症		■		
460	漆树科	豆腐果	*Buchanania latifolia*	种子	种子可制豆腐，且油脂含量高，可作工业用			■	
461	漆树科	腰果	*Anacardium occidentale*	果实、茎	果托含糖约11.6%，可生食，制果汁或酿酒；种仁含脂肪约47%，蛋白质21%，糖22%及维生素A、维生素B，营养丰富，味美可食；果壳含油40%~50%，壳油经理化聚合所得树脂，可制高级油漆、彩色胶卷着色剂，海底电缆绝缘材料等，果壳也可药用，可治疗麻风、象皮病等；树皮含鞣质约9.4%，可防治白蚁	■	■	■	
462	漆树科	杧果	*Mangifera indica*	果实	著名热带水果，汁多味美，含有糖、蛋白质、粗纤维、维生素C、矿物质、蛋白质、糖类等，可制果汁、果酱、罐头、蜜饯，芒果奶粉及腌渍酸辣泡菜等的胡萝卜素成分特别高，是所有水果中少见的；果皮入药，可利尿，果核可止咳；果脂在医疗上之用途如阿拉伯柏树胶	■	■		
463	漆树科	岭南酸枣	*Spondias lakonensis*	果实	果酸甜可食，有酒香；种子榨油，供工业用	■		■	
464	漆树科	南酸枣	*Choerospondias axillaris*	果实、茎、叶、花	果酸甜可食及酿酒；果核可制活性炭；树皮，树叶可提取栲胶；果皮和果实可入药，消炎解毒，治火烫伤；茎皮纤维可造纸；蜜源植物	■	■	■	■
465	漆树科	厚皮树	*Lannea coromandelica*	茎、叶、种子	树皮含红色染料，可染渔网，叶可作绿肥；茎皮纤维强韧，可织粗布，也可提制栲胶；幼枝；种子榨油供工业用			■	
466	漆树科	黄连木	*Pistacia chinensis*	果实、茎、叶	种仁含油56.5%，油味苦涩，处理后可食用；叶生五倍子虫瘿，枝、叶、癣等用，可供制肥皂，润滑油及治牛皮癣等用，油味苦涩；鲜叶含芳香油0.12%，嫩叶可代茶，称"黄鹂茶"	■	■	■	■
467	漆树科	清香木	*Pistacia weinmannifolia*	种子、叶、茎	种子可榨油；鲜叶含芳香油叶可药用，可消炎、止泻；果含鞣质，树皮及叶		■	■	

序号	科名	中文名	拉丁名	开发部位	主要功效	食用类	药用类	化工类	其他类
468	漆树科	阿月浑子	*Pistacia vera*	种子	坚果称"开心果",可食用,也是木本油料树种;种仁脂肪及蛋白质含量均高,为滋补营养品及食品工业珍贵原料;果皮、叶和木材中含 5%~12% 的单宁物质,对心脏病、肝炎及胃炎和高血压等疾病均有疗效;叶的汁液治湿痒,外果皮还可医治皮肤病及外伤止血		■	■	
469	漆树科	盐肤木	*Rhus chinensis*	茎、叶、种子	种子含油 20%~35%,可制肥皂、生物柴油或作润滑油;叶煎汁可治漆疮;叶、花及果均可入药,有清热解毒、散瘀止血、涩肠止泻之效;在幼嫩枝、叶上放养五倍子蚜虫(瘿绵蚜科昆虫—角倍蚜),所形成虫瘿称"五倍子"或"角倍",五倍子药用已敛肺降火、涩肠止泻,收湿敛疮的功能,五倍子酸为鞣革、医药、塑料和墨水等工业重要原料;蜜、粉都很丰富,是良好的蜜源植物		■	■	■
470	漆树科	红麸杨	*Rhus punjabensis*	茎、叶、种子	叶及茎提取栲胶供工业用;种子可榨油供工业用;其虫瘿称"肚倍",质量较次,味酸,涩,性寒,可药用		■	■	
471	漆树科	青麸杨	*Rhus potaninii*	茎、叶、种子	叶及茎提取栲胶供工业用;种子可榨油供工业用,质量较优;其虫瘿称"肚倍",质量较次,味酸,涩,性寒,可药用		■	■	■
472	漆树科	漆树	*Toxicodendron verniciffuum*	茎、果实、花	我国最重要的特用经济树种之一。生漆为优良涂料,防腐性能极好,可用以涂饰海底电缆、机器、车船、建筑、家具及工艺品等;种子可榨取蜡纸原料,供制优良香皂及油墨等;蜡质果实等;干漆可入药,用于闭经、瘀血、月经不调、风湿痛、虫积腹痛等		■	■	
473	漆树科	木蜡树	*Toxicodendron sylvestre*	果实	果肉可取漆蜡,供制蜡,供制肥皂、蜡纸、蜡烛等;种子可榨油、油漆、油墨等			■	
474	漆树科	野漆树	*Toxicodendron succedaneum*	果实、茎、叶	果肉可取漆蜡和发蜡等;种子含油 30.1%,为半干性油,可制肥皂或掺合干性油作油漆之效,树干可割漆;叶及树皮可提制栲胶,叶及果入药,有清热解毒、治湿疹疮毒、毒蛇咬伤,血尿、子宫下垂等症		■	■	
475	槭树科	元宝槭	*Acer truncatum*	果实、花	种仁含油 47.83%,蛋白质 25.64%,可食用;花为蜜源	■	■	■	■
476	槭树科	色木槭	*Acer mono*	茎、果实	茎皮可作人造棉及造纸原料,也可提制栲胶;种子含多量淀粉,工业原料及食用		■	■	
477	七叶树科	七叶树	*Aesculu chinensis*	果实、茎	树皮含鞣质,可提制栲胶;种子榨油,果实治胃痛、胞膜胀痛、痢疾、疝疾	■	■	■	
478	省沽油科	野鸦椿	*Euscaphis japonica*	茎、果实	树皮含鞣质 8.3%,可提制栲胶;果药用,有除风湿、治外伤肿痛,止泻等功效;种子含油 15%~30%,可榨油制肥皂等		■	■	
479	醉鱼草科	驳骨丹	*Buddleja asiatica*	地上部分	地上部分有微毒,主治妇女产后头痛,胃痛、风湿关节痛,跌打损伤等,外用治皮肤湿疹		■		

序号	科名	中文名	拉丁名	开发部位	主要功效	食用类	药用类	化工类	其他类
480	醉鱼草科	密蒙花	*Buddleja officinalis*	花、叶、茎	花含蒙花苷、花、叶药用，味甘凉、无毒，可治目赤肿痛，多泪畏光、青盲翳障、黄疸性肝炎、水肿、痈疽遗烂；也可治牛马结膜干燥、夜盲，牛红白痢；花可提取芳香油，又可作黄色染料；茎皮纤维可造纸		■	■	
481	醉鱼草科	醉鱼草	*Buddleja lindleyana*	地上部分	花、叶含醉鱼草苷、柳穿鱼苷、刺槐素等多种黄酮类，有毒；地上部分药用，能祛风除湿、止咳化痰、杀虫，主治支气管炎、哮喘、流感、风湿性关节炎、跌打损伤、钩虫病、血吸虫病、中耳炎；外用治烫伤、疔毒；可作农药；花可提取芳香油		■	■	
482	马钱科	马钱子	*Strychnos nux-vomica*	茎、叶、种子	种子、树皮均含番木鳖碱和马钱子碱，叶含番木鳖碱和伪马钱子碱；药用刺毒；药可通经络、消肿、止痛，主治面部神经麻痹、半身不遂、跌打损伤、皮肤癌、中耳炎等		■		
483	木犀科	白蜡树	*Fraxinus chinenses*	茎、叶、花	树皮（秦皮）性苦、涩、寒，可清热燥湿、泄泻、带下病、目赤肿痛、目生翳膜，收敛、明目，用于治疗热痢、止血、生肌，叶性辛、温，用于治疗咳嗽、哮喘；枝、叶可放养白蜡虫		■		■
484	木犀科	连翘	*Forsythia suspensa*	果实、叶、花	籽含油率达25%~33%，油含胶质，挥发性能好，是绝缘油漆工业和化妆品的良好原料，绝缘漆及润滑油等，还富含易被人体吸收、消化的油酸和亚油酸皂苷，枝、叶含连翘苷等，精炼后是良好的食用油；果含连翘酚等，种子含三萜，利尿，叶可治疗高血压，花含芦丁、果实可清热解毒、消肿排脓、利尿、咽喉痛		■	■	
485	木犀科	桂花	*Osmanthus fragrans*	花、种子	花可熏茶，食用及提取芳香油；种子出油率20%，可食用	■		■	
486	木犀科	茉莉花	*Jasminum sambac*	花、叶	花浓香，用制花茶，也是珍贵香料原料；花、叶药用，治目赤肿痛，可止咳化痰	■	■	■	
487	木犀科	油橄榄	*Olea europaea*	果实	珍贵食用和医疗药用油，油中果肉率43%~46.1%；果用品种果油率89%	■			
488	木犀科	女贞	*Ligustrum lucidum*	果实、茎、叶	种子含油10%~15%，可榨油供工业用；果入药，治肝肾阴亏；叶可口腔炎；树皮研末调茶油治火烫和痈肿，叶可放养白蜡虫		■	■	■
489	木犀科	暴马丁香	*Syringa reticulata*	茎、叶、花	树皮、树干及枝条均可药用，味苦、性微寒，用于治疗消炎、利尿、痰多以及支气管炎、支气管哮喘和心脏性浮肿等症；也有一定药效，常采集暴马丁香花茶，可作拷胶原料；花可做马鸣嗽嗽，叶含单宁19.50%，树含单宁5.72%，可提取，并含芳香油0.05%，可提取，种子含脂防油28.60%，可榨取供工业用；种子含挥发油，鞣质及菌类物质等可供提取		■	■	■

序号	科名	中文名	拉丁名	开发部位	主要功效	食用类	药用类	化工类	其他类
490	夹竹桃科	罗布麻	*Apocynum venetum*	地上部分	茎皮纤维柔韧，为高级衣料，渔网丝，皮革线等，在航空、航海等方面有广泛用途；叶含胶量 4%~5%，可作轮胎原料，称"茶叶花"，叶清凉去火，强心、防止头晕，炒揉制后可作饮料，失眠等；叶药用，还可治高血压，神经衰弱，脑震荡，治高血压，浮肿等；花期长，蜜腺发达，为良好的蜜源植物	■	■	■	■
491	夹竹桃科	白麻	*Apocynum pictum*	地上部分	茎皮纤维柔韧，为高级衣料，渔网丝，皮革线等，在航空、航海等方面有广泛用途；叶含胶量 4%~5%，可作轮胎原料，嫩叶蒸后遗症，浮肿等；花期长，蜜腺发达，为良好的蜜源植物，炒揉制后可作饮料，失眠等；叶药用，还可治高血压，神经衰弱，脑震荡，治高血压	■	■	■	■
492	夹竹桃科	夹竹桃	*Nerium indicum*	地上部分	茎皮纤维为优良混纺原料；种子含油 58.5%，供制润滑油等用；叶、花、种子均含有多种毒素，毒性强，人畜误食能致死；叶、茎皮可提取强心剂，有毒，需慎用		■	■	
493	夹竹桃科	山橙	*Melodinus suaveolens*	果实、茎	果药用，治疝气，腹痛，小儿疳积，茎皮纤维可制麻绳，麻袋			■	
494	夹竹桃科	鹿角藤	*Chonemorpha eriostylis*	地上部分	茎药用，治妇女黄疸病，消化不良，髓部、叶、果均含乳胶，可提取橡胶，制鞋垫，水袋，瓶盖等日用品		■	■	
495	夹竹桃科	络石	*Trachelospermum jasminoides*	茎、叶、花	茎、叶药用，可祛风、活血、止痛、消肿，治风湿性关节炎，跌打损伤，痈疖肿毒；外用治创伤出血；花芳香，可提取腰腿痛，称"络石浸膏"；茎皮纤维强韧，可制绳索及人造棉，取芳香油		■	■	
496	夹竹桃科	杜仲藤	*Parabarium micranthum*	地上部分	地上部分药用，治小儿麻痹，风湿骨痛，跌打损伤，乳液可供制帆布胶、鞋胶			■	
497	夹竹桃科	长春花	*Catharanthus roseus*	地上部分	全草入药可止痛、消炎、安眠、通便及利尿等；全草中含 6 种具抗肿瘤作用的生物碱，治急性淋巴细胞性白血病、淋巴肉瘤、巨滤泡性淋巴瘤、高血压；乳汁中所含生物碱，如长春碱和长春新碱，被提炼出来作为多种癌症如白血病、哈杰金氏症所用的化学治疗药物		■		
498	夹竹桃科	面条树	*Alstonia scholaris*	果实	每个果实是由一个花序形成的聚花果，果肉充实，味道香甜，营养很丰富，含有大量的淀粉，丰富的胡萝卜素，维生素 B 及 C，量的蛋白质和脂肪；果实晒干为干零果，煮熟后可食用，树皮药用，清热解毒，祛痰止咳，止血消肿	■	■		
499	萝藦科	牛角瓜	*Calotropis gigantea*	地上部分	乳液有毒，还可提制生物柴油，供药用，治皮肤病，风湿、支气管炎，人造棉，编绳索；树皮治瘰疬，枝、树皮药用；地上部分可作绿肥		■	■	
500	萝藦科	通光散	*Marsdenia tenacissima*	茎、藤、叶	著名纤维植物，茎皮强韧，含纤维素 92%，纤维长度达 3cm，可制弓弦、绳索；茎藤药用，治支气管炎，哮喘、肺炎、扁桃体炎、膀胱炎、肿瘤，叶外用，治痈疖		■	■	

续表

序号	科名	中文名	拉丁名	开发部位	主要功效	食用类	药用类	化工类	其他类
501	萝藦科	萝藦	*Metaplexis japonica*	地上部分	全草入药。果可治劳伤、虚弱、腰腿疼痛、缺奶、白带、咳嗽等；种毛可止血、疗肿；茎叶可治小儿疳积、疔肿；乳汁可除瘊子、疣赘；茎皮纤维坚韧，还可造人造棉		■	■	
502	茜草科	钩藤	*Uncaria rhynchophylla*	茎	带钩的茎枝为著名中药，可清血平肝，镇静解痉，治小儿高烧抽搐、寒热、夜啼、受惊；含钩藤碱，降血压、目眩，神经性头痛；茎皮纤维作人造棉及造纸原料		■	■	
503	茜草科	栀子	*Gardenia jasminoides*	果实、花	果药用，清热利尿、解毒、散热，又可提取黄色栀子素，为优质天然色素，用于糕果、饮料、化妆品、化妆点。花可熏茶及提制劳香浸膏，用于花香型化妆品、香皂香精的调合剂	■	■	■	
504	茜草科	虎刺	*Damnacanthus*	地上部分	全株药用，治肝炎、风湿筋骨痛、跌打损伤、龋齿痛		■		
505	茜草科	大粒咖啡	*Coffea liberica*	种子	种子（咖啡豆）可加工制成咖啡，供饮料，有健胃、兴奋、利尿之效	■	■		
506	茜草科	金鸡纳树	*Cinchona ledgeriana*	茎、种子	干皮、枝皮及种子含有约26种生物碱，总称为金鸡勒生物碱，其中含量最多且最重要的是奎宁，治疟疾、高热		■	■	
507	紫葳科	木蝴蝶	*Oroxylum indicum*	种子、茎	种子清肺热、利咽喉，止咳，治急性咽喉炎、声音嘶哑、膀胱炎，支气管炎、百日咳、胃痛；树皮清热利湿、治传染性肝炎、膀胱炎		■	■	■
508	马鞭草科	黄荆	*Vitex negundo*	地上部分	叶、果含挥发油，种子含黄酮苷等。茎治支气管炎、疟疾、肝炎；叶治感冒、肠炎、疟疾、泌尿系感染；果实治咳嗽哮喘、胃痛、消化不良、肠炎、痢疾；叶外用治湿疹、皮炎、脚癣，蛇咬伤、灭蚊虫；优良蜜源植物		■	■	■
509	马鞭草科	荆条	*Vitex negundo* var. *heterophylla*	地上部分	叶、果含挥发油，种子含黄酮苷等。茎治支气管炎、疟疾、肝炎；叶治感冒、肠炎、疟疾、泌尿系感染；果实治咳嗽哮喘、胃痛、消化不良、肠炎、痢疾；叶外用治湿疹、皮炎、脚癣，蛇咬伤、灭蚊虫；优良蜜源植物		■	■	
510	马鞭草科	蔓荆	*Vitex trifolia*	果实	果实含紫花牡荆素、挥发油等，入药可治风热感冒、头晕、头痛、目赤肿痛、夜盲、肌肉神经痛		■	■	
511	马鞭草科	单叶蔓荆	*Vitex trifolia* var. *simplicifolia*	果实、茎、叶	果实用，叶可提取劳香油，茎皮可造纸；根系固沙保土树种		■	■	
512	马鞭草科	海州常山	*Clerodendrum trichotomum*	茎、叶	茎、叶含黄酮苷，可治风湿性关节炎、高血压、痢疾、湿疹、痔疮；叶外用治手癣、水田皮炎、湿疹、痔疮		■	■	
513	马鞭草科	过江藤	*Phyla nodiflora*	地上部分	地上部分药用，治痈疾、咽喉肿痛、外敷疗毒，民间用全草和肉炖食治黄肿病		■		

序号	科名	中文名	拉丁名	开发部位	主要功效	食用类	药用类	化工类	其他类
514	马鞭草科	柠檬马鞭草	Lippia citriodora	叶片、嫩枝梢和花序	泡茶，食物填料；提取的精油为很好的消化系统刺激剂，益胃剂和抗痉挛剂，具有温和的镇定效果，可以帮助睡眠，丧情绪的效果闻名。适合治疗各种消化系统不良及其他消化系统疾病		■	■	
515	芍药科	紫斑牡丹	Paeonia rockii	花、种子	花可供食用，用鲜花瓣做牡丹羹，或配菜添色制作各菜的；牡丹花瓣可蒸酒，制成的牡丹露酒口味香醇；种子可榨油，籽油的不饱和脂肪酸含量90%以上，尤其难能可贵的是，多不饱和脂肪酸—亚麻酸含量超过40%		■	■	
516	木通科	木通	Akebia quinata	茎、果实	茎皮及果药用，解毒，利尿，催乳；果味甜可食；种子含油20%；茎藤供纺织用		■	■	
517	木通科	五风藤	Holboellia latifolia	茎、果实	茎皮可提制纤维；种子含油40%，可榨油；茎藤治小便不利，气浮肿，乳汁不通，风湿骨痛，跌打损伤，子宫脱垂；果实治胃气痛，疝脚气痛，月经不调，子宫过多，晕丸炎		■	■	
518	防己科	蝙蝠葛	Menispermum dauricum	茎	茎药用，祛风，利尿，解热，镇痛		■		
519	防己科	千金藤	Stephania japonica	地上部分	地上部分药用，清热，利尿，消肿，治蛇伤，疮疖，风湿性关节炎偏瘫，痢疾，湿热淋浊，咽痛喉疾		■	■	
520	防己科	青风藤	Sinomenium acutum	茎	藤治风湿流注，历节鹤膝，麻痹瘙痒，损伤瘀肿，有镇痛，减压，消炎等功能；茎藤供织织材料		■		
521	南天竹科	南天竹	Nandina domestica	果实、茎、叶	果实用于咳嗽气喘，百日咳；枝、叶可强筋活络，消炎解毒，急性肠胃炎，尿路感染，腰肌劳损等；治疗感冒发热，眼结膜炎，种子含油12%		■		
522	小檗科	十大功劳	Mahonia fortunei	地上部分	地上部分药用，清热解毒，滋补强壮，用于湿热泻痢，黄疸，目赤肿痛，胃炎牙痛，疮疖，痈肿，黄疸型肝炎等		■		
523	马兜铃科	木通马兜铃	Aristolochia manshuriensis	茎	茎有细孔，中药称"木通"，性美、味苦，清热，利尿，治妇女浮肿，肾病，尿闭水肿，子宫炎		■		
524	胡椒科	胡椒	Piper nigrum	种子	种子含挥发油1%~2%，胡椒碱6%及辣树脂等，为名贵调味香料；有温中散寒，健胃止痛，消解毒，解热，利尿的功能	■	■		
525	胡椒科	海风藤	Piper kadsur	藤茎	茎含油率0.2%~0.3%，可提精香，具特味清香，用以调配化妆品，香皂等精，能衬托香气。藤茎作为药用，具祛风湿，通经络，理气功能，可治风美湿痹，筋脉拘孪，跌打损伤，哮喘和久咳等症		■	■	
526	胡椒科	海南蒟	Piper hainanense	地上部分	地上部分药用，祛风除湿，芳香健胃		■		
527	胡椒科	细叶青蒌藤	Piper kadsura	地上部分	茎及叶含香味。治风美湿痹，关节不利，腰膝疼痛		■		
528	金粟兰科	金粟兰	Chloranthus spicatus	地上部分	地上部分药用，治风湿疼痛，跌打损伤，有毒，宜慎用；鲜花极香，用作熏茶叶，还可提取芳香油		■	■	

序号	科名	中文名	拉丁名	开发部位	主要功效	食用类	药用类	化工类	其他类
529	金粟兰科	草珊瑚	sarcandra glabra	地上部分	地上部分药用，清热解毒、祛风活血、消肿止痛，抗菌消炎，治流感，跌打损伤、胰腺癌、肝癌、直肠癌、风湿关节痛；鲜叶可提取草珊瑚油		■	■	
530	蓼科	沙拐枣	Calligonum mongolicum	茎、果	嫩枝，幼果是骆驼、羊的饲料，是提取单宁的原料；也是很好的蜜源植物		■	■	■
531	蓼科	何首乌	Polygonum multiflorum	茎	藤茎称"夜交藤"，补肝肾、益精血、生用润肠、解毒散结		■		
532	黎科	梭梭	Haloxylon ammodendron	茎、叶	良好的饲用植物，有每年落枝的习性，荒漠地区的牧民称它为骆驼的"抓膘草"，骆驼喜食，羊在秋末也拣食落在地上的嫩枝和果实；还为名贵药材肉苁蓉的寄主植物，肉苁蓉具有独特的补肾、抗老年痴呆、保肝、通便、抗肿瘤等功能，被誉为"沙漠人参"，抗辐射等10多中药用功能	■	■		■
533	黎科	木地肤	Kochia prostrata	地上部分	粗蛋白质含量比禾本科植物为高，与豆科植物接近，且粗蛋白的含量在各生长季生季较小；叶量丰富，叶中粗蛋白质含量远较茎秆为多；冬季残株保存完好，粗蛋白白质含量较高，放在放牧场上能被牲畜采食，对家畜恢复体膘，改变冬瘦春乏状况具有较大意义；春季返青较早，每年可刈割干草2次，春末刈割后，秋季的再生草即可利用达到20cm，多次利用可以获得品质较良好的再生草	■	■		
534	千屈菜科	虾子花	woodfordia fruticosa	地上部分	地上部分含鞣质，可提制栲胶；干花治痢疾、肝病、烫伤、痔疮		■	■	
535	千屈菜科	紫薇	Lagerstroemia indica	茎、叶、花	树皮、叶、花药用，为强泻剂；树皮煎剂可治咯血、吐血、便血		■		
536	千屈菜科	散沫花	Lawsonia inermis	花、叶	花极香，可提取香精和浸取香膏，用作化妆品；叶可作红色染料			■	
537	蓝雪科	白花丹	Plumbago zeylanica	地上部分	地上部分药用，可治跌打损伤、腰腿扭伤、风湿关节疼痛、经闭、白血病、高血压等症；鲜叶可外敷疮疖，毒蛇咬伤，会引起红肿、脱皮，份蓝雪苷，其液接触皮肤时间过长，会引起红肿、脱皮，误食有毒成分出现麻痹等现象，内服应掌握制时间，外用须控制时间		■		
538	蓝雪科	紫花丹	Plumbago indica	地上部分	地上部分药用，舒筋活血、明目、祛风、消肿		■	■	
539	菊科	茄叶斑鸠菊	Vernonia solanifolia	地上部分	地上部分药用，治腹痛、肠炎及疝气		■		
540	菊科	艾纳香	Blumea balsamifera	叶、枝	叶含龙脑，为提取冰片原料，用于防腐，杀菌及兴奋剂；叶、嫩枝药用，能祛风消肿、活血散瘀、治风湿、腹痛、腹泻，也可治牛马喉风		■	■	

续表

序号	科名	中文名	拉丁名	开发部位	主要功效	食用类	药用类	化工类	其他类
541	菊科	羊耳菊	Inula cappa	地上部分	地上部分入药，能祛风消肿、止血、定喘、治跌打损伤、出血、风湿疼痛、感冒咳嗽、肾炎、水肿、小儿肺炎、疮疖及皮肤湿疹风湿；		■		
542	菊科	山蒿	Artemisia brachyloba	地上部分	地上部分药用，清热、杀虫、排脓，主治偏头痛、咽喉肿痛及风湿；根部可寄生列当		■		■
543	菊科	盐蒿	Artemisia halodendron	地上部分	嫩叶及种子可食；枝、叶药用，能止血、祛痰、平喘、解表祛湿，治慢性气管炎、哮喘、斑疹伤寒及风湿性关节炎；根部可寄生列当	■	■		■
544	菊科	黑沙蒿	Artemisia ordosica	地上部分	地上部分药用，治出血，咽喉肿痛、疮疖、感冒、关节炎；根部可寄生列当		■		■
545	菊科	白沙蒿	Artemisia sphaerocephala	种子、花	种子药用，能消炎散肿、宽胸顺气、治腮腺炎、扁桃腺炎、肠梗阻、腹胀，疮疖红肿；花蕾可驱猪蛔虫		■		■
546	菊科	白莲蒿	Artemisia gmelinii	地上部分	地上部分药用，清热、利尿、止血，治肝炎、流感、月经过多；叶可择发油，主要成分为龙脑、桉叶醇、樟脑等，幼苗可代菌陈蒿用；根部可寄生高用		■	■	■
547	菊科	茵陈蒿	Artemisia capillaris	地上部分	地上部分药用，清湿热、利尿、消炎；治肝炎、急性痢疾、消化不良及胶汁；根部可寄生列当		■		■
548	菊科	黄花蒿	Artemisia annua	地上部分	全草含精油0.3%~0.5%，用于调配香精；全株含青蒿素，用于治疗疟疾等疾病；根部可寄生列当		■	■	■
549	菊科	艾	Artemisia argyi	叶	全草作杀虫药或薰烟作房间消毒、杀虫药；全株散发除湿调经止血，治功能性子宫出血，先兆流产，痛经，月经不调；皮肤瘙痒；叶含挥发性油0.02%；嫩芽及幼苗作菜蔬；根部可寄生列当	■	■	■	■
550	菊科	菊花	Dendranthema morifolium	花	菊花含精油、腺嘌呤、胆碱、水苏碱、菊武、氨基酸、黄酮类；提取精油调配菊花型香精，广泛应用于食品香料行业；维生素B等。是一种有发展前途的食品香料品种，菊花是一种清凉制菊花露，亦是一味传统中药，具疏风、清热、明目，解毒的功能饮料	■	■	■	
551	菊科	蟛蜞菊	Wedelia trilobata	地上部分	地上部分药用，清热解毒，化痰止咳，凉血平肝，用于预防麻疹，感冒发热、白喉、咽喉炎、扁桃体炎，肺炎、百日咳，咯血、高血压；外用治疗疮疖肿		■		
552	茄科	宁夏枸杞	Lycium barbarum	果实	果实为名贵中药材，称"枸杞子"，味甘甜，营养丰富，有润肤补肾，生精益气、治虚安神，祛风明目等功效，变可浸制枸杞酒，熬制枸杞膏；嫩叶可食用，饲用	■	■		
553	茄科	枸杞	Lycium chinense	果实	果实为名贵中药材，称"枸杞子"，味甘甜，营养丰富，有润肤补肾，生精益气、治虚安神，祛风明目等功效，变可浸制枸杞酒，熬制枸杞膏；嫩叶可食用，饲用	■	■		

续表

序号	科名	中文名	拉丁名	开发部位	主要功效	食用类	药用类	化工类	其他类
554	茄科	新疆枸杞	*Lycium dasystemum*	果、叶	浆果多汁，能益肾明目，为名贵中药材，有保健强身作用，药用功能与宁夏枸杞相同；鲜叶干春季至初夏采摘食用	■	■		
555	茄科	黑果枸杞	*Lycium ruthenicum*	果实	黑果枸杞含有17种氨基酸，13种微量元素，其中钙、镁、铜锌、铁的含量也高于红枸杞,果实治肝肾阴亏，腰膝酸软，头晕，目眩，目昏多泪，虚劳咳嗽，消渴，遗精		■		
556	茄科	旋花茄	*Solanum spirale*	地上部分	地上部分药用，清热解毒，利湿健胃；嫩叶傣族用作蔬菜；又为紫胶虫寄主	■	■		■
557	茄科	刺天茄	*Solanum indicum*	果实、叶	果能治咳嗽及伤风，亦用于治发烧，内服可用于难产及牙痛，寄生虫及疝痛，外擦可治皮肤病；叶汁可止吐，叶及果和籽磨碎可治癣疥		■		
558	旋花科	丁公藤	*Erycibe obtusifolia*	茎	茎切片及其他药材浸泡药酒，称"冯丁性药酒"，治风湿病		■		
559	旋花科	飞蛾藤	*Porana racemosa*	地上部分	地上部分药用，暖胃，补血，去瘀，劳伤疼痛，高烧		■		
560	旋花科	白花银背藤	*Argyreia pierreana*	地上部分	地上部分药用，驳骨，止血，生肌，收敛，清心润肺，止咳，治内伤		■		
561	旋花科	白鹤藤	*Argyreia acuta*	地上部分	地上部分药用，祛痰润肺，止咳，止血，拔毒，治慢性支气管炎，肺痨、疳积、皮肤湿疹、脚癣感染，水火烫伤、肾炎水肿、血崩，外伤止血		■		
562	爵床科	小驳骨	*Gendarussa vulgaris*	地上部分	地上部分外用治跌打损伤，茎叶煎水，洗涤筋骨患处，舒筋活络		■		
563	爵床科	大驳骨	*Gendarussa ventricosa*	地上部分	地上部分治跌打损伤，加酒捣烂，外敷驳骨，可消肿止痛，促进断骨愈合		■		
564	爵床科	鸭嘴花	*Adhatoda vasica*	地上部分	地上部分治跌打损伤，续筋接骨，祛风止痛，化瘀，还可治妇女月经过多症		■		
565	酢浆草科	阳桃	*Averrhoa carambola*	地上部分	果实酸甜多汁，味道像是葡萄、芒果和柠檬的集合体；枝、叶治风热感冒，急性胃肠炎，小便不利，产后浮肿，跌打肿痛，痛疮肿毒；花治痰疟；果治风热咳嗽，咽喉痛		■		
566	紫草科	聚合草	*Symphytum officinale*	地上部分	优质高产的畜禽饲料植物，一次种植可连续利用20多年。开花期鲜草干物质中含粗蛋白质24.3%，粗脂肪5.9%，粗纤维10.1%，还含有大量的尿囊素和维生素 B_{12}，可预防和治疗畜禽肠炎，性畜食后不拉稀。产草量高，再生能力强，生长季北方可刈割3~4次，南方可刈割4~6次，一般每年花苗鲜草产量4~5t，是中国各类牧草中高产的优质牧草品种；适口性好，消化率高	■			

续表

序号	科名	中文名	拉丁名	开发部位	主要功效	食用类	药用类	化工类	其他类
567	唇形科	薄荷	*Mentha haplocalyx*	地上部分	夏秋两季茎叶茂盛时，分次采割地上部分，晒干或阴干后药用，治风热感冒、咽喉肿痛、目赤、口疮、皮肤瘙痒、麻疹透发不畅等；叶可食用；主要蜜源植物	■	■		■
568	唇形科	香柠檬薄荷	*Mentha citrata*	地上部分	地上部分得油率为 0.2%~0.4%（按鲜料计），衣草-柠檬香气，可用于化妆品、香皂和食用香精中；主要蜜源植物			■	■
569	唇形科	留兰香	*Mentha spicata*	地上部分	全草含芳香油，油中主要为藏茴香酮，是糖果、制药、牙膏、香皂中的重要香油，口香糖生产中也使用得很多。嫩枝、叶常作调味香料食用；全草药用，和中、理气、胃肠胀气、治感冒发热、咳嗽、虚劳咳嗽、伤风感冒、头痛、神经性头痛、鼻衄、跌打瘀痛、目赤辣痛、全身麻木及小儿疮；任热带祛风药；叶汁和洋葱一起使用，可抑制呕吐；精油可作除臭祛风药；主要蜜源植物	■	■	■	■
570	唇形科	丁香罗勒	*Ocimum gratissimum*	地上部分	枝、叶，花存放鲜重的得油率为 0.3%~0.4%，精油具特殊香气，也可用作调味香和香精味，主要用于牙膏、口香糖、糖果的加香；主要蜜源植物和香料祛风药料植物			■	■
571	唇形科	薰衣草	*Lavandula pedunculata*	茎、叶	香气清新优雅、性质温和，是公认为最具有镇静、舒缓、催眠作用的植物，因其功效最多，被称为"香草之后"，自古还广泛使用于医疗上，茎和叶都可入药，止痛之功效，是治疗伤风感冒、腹痛、湿疹等功效，精油可以清洁皮肤、控制油分，祛斑美白、止痛，同时，可以清洁皮肤，还可促进受损组织再生护肤功能；镇静、祛除眼袋黑眼圈，功能；主要蜜源植物		■	■	■
572	唇形科	鼠尾草	*Salvia farinacea*	地上部分	香精油的含量最高可达 2.5%，基本成分是酮和冰片、干叶或鲜叶用多种食物的调味料，特别用于香肠、家禽和猪肉的填料；叶片泡用于香味道，可消除香味道，具防腐抗菌，止泻的效果，叶片泡精油来消毒病房，很久以来一直用作为补药；传统医院使用鼠尾草精油来消毒病房，由于它有促进荷尔蒙运作的功效，所以妇女们在生产后会用鼠尾草来减少母乳分泌；地上部分具抗老、增强记忆力、安定神经，明目缓和头痛及神经痛功效；主要蜜源植物	■	■	■	■
573	唇形科	迷迭香	*Rosmarinus officinalis*	叶片、嫩枝梢和花序	从花和叶子中能提取具有优良抗氧化性的抗氧化剂和迷迭香精油，广泛用于医药、油炸食品、富油类食品及各类油脂的保鲜保质，而迷迭香精则用于香料、空气清新剂、驱蚊剂以及杀菌等日用化工业；主要蜜源植物		■	■	■
574	唇形科	香薷	*Elsholtzia splendens*	地上部分	全株治暑湿感冒，发热无汗，头痛，腹痛吐泻，水肿；夏日常用香薷煮粥服食或泡紫苏饮用，既可预防中暑，又可增进食欲；主要蜜源植物	■	■		■

续表

序号	科名	中文名	拉丁名	开发部位	主要功效	食用类	药用类	化工类	其他类
575	唇形科	百里香	*Thymus serpyllum*	地上部分	地上部分含挥发性油 0.15%~0.5%，叶含游离的齐墩果酸、乌索酸、咖啡酸等；治感冒咳嗽、头痛、牙痛，消化不良、急性胃肠炎、高血压；嫩枝、叶晒干可代茶，还有烹任常用香料。味道辛香，用来加在炖肉、蛋或汤中；主要蜜源植物	■	■		■
576	唇形科	碎米桠	*Rabdosia rubescens*	地上部分	地上部分具有清热解毒、消炎止痛、健胃活血之效；作药用，在开花前采收，此时药理作用最强；鲜叶直接泡茶或与菊花、金银花等配合饮用，在整个生长期均可，干或烘干备用；一般亩产干草 500kg 以上；主要蜜源植物	■	■		■
577	姜科	草豆蔻	*Alpinia hainanensis*	果实	果实药用于胃寒腹痛、脘腹胀满、冷痛、暖气、呕逆、吐逆，食欲不振等调味症，可去膻腥味，为菜肴提香；在烹任中可与豆蔻同用或代用	■	■	■	
578	姜科	益智	*Aplinia oxyphylla*	果实	从仁中分离得桉油精、4-帖品烯醇、α-帖香烯、β-帖香烯、α-松油醇；果实味辛、微苦，有益脾胃、理元气，补肾虚，暖胃。绿叶烯等 17 种成分可治脾肾虚寒所致的泄泻、腹痛、呕吐、食欲不振。唾液分泌增多、遗尿、小便频数等症	■	■		
579	姜科	白豆蔻	*Amomum kravanh*	果实	果实药用于治疗腹痛、胸闷憋气、脘闷噫气、消化不良、湿温初起、胸闷不饥、寒湿呕逆、食积不消等症；调味品中的"豆蔻"即白豆蔻，气味芳香，味道辛凉微苦，烹调中可去异味，增辛香，常用于卤水以及火锅	■	■		
580	姜科	草果	*Amomum tsaoko*	果实	药食两用中药材大宗品种之一，作为香料的食用量远大于药用量。草果中的香辛成分主要为挥发油中的反-S-烯醛，此外尚含有具。香叶醇和草果酮；草果味辛、性温，归脾、胃经；芳烈燥散，有燥湿温中，辟秽截疟的功效，主治胸膈痞满、脘腹冷痛、恶心呕吐，泄泻下痢、食积不消、霍乱、盂疫、瘴疟、还能解酒毒。去口臭；其香气是法国香水的核心成分之一	■	■	■	
581	姜科	砂仁	*Amomum villosum*	果实	种子含挥发油 1.7%~3%，叶的挥发油与种子的挥发油相似；食用于烹调佐料；药用于脘腹胀痛、食欲不振、呕吐	■	■	■	
582	百合科	黄花菜	*Hemerocallis citrina*	花蕾	花蕾食、药用，药用治小便不利、浮肿、淋病、乳痈肿痛等	■	■		
583	百合科	石刁柏	*Asparagus officinalis*	嫩茎	嫩茎名"芦笋"，在国际市场上享有"蔬菜之王"的美称，富含多种氨基酸、铬、锰等，蛋白质和维生素，特别是芦笋中的天冬酰胺和微量元素硒、铬、锰、心脏病、白血病、血癌等，具有调节机体代谢、提高身体免疫力的功效、水肿、膀胱炎等的预防和在对高血压，治疗中，具有很强的抑制作用和药理效应	■	■		
584	龙舌兰科	剑麻	*Agave sisalan*	叶	为硬质纤维植物，用于国防、渔航、民用等；新鲜叶渣可提取海柯吉宁，为风湿病特效药劳迪松原料；叶渣还可作肥料、饲料及酿酒原料	■	■	■	

续表

序号	科名	中文名	拉丁名	开发部位	主要功效	食用类	药用类	化工类	其他类
585	棕榈科	海枣	*Phoenix dactylifera*	果实、叶	干热地带重要果树，果供食用，花序汁液可制糖，叶可造纸	■		■	
586	棕榈科	油棕	*Elaeis guineensis*	果实	果肉及种仁含油达50%~60%，单株年可产油10~15kg，有"世界油王"之称；棕油系非干性油，商产油达100~150kg，为优良食用油，可制肥皂等，为人造黄油的重要原料；精炼后的次品及副产品等，可制肥皂，饮料等原料及饲料等用	■		■	
587	棕榈科	槟榔	*Areca catechu*	果实	"四大南药"之首（其他3种为益智、砂仁、巴戟），果实含生物碱0.3%~0.6%，脂肪14%，鞣质15%；果实药用，有驱虫、助消化、固涩、通便、防痢等功效；由子鞣质含量高，红色素提取率很高，用于加工业		■	■	
588	棕榈科	黄藤	*Daemonorops margaritae*	茎	纤维植物，藤茎供编织藤器家具等用			■	
589	棕榈科	白藤	*Calamus tetradactylus*	地上部分	地上部分药用，解毒；藤茎质优，供编织藤器家具等用			■	
590	露兜树科	露兜树	*Pandanus tectorius*	叶、芽、花、果实	鲜花含芳香油；叶、花、果均可药用，治感冒发热、腰膝痛及疝气痛，嫩芽作蔬菜		■	■	
591	禾本科	毛竹	*Phyllostachys edulis*	茎、笋	笋食用，除鲜食外，可制成笋干、笋衣、玉兰片或罐头；竹材纤维含量20%~35%，纤维长度2000μm，为造纸工业的好原料，3t竹材可制1t纸浆	■		■	
592	禾本科	柳枝稷	*Panicum virgatum*	地上部分	"能源草"，1kg干草的热值大多高于14.5MJ，相当于同等重量的煤炭的70%~80%（1kg原料是用于生产蒸馏燃料的原材料）可以产出称为纤维素乙醇的燃油			■	
593	禾本科	皇竹草	*Pennisetum sinese*	地上部分	由禾本草和美洲狼尾草杂交选育而成，属C4植物，在我国南方种植产量可达300t/hm²以上，是很好的生物能源植物			■	
594	禾本科	枫茅	*Cymbopogon winterianus*	地上部分	香料植物，茎叶是提取精油香草醛的原料，精油中总香叶醇含量83%~92%，优于亚香茅			■	
595	禾本科	香茅	*Cymbopogon citratus*	地上部分	为常见的香草之一，因有柠檬香气，故又被称为柠檬草。地上部分治疗风湿跌打效果颇佳，收敛肌肤，抗感染，改善消化功能，恢复及身心平衡的精油；驱虫，调理油腻不洁皮肤（尤其生病初愈的阶段），赋予清新感，是芳香疗法及医疗方法中用途最广；也可用于室内当芳香剂		■	■	
596	禾本科	亚香茅	*Cymbopogon nardus*	地上部分	植株中含香油味似金橘，用作肥皂，驱虫和除蚊药水的香料，又为制薄荷脑的原料			■	

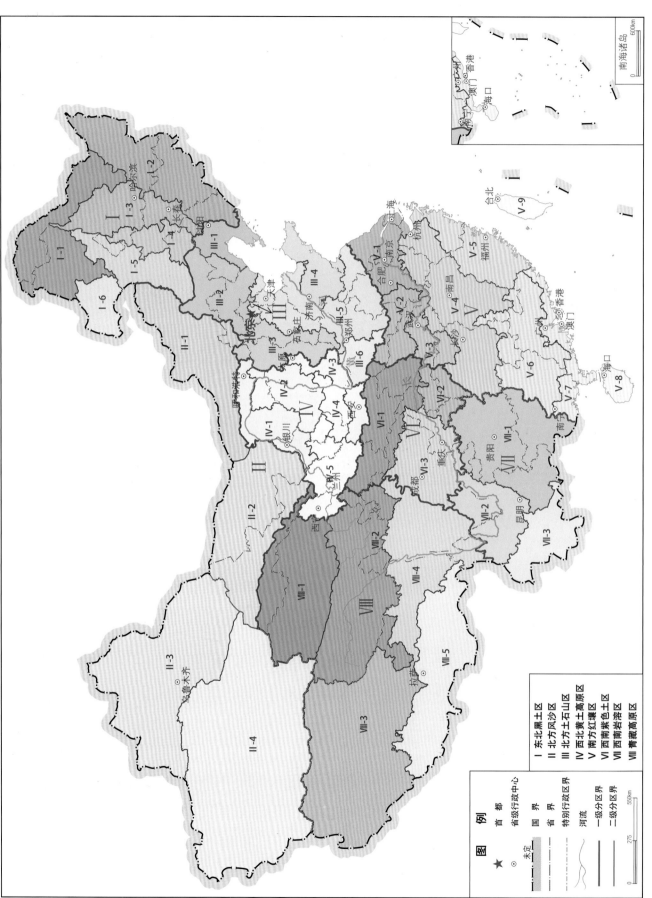

附图 全国水土流失类型区划图

图 例

★	首 都
⊙	省级行政中心
	省级行政界
	国 界
	省 界
	特别行政区界
	河流
	一级分区界
	二级分区界

I	东北黑土区
II	北方风沙区
III	北方土石山区
IV	西北黄土高原区
V	南方红壤区
VI	西南紫色土区
VII	西南岩溶区
VIII	青藏高原区